“十三五”国家重点出版物出版规划项目

中 国 生 物 物 种 名 录

第三卷 菌 物

盘菌
CUP-FUNGI

庄文颖 郑焕娣 曾昭清 编著

科 学 出 版 社
北 京

内 容 简 介

本书根据1886～2013年国内外学者对我国盘菌的记载，参考了大量著作和国内外学术文献，系统地收集了中国盘菌的物种名称。截至2014年年初，我国已报道具有盘菌子实体的非地衣型真菌1041种，隶属于6纲10目29科215属。本书列出了它们的正确名称，提供了其基原异名及主要同物异名，尤其是我国曾经报道或使用过的名称。学科在发展，真菌分类系统也在不断更新，分类观点也随之发生变化，作者试图在本书中采用当前最合理的物种名称。

本书可供菌物学、植物检疫、自然资源开发等方面的工作者，以及大专院校和科研单位相关专业师生及其他有关人员参考。

图书在版编目（CIP）数据

中国生物物种名录. 第三卷. 菌物. 盘菌/庄文颖，郑焕娣，曾昭清编著. —北京：科学出版社，2018.6

“十三五”国家重点出版物出版规划项目　国家出版基金项目

ISBN 978-7-03-058080-1

Ⅰ. ①中…　Ⅱ. ①庄…　②郑…　③曾…　Ⅲ. ①生物–物种–中国–名录　②盘菌纲–物种–中国–名录　Ⅳ. ①Q152-62　②Q949.325-62

中国版本图书馆CIP数据核字（2018）第132879号

责任编辑：马　俊　王　静　付　聪　侯彩霞 / 责任校对：郑金红
责任印制：张　伟 / 封面设计：刘新新

科学出版社 出版
北京东黄城根北街16号
邮政编码：100717
http://www.sciencep.com

北京教图印刷有限公司 印刷

科学出版社发行　各地新华书店经销

*

2018年6月第 一 版　开本：889×1194 1/16
2018年6月第一次印刷　印张：10 1/4
字数：362 000

定价：108.00元

（如有印装质量问题，我社负责调换）

Species Catalogue of China

Volume 3 Fungi

CUP-FUNGI

Authors: Wenying Zhuang Huandi Zheng Zhaoqing Zeng

Science Press

Beijing

《中国生物物种名录》编委会

总　序

生物多样性保护研究、管理和监测等许多工作都需要翔实的物种名录作为基础。建立可靠的生物物种名录也是生物多样性信息学建设的首要工作。通过物种唯一的有效学名可查询关联到国内外相关数据库中该物种的所有资料，这一点在网络时代尤为重要，也是整合生物多样性信息最容易实现的一种方式。此外，“物种数目”也是一个国家生物多样性丰富程度的重要统计指标。然而，像中国这样生物种类非常丰富的国家，各生物类群研究基础不同，物种信息散见于不同的志书或不同时期的刊物中，加之分类系统及物种学名也在不断被修订。因此建立实时更新、资料翔实，且经过专家审订的全国性生物物种名录，对我国生物多样性保护具有重要的意义。

生物多样性信息学的发展推动了生物物种名录编研工作。比较有代表性的项目，如全球鱼类数据库（FishBase）、国际豆科数据库（ILDIS）、全球生物物种名录（CoL）、全球植物名录（TPL）和全球生物名称（GNA）等项目；最有影响的全球生物多样性信息网络（GBIF）也专门设立子项目处理生物物种名称（ECAT）。生物物种名录的核心是明确某个区域或某个类群的物种数量，处理分类学名称，厘清生物分类学上有效发表的拉丁学名的性质，即接受名还是异名及其演变过程；好的生物物种名录是生物分类学研究进展的重要标志，是各种志书编研必需的基础性工作。

自 2007 年以来，中国科学院生物多样性委员会组织国内外 100 多位分类学专家编辑中国生物物种名录；并于 2008 年 4 月正式发布《中国生物物种名录》光盘版和网络版（http://www.sp2000.org.cn/），此后，每年更新一次；2012 年版名录已于同年 9 月面世，包括 70 596 个物种（含种下等级）。该名录自发布受到广泛使用和好评，成为环境保护部物种普查和农业部作物野生近缘种普查的核心名录库，并为环境保护部中国年度环境公报物种数量的数据源，我国还是全球首个按年度连续发布全国生物物种名录的国家。

电子版名录发布以后，有大量的读者来信索取光盘或从网站上下载名录数据，取得了良好的社会效果。有很多读者和编者建议出版《中国生物物种名录》印刷版，以方便读者、扩大名录的影响。为此，在 2011 年 3 月 31 日中国科学院生物多样性委员会换届大会上正式征求委员的意见，与会者建议尽快编辑出版《中国生物物种名录》印刷版。该项工作得到原中国科学院生命科学与生物技术局的大力支持，设立专门项目，支持《中国生物物种名录》的编研，项目于 2013 年正式启动。

组织编研出版《中国生物物种名录》（印刷版）主要基于以下几点考虑。①及时反映和推动中国生物分类学工作。“三志”是本项工作的重要基础。从目前情况看，植物方面的基础相对较好，2004 年 10 月《中国植物志》80 卷 126 册全部正式出版，*Flora of China* 的编研也已完成；动物方面的基础相对薄弱，《中国动物志》虽已出版 130 余卷，但仍有很多类群没有出版；《中国孢子植物志》已出版 80 余卷，很多类群仍有待编研，且微生物名录数字化基础比较薄弱，在 2012 年版中国生物物种名录光盘版中仅收录 900 多种，而植物有 35 000 多种，动物有 24 000 多种。需要及时总结分类学研究成果，把新种和新的修订，包括分类系统修订的信息及时整合到生物物种名录中，以克服志书编写出版周期长的不足，让各个方面的读者和用户及时了解和使用新的分类学成果。②生物物种名称的审订和处理是志书编写的基础性工作，名录的编研出版可以推动生物志书的编研；相关学科如生物地理学、保护生物学、生态学等的研究工作需要及时更新的生物物种名录。③政府部门和社会团体等在生物多样性保护和可持续利用的实践中，希望及时得到中国物种多样性的统计信息。④全球生物物种名录等国际项目需要中国生物物种名录等区域性名录信息不断更新完善，因此，我们的工作也可以在一定程度上推动全球生物多样性编目与保护工作的进展。

编研出版《中国生物物种名录》（印刷版）是一项艰巨的任务，尽管不追求短期内涉及所有类群，也是难度很大的。衷心感谢各位参编人员的严谨奉献，感谢几位副主编和工作组的把关和协调，特别感谢不幸过世的副主编刘瑞玉院士的积极支持。感谢国家出版基金和科学出版社的资助和支持，保证了本系列丛书的顺利出版。在此，对所有为《中国生物物种名录》编研出版付出艰辛努力的同仁表示诚挚的谢意。

虽然我们在《中国生物物种名录》网络版和光盘版的基础上，组织有关专家重新审订和编写名录的印刷版。但限于资料和编研队伍等多方面因素，肯定会有诸多不尽如人意之处，恳请各位同行和专家批评指正，以便不断更新完善。

陈宜瑜

2013 年 1 月 30 日于北京

菌物卷前言

《中国生物物种名录》（印刷版）菌物卷包括国内研究比较成熟的门类，涵盖菌物的各大类群。全卷共计五册名录和一册总目录，其中盘菌、地衣各单独为一册，而锈菌与黑粉菌、接合菌（包括球囊霉）与壶菌、黏菌（包括根肿菌）与卵菌则分别各自组成一册。本卷五册名录提供各个分类单元的中文名称（汉语学名、别名和曾用名）、拉丁学名及其发表的原始文献、地理分布和报道国内分布的文献等信息。此外，也尽量提供有关模式材料的信息，尤其是模式标本来自我国的分类单元。异名主要包括基原异名和与我国物种分布有关的文献报道中出现的名称。总目录一册包括本卷各册名录所涉及的全部菌物，为索引性质，不包括异名、分布及文献等信息。菌物卷各册分别在各大类群下按分类单元的拉丁学名字母顺序排列，共约 7000 种。

为了保持菌物卷内容及格式的统一，便于读者查阅，我们拟定了菌物名录编写原则和格式。分类单元的汉语学名以《真菌名词及名称》（中国科学院微生物研究所，1976）中所采用的名称为基础，并根据《中国真菌总汇》（戴芳澜，1979）和《孢子植物名词及名称》（郑儒永等，1990）中所采用的名称作必要的修订；地衣型真菌的汉语学名则以 *An Enumeration of the Lichens in China*（Wei，1991）中所采用的名称为基础。本卷所收录的分类单元若不在此范围，则依据《真菌、地衣汉语学名命名法规》（中国植物学会真菌学会，1987）选择或新拟汉语学名，并在名称结尾处方括号内写明名称的来源，如新拟的汉语学名在名称结尾处加“[新拟]”来标注。汉语别名收录数量不超过 3 个，由作者根据其使用的广泛性进行排列，注意，在使用时要选用该分类单元特产地所用的别名，以及应用行业（如食药用菌）的名称。汉语学名用黑体，别名和曾用名在其后，包括在小括号内，用白宋体。新拟汉语学名遵循已有的命名惯例，如根据菌物特征和产地等来命名，慎用人名，种级名称长度一般不超过 8 个汉字（含种加词和属名）。

国内的分布准确到省级行政区，并按以下顺序进行排列：黑龙江、吉林、辽宁、内蒙古、河北、天津、北京、山西、山东、河南、陕西、宁夏、甘肃、青海、新疆、安徽、江苏、上海、浙江、江西、湖南、湖北、四川、重庆、贵州、云南、西藏、福建、台湾、广东、广西、海南、香港、澳门。为了便于国外读者阅读，将省级行政区英文缩写括注在中文名之后，缩写说明见附表。各省（自治区、直辖市、特别行政区）名称之间用顿号分开，如果随后列有跨省的山脉、流域或大区的名称以逗号结束，国内所有分布列举完毕用分号结束。分布存疑的省（自治区、直辖市、特别行政区），以问号“？”加省（自治区、直辖市、特别行政区）名称表示，排在确定分布的省（自治区、直辖市、特别行政区）之后。国外分布按亚洲、欧洲、非洲、北美洲、南美洲和大洋洲的顺序进行排列；在洲以下，按照国家英文名称的字母顺序排列。必要时可用“中亚”“太平洋诸岛（所罗门群岛）”等大区域名称。如果是多个国家或泛指时，可用洲名或亚区名称，如欧洲、北非、北美洲、南美洲、大洋洲、泛热带等。区域性名称、旧的国家名称（如苏联）及分布存疑的国家或地区名称置于最后。

《中国生物物种名录》（印刷版）菌物卷的编著得益于 2010 年开始进行的“菌物物种名录数据库建设”项目。该项目由中国科学院生物多样性委员会资助，从文献收集整理、数据库软件设计到相关数据录入，至今已形成了全面包括已报道的在我国分布的菌物物种信息的数据库。目前这个数据库包含两大内容，即《中国真菌总汇》中的信息和自 1970 年以来国内外发表的与我国分布的菌物有关的文献资料。这些信息资料均已数字化，便于查询和分析。

本卷计划的各册名录是作者在长期从事相关类群研究的基础上完成的。盘菌卷是庄文颖院士根据长期的研究成果进行汇总而编写成文的。地衣名录以魏江春院士的 *An Enumeration of the Lichens in China* 第二版书稿为基础，按《中国生物物种名录》（印刷版）菌物卷的格式要求进行编排。其他各册则在其相应作者的研究工作，特别是《中国真菌志》的编撰基础上，结合“中国菌物名录数据库”中的信息，通过数据库的信息查询、整理、编排，直接输出名录数据，经作者核查后，确定收入的名录。菌物卷各册名录中分类单元的拉丁学名、命名人、原始文献、分类单元归属关系及现异名关系等信息与格式参考 Index Fungorum（IF；Royal Botanic Gardens，Kew；Landcare Research-NZ；Institute of Microbiology，Chinese Academy of Sciences. 2015. www.indexfungorum.org）数据库。作者的研究结果与 IF 数据库的信息不符时，则以作者的处理为准，并将情况通报给 IF 数据库。

菌物卷各册名录通过多次数据整理和修改，并经过相关专家审核，形成最终的版本。各册作者不仅负责具体卷册的编写，还审阅了其他卷册的书稿，感谢各位作者的辛勤劳动和严格把关。在这里我们要感谢魏江春、郑儒永、李玉和庄文颖四位院士，正是他们对名录项目的关心和支持，才保证了菌物卷任务的完成；特别是庄文颖院士在项目进行过程中始终给予的极大关注和指导，使菌物卷得以成功编撰。全国有许多专家学者关心本菌物卷的编写，并以各种方式提供了帮助和支持，尤其是在完成书稿的最后阶段，牛永春研究员、范黎教授、魏鑫丽副研究员、邓晖副研究员、纪力强研究员、覃海宁研究员等专家参与了审稿工作，感谢各位专家的关心、支持和把关。目前，我国的菌物卷名录虽然还不完整，但全面的中国菌物名录有望在不久的将来得以问世，希望有更多的同行专家参与，给予更大的帮助和支持。

在此我们衷心感谢《中国生物物种名录》主编陈宜瑜院士和工作组组长马克平研究员对菌物卷的关心和重视，他们的大力支持使得本卷得以顺利出版。同时感谢科学出版社编辑在书稿的编写、审稿、编辑和排版中给予的精心指导和提出的严格要求，保证了全卷的水平和质量；中国科学院生物多样性委员会办公室刘忆南主任在项目执行中给予了多方面的帮助和支持，使项目能够平稳运转。

菌物卷工作组最初由姚一建研究员、魏铁铮副研究员和杨柳高级实验师组成，但参加本项目具体实施工作的人员很多，特别是在李先斌先生和赵明君女士加入后，工作组的力量得到了很大增强。我们也特别感谢苏锦河博士和王娜女士设计了“中国菌物名录数据库”软件包并在网络上安装运转，赵明君女士、刘朴博士、蒋淑华博士和徐彪博士等同行进行了大量枯燥的信息录入工作，李先斌先生负责早期的数据管理、提取和书稿的版面编排工作，赵明君女士和王科博士做了后期的数据处理、书稿修改工作，同时也得到了中国科学院微生物研究所菌物标本馆的邓红和吕红梅两位老师的全力配合。正是他们的默默的奉献才奠定了菌物卷名录印刷版编研的基础。最后，再次对众多同行专家的贡献表示诚挚的谢意。

《中国生物物种名录》菌物卷工作组

2018 年 4 月

中国各省（自治区、直辖市和特别行政区）名称和英文缩写

Abbreviations of provinces, autonomous regions and special administrative regions in China

Abb.	Regions	Abb.	Regions	Abb.	Regions	Abb.	Regions	Abb.	Regions	Abb.	Regions
AH	Anhui	GX	Guangxi	HK	Hong Kong	LN	Liaoning	SD	Shandong	XJ	Xinjiang
BJ	Beijing	GZ	Guizhou	HL	Heilongjiang	MC	Macau	SH	Shanghai	XZ	Xizang
CQ	Chongqing	HB	Hubei	HN	Hunan	NM	Inner Mongolia	SN	Shaanxi	YN	Yunnan
FJ	Fujian	HEB	Hebei	JL	Jilin	NX	Ningxia	SX	Shanxi	ZJ	Zhejiang
GD	Guangdong	HEN	Henan	JS	Jiangsu	QH	Qinghai	TJ	Tianjin		
GS	Gansu	HI	Hainan	JX	Jiangxi	SC	Sichuan	TW	Taiwan		

前　　言

“菌物”是真菌（真菌界 the Kingdom Fungi）、卵菌（菌藻界 the Kingdom Chromista）和黏菌（原生动物界 the Kingdom Protozoa）的统称或俗称，一直受到真菌学家的关注，并为真菌学家所研究；但近代系统发育的分析表明，在高阶分类系统中，它们隶属于生物不同的界。“盘菌”是指子实体表观形态似盘状的一大类真菌，它们种类繁多，形态、结构、生物学特性和生境各异，隶属于真菌界不同的纲。

有文献记载的我国菌物分类学研究可追溯到 1775 年，法国植物学家 P. Cibot 对担子菌（*Lysurus mokusin* L.）的报道；1886 年，法国真菌学家 N. Patouillard 对来自云南的真菌进行的研究，发表了 18 个新种，其中包括盘菌的 3 个种，此系盘菌在我国首次被发现（戴芳澜 1979）。截至 2014 年，真菌学家对我国盘菌物种多样性的认识不断更新。我国学者对该类真菌的研究伴随植物病理学而生，最初被关注的是引起植物病害的种类，如核盘菌科的许多物种。新中国成立后，随着地区性和全国性生物资源调查与研究的日趋深入，以腐生、兼性寄生和重寄生等营养方式生存的物种不断被发现，研究的广度和深度显著增强。20 世纪 60～70 年代，邓叔群（1963）和戴芳澜（1979）两位先驱的巨著《中国的真菌》和《中国真菌总汇》相继问世，书中共记载我国盘菌 300 余种。80 年代后，在规模性的菌物资源调查和分类学研究的基础上，国内外学者对中国盘菌的研究进入了一个新阶段，以我国材料为模式发表的新种数量以前所未有的速度增长，中国新记录种不断被发现，显示出中国盘菌极为丰富的物种多样性。从 1998 年开始，我们对我国报道的具单囊壁子囊的盘菌物种进行了收录和清理（Zhuang 1998c，2001b，2003c），其后陆续收集了近年发表的我国盘菌名称及相关文献；本名录系在前期工作的基础上进行了全面的补充、订正与更新。

自然界中生存着数量众多的非地衣型盘菌，它们之中的绝大多数营腐生生活，分解植物残体，参与物质和能量循环；有些营寄生生活，是经济植物的重要病原菌，对植物生长尤其是经济作物的产量构成了威胁；少数可能与植物存在共生关系，互利共赢。识别物种、了解其生长规律，对于有害种类的防控和有益物种的利用具有重要意义。出版盘菌名录旨在充分了解我国该类群物种资源的家底与研究现状，为资源的发掘、保护和可持续利用提供基础信息，为自然资源的有效利用奠定基础。

作为一类可再生的生物资源，盘菌的物种多样性研究与资源利用不无关系。例如，核盘菌多糖（sclerotan）具有潜在的免疫增强和抑制肿瘤活性的作用；在深层培养条件下，*Lachnum papyraceum* 能产生具有杀线虫和抗微生物作用的生物活性物质，其结构类似于菌根素 A（mycorrhizin A）和异香豆素（isocoumarin）；长生盘菌属（*Lachnellula*）一个种的代谢产物——长生盘菌素 A（lachnellin A）表现出很高的抗微生物活性；*Trichopeziza mollissima* 产生的杯菌素（scyphostatin）是一个中性神经磷脂酶（sphingomyelinase）抑制剂，可作为药理学研究的工具，有助于认识神经酰胺（ceramide）在细胞炎症过程中的作用；假黑盘菌（*Pseudoplectania nigrella*）能产生一种小分子量、高效抗革兰氏阳性菌并且无细胞毒性的物质——网蛋白（plectin），具有开发为抗感染新型药物的潜力。盘菌中少数种可食用，如美味而价格昂贵的羊肚菌和块菌。

盘菌的习性和生境多种多样，它们选择活体植物（包括经济作物）、死亡的植物残体、土壤、其他真菌等作为基物或宿主，盘菌中很多物种对地域的选择性不强，但受植物种类及其丰富程度、气候条件、季节变化等因素的制约，还有一些则表现出很强的宿主专化性。盘菌中的绝大多数种类营腐生生活（如在原始森林、溪流岸畔、腐殖质层及枯枝落叶上的形色各异、大小不一的种类），少部分种因侵染植物而成为病原菌导致经济植物的产量损失［如宿主范围广泛的核盘菌（*Sclerotinia sclerotiorum*）］，个别种能够与植物共生形成菌根［如根盘菌（*Rhizoscyphus ericae*）与杜鹃科植物］，少数以其他真菌为宿主［如生长在 *Rhytidhysteron rufulum* 子实层上的皱裂菌拟爪毛盘菌（*Unguiculariopsis hysterigena*）］，还有一些种可以生长在裸露的地表［如红弯毛盘菌（*Melastiza rubra*）］。

我国幅员辽阔，地理环境复杂，从北至南跨越了温带和热带两个气候带，在遍及全国的各类自然保护区中，蕴藏着极为丰富的盘菌资源。一百多年来，以我国材料为模式种发表了大量盘菌新物种，随着资源普查的深入，定将有更多新的发现，希望该类群能够成为我国生物资源宝库中显赫的一员。在 1997～2004 年开展的热带地区和西北地区盘菌资源调查工作中，获得了大量标本材料，对其中一部分采集物进行了初步的分类学研究，有大量新的发现；热带地区似乎较西北地区的物种丰富程度略高一些，可能与两地在植被、气候、湿度等条件的差异有关。初步研究表明，我国北回归线以南的热带地区虽然面积有限，但已报道的盘菌有 18 科 97 属 226 种；而在面积广阔的陕西、甘肃、宁夏、青海、新疆五省（自治区），发现盘菌 17 科 83 属 198 种；进一步深入的研究无疑将打破上面的记录。又如，1997 年和 1998 年交接之际，在广西热带地区的一次野外考察中，对获得的部分盘菌标本进行研究发现，广西首次报道的盘菌至少有 39 种，其中包括新种 11 种、中国新记录种 13 种。因此，迫切需要继续开展规模性的资源普查工作。

在盘菌中，除瘿果盘菌属（*Cyttaria*）受寄主假山毛榉属（*Nothofagus*）植物分布的地域限制成为南半球的特有属之外，其他类群没有表现出明显的区系特征。我国虽然开展过许多地区性真菌资源考察，并发表了一些有关盘菌分布的区域性报道，但罕见区系特性方面的分析或研究。盘菌在我国的分布状况因种类而异，广布种随处可见，而稀有种在大规模野外调查活动中也很难再次获得。以我国材料为模式种发表的拟黄杯菌属（*Calycellinopsis*）、假地舌菌属（*Hemiglossum*）和华蜂巢菌属（*Sinofavus*）有可能是地域性的或地方特有的类群，其名称发表至今，一直保持单种属的状态，并且仅在我国报道。还有一些类群在分布上表现出一定程度的"偏好"。例如，对以腐生为主的小孢盘菌属（*Acervus*）而言，我国是目前世界上该属物种丰富程度最高的国家之一，该属世界已知 7 种，其中 6 种分布在我国（北起黑龙江，南至西双版纳），依据我国材料先后发表 4 个新种和 1 个新变型，造成这种分布格局的原因尚待分析。又如，自 1987 年二头孢盘菌属（*Dicephalospora*）建立以来，全世界仅发现了 5 种，其中 4 种分布在我国；盾盘菌属（*Scutellinia*）是盘菌中物种数量较多的属之一，世界已知 140 余种，我国发现了 34 种，其中 13 种是以我国材料为模式标本发表的；此外，具有一定致病性的散斑壳属（*Lophodermium*），在我国已发现 55 种，占全世界该属物种总数的 35%～40%。不言而喻，中国盘菌物种多样性的丰富程度不可低估，面对如此丰富的盘菌资源，对未涉足的地区进行考察，可以期待有更多的新发现。因此，持续而有计划地开展资源调查和分类学研究，将充实我国和世界生物物种资源库，为资源利用创造条件并奠定坚实的物质基础。

纵观 100 余年我国盘菌分类研究的历史，学者最初多关注的是表观性状。显微镜的发明，使人们认识到形态解剖学特征的重要性，组织化学特性在部分类群的分类研究中也予以考虑。当前盘菌分类学研究更多地侧重于物种的有性阶段特征，近年来，随着对培养特征的观察、物种有性阶段与无性阶段的关联、分子生物学技术的引入，研究方法和技术逐步提高。盘菌的物种概念、属的范围、高等级分类群的定义等诸多问题逐渐受到重视，采用综合性状分析方法而非依赖单一证据，将是建立正确物种概念和认识盘菌多样性的出路。

本册列出了具有盘状子实体的非地衣型物种，它们的绝大多数具有单囊壁子囊，隶属于子囊菌门中的地舌菌纲、锤舌菌纲（不含子实体为闭囊壳的白粉菌目）、无丝盘菌纲、圆盘菌纲、盘菌纲，以及子囊为双囊壁的座囊菌纲中具有肉质盘状子实体的 2 个属。近期的真菌系统发育研究表明，上述各纲虽然子实体外观类似，但它们之间的系统发育关系并不密切，甚至比较疏远。从系统分类的角度回顾我国盘菌的研究历史，学者早期主要跟随 Saccardo（1889）的分类系统，其后又接受了 Seaver（1928，1951）的分类观点，近代研究则主要沿用 Korf（1973）和 Dennis（1978）的系统及对某些类群专门研究的新观点。书中主要采纳了第十版 *Dictionary of the Fungi* 的系统（Kirk et al. 2008），同时参考随后发表的有关真菌界高阶分类研究的最新进展，以及 IF 数据库中的更新信息。

本书汇总了 2013 年以前国内外学者对我国盘菌的记载（部分类群含 2014 年的信息），参考了大量出版物，如《中国的真菌》、《中国真菌总汇》、《西藏真菌》、《中国食用菌志》、《香港蕈菌》、《横断山区真菌》、《台湾真菌名录》、*Checklist of Hong Kong Fungi* 和已出版的《中国真菌志》4 个卷册（包括核盘菌科、地舌菌科、晶杯菌科、肉杯菌科、肉盘菌科、斑痣盘菌目、火丝菌科）等著作，以及国内外各种学术刊物中发表的在我国分布的物种。由于分类系统的不断更新和分类观点的变化，作者试图在本书采用当前最合理的物种名称。截至 2014 年年初，我国报道具有盘菌子实体的非地衣型真菌 1052 种，隶属于 6 纲 10 目 29 科 216 属。

2012 年，新版国际命名法规 *International Code of Nomenclature for algae, fungi, and plants*（McNeill et al. 2012）问世，受新命名法规的制约，部分多型真菌的物种名称将发生变化，本册主要以文献中发表的名称为依据，采纳现代分类观点，但不在此进行新组合和新名称等命名方面的处理。在探讨物种或者属的分类地位时，当形态学与 DNA 序列分析的结果发生矛盾或存在明显问题时，暂且不单纯依据分子系统学证据去改变某一物种的分类地位。

为了便于使用，在名称的排列顺序上，本册在纲、目、科、属、种的等级上均按照学名的字母顺序排列。例如，在同一个科中，属的名称按照字母顺序排列；在同一个属中，种名依种加词的字母顺序排列。物种的异名原则上按照发表时间的先后排列，同模异名排列在一起，也按时间顺序，分类学异名在后。学名后面的原始文献出处无方括号的年份为正式发表年份。

关于各分类单元的中文名称，除个别需要说明的情况外，遵循优先权的法则。当物种的分类地位发生变更时，其中文名称也相应改变，不重名。多数情况下，属的模式种的名称与属的中文名称一致。

盘菌的分类学系统在不断更新，在中国盘菌研究的历史进程中，由于文献资料所限，曾出现个别基于错误鉴定的名称，包括锤舌菌纲中的"*Phialea*" *delavayi* Pat.、"*Phialea*" *delavayi* var. *major* Pat.、*Rhytisma rhododendri* Fr.、*Microglossum partitium* Pat.、*Crocicreas fuscum* (W. Phillips & Harkn.) S.E. Carp.（Wang & Pei 2001）和 *Coccomyces coronatus* (Schumach.) de Not.、*Mollisia viridulomellea* Penz. & Sacc.，以及盘菌纲中的 *Cheilymenia vitellina* (Pers.) Dennis、*Humaria potonini* P. Karst.、*Humaria semi-immersa* (P. Karst.) Sacc.、*Psilopezia deligata* (Peck) Seaver、*Lamprospora wisconsinensis* Seaver、*Pulvinula laeterubra* (Rehm) Pfister、*Scutellinia barlae* (Boud.) Maire、*Scutellinia chiangmaiensis* T. Schumach.、*Scutellinia superba* (Velen.) Le Gal、*Scutellinia vitreola* Kullman、*Sowerbyella fagicola* J. Moravec、*Trichophaea bullata* Kanouse 和 *Trichophaea pseudogregaria* (Rick) Boud.，上述名称本册不予收录。毛缘胶鞘盘菌（*Pezoloma ciliifera*）和绿小舌菌（*Microglossum viride*）两个种在"横断山生物多样性"数据库中有记载，标本保存于中国科学院微生物研究所菌物标本馆（HMAS）。

中国科学院微生物研究所魏江春院士和姚一建研究员在百忙之中审阅稿件，并提出了宝贵意见和建议，李先斌先生和赵明君女士协助统一格式并对稿件进行了细致的编排，杨柳女士在初稿的修订过程中给予了帮助，编写过程中曾就块菌属和扁盘菌属部分新发表学名的中文译法与首都师范大学范黎教授和侯成林教授交流，在此一并致谢。

子囊菌是真菌界物种丰富程度最高的类群，盘菌也如此，近年来国内外学者对中国盘菌进行了大量的分类研究，不断有新的发现。本册在进行文献资料收集与整理工作过程中难免有遗漏和不足，欢迎读者指正，并提出宝贵的意见和建议。希望在此名录基础上，更多的分类和命名问题将得到妥善解决，在未来十年中，期待将盘菌分类研究提升到一个新的水平和高度。

庄文颖
2017 年 7 月

目　录

座囊菌纲 **Dothideomycetes** O.E. Erikss. & Winka

胶皿菌目 Patellariales D. Hawksw. & O.E. Erikss.

胶皿菌科 **Patellariaceae** Corda

胶皿菌属

Patellaria Fr., Syst. Mycol. 2: 158. 1822.

黑胶皿菌

Patellaria atrata (Hedw.) Fr., Syst. Mycol. 2: 158. 1822. **Type:** ? Germany.

Lichen atratus Hedw., Descr. Micr.-Anal. Musc. Frond. 2 (3): 61. 1788.

Peziza atrata (Hedw.) Schumach., Enum. Pl. 2: 417. 1803.

Patellaria atrata (Hedw.) Fr., Syst. Mycol. 2: 158. 1822. f. *atrata*.

Lecanidion atratum (Hedw.) Endl., Flora Pason 1: 46. 1830.

Cycledium atratum (Hedw.) Wallr., Fl. Crypt. Germ. 2: 511. 1833.

Peziza patellaria Pers., Syn. Meth. Fung. 2: 670. 1801.

Patellaria indigotica Cooke & Peck, in Peck, Ann. Rep. Reg. Univ. St. N.Y. 25: 98. 1873.

Patellaria maura Massee, Bull. Misc. Inf., Kew p 131. 1898. [nom. illegit.] non *Patellaria maura* W. Phillips 1887.

Bilimbia sublubens Paulson, Trans. Brit. Mycol. Soc. 12: 88. 1927.

新疆（XJ）、江苏（JS）、云南（YN）；巴基斯坦、奥地利、比利时、丹麦、芬兰、法国、德国、匈牙利、意大利、卢森堡、西班牙、瑞典、英国、阿尔及利亚、加拿大、瓜德罗普岛（法）、美国、新西兰。

邓叔群 1963；戴芳澜 1979。

梭孢胶皿菌［新拟］

Patellaria fusispora Cooke & Peck, in Peck, Ann. Rep. N.Y. St. Mus. Nat. Hist. 28: 67. 1876. **Type:** USA.

Karschia fusispora (Cooke & Peck) Sacc., Syll. Fung. 8: 781. 1889.

云南（YN）；美国。

戴芳澜 1979。

四孢胶皿菌

Patellaria tetraspora Massee & Morgan, J. Mycol. 8: 180. 1902. **Type:** USA.

Lecanidion tetrasporum (Massee & Morgan) Sacc. & D. Sacc., Syll. Fung. 18: 184. 1906.

河北（HEB）、安徽（AH）、江苏（JS）、浙江（ZJ）、云南（YN）；美国。

邓叔群 1963；戴芳澜 1979。

目的归属有待确定的类群 Ordo incertae sedis

科的归属有待确定的类群 **Familia incertae sedis**

小碗菌属

Catinella Boud., Hist. Class. Discom. Eur. p 150. 1907.

绿小碗菌

Catinella olivacea (Batsch) Boud., Hist. Class. Discom. Eur. p 150. 1907. **Type:** ? Germany.

Peziza olivacea Batsch, Elench. Fung., Cont. Prim. p 127. 1783.

Patellaria olivacea (Batsch) W. Phillips, Man. Brit. Discomyc. p 361. 1887.

Humaria olivacea (Batsch) Sacc., Syll. Fung. 8: 148. 1889.

Karschia olivacea (Batsch) Rehm, in Winter, Rabenh. Krypt.-Fl., Edn 2 1.3 (lief. 33) p 349. 1890.

Rhizina nigro-olivacea Curr., Trans. Linn. Soc. London 24: 493. 1864.

Lagerheima pilosa Syd. & P. Syd., in De Wildeman, Fl. Baset Moyen-Congo 3: 19. 1909.

Lagerheima carbonicola Torrend, Bull. Jard. Bot. État Brux. 4: 29. 1914.

广东（GD）；丹麦、德国、斯洛伐克、西班牙、英国、加拿大、哥斯达黎加、美国。

邓叔群 1963；戴芳澜 1979；Zhuang & Wang 1998a。

地舌菌纲 Geoglossomycetes Zheng Wang, C.L. Schoch & Spatafora

地舌菌目 Geoglossales Zheng Wang, C.L. Schoch & Spatafora

地舌菌科 Geoglossaceae Corda

地舌菌属

Geoglossum Pers., Neues Mag. Bot. 1: 116. 1794.

泡地舌菌

Geoglossum alveolatum (E.J. Durand ex Rehm) E.J. Durand, Annls Mycol. 6: 432. 1908. **Type:** USA.

Leptoglossum alveolatum E.J. Durand ex Rehm, Annls Mycol. 2: 32. 1904.

安徽（AH）；印度、日本、美国、新西兰、巴布亚新几内亚、苏联。

Zhuang & Wang 1997a；庄文颖 1998。

库克地舌菌

Geoglossum cookeanum Nannf., Ark. Bot. 20: 22. 1942. **Type:** UK.

Geoglossum glabrum Pers., Neues Mag. Bot. 1: 116. 1794.

Geoglossum glabrum var. *minor* Cooke, Grevillea 8: 61. 1879.

Geoglossum glabrum var. *angustosporum* F.L. Tai, Lloydia 7: 148. 1944.

黑龙江（HL）、吉林（JL）、贵州（GZ）、云南（YN）；印度、英国、美国、新西兰。

戴芳澜 1979；Zhuang & Wang 1997a；庄文颖 1998。

伪地舌菌

Geoglossum fallax E.J. Durand, Annls Mycol. 6: 428. 1908. **Type:** USA.

Geoglossum paludosum (Pers.) E.J. Durand, Ann. Mycol. 6: 429. 1908.

Geoglossum fallax var. *proximum* (S. Imai & Minakata) S. Imai, J. Coll. Agric., Hokkaido Imp. Univ. 45: 214. 1941.

Geoglossum fallax var. *subpumilum* (S. Imai) S. Imai, J. Coll. Agric., Hokkaido Imp. Univ. 45: 215. 1941.

吉林（JL）、浙江（ZJ）、云南（YN）；印度、日本、奥地利、丹麦、芬兰、德国、爱尔兰、挪威、西班牙、瑞典、英国、加拿大、美国、新西兰、苏联。

邓叔群 1963；戴芳澜 1979；庄文颖 1998。

平滑地舌菌

Geoglossum glabrum Pers., Neues Mag. Bot. 1: 116. 1794. **Type:** ? Germany.

Clavaria ophioglossoides L., Sp. Pl. 2: 1182. 1753.

Geoglossum ophioglossoides (L.) Sacc., Syll. Fung. 8: 43. 1889.

西藏（XZ）；印度、比利时、丹麦、芬兰、法国、德国、意大利、俄罗斯、瑞典、瑞士、英国。

王云章和臧穆 1983。

黏地舌菌

Geoglossum glutinosum Pers., Observ. Mycol. 1: 11. 1796. **Type:** Europe.

Gloeoglossum glutinosum (Pers.) E.J. Durand, Annls Mycol. 6: 119. 1908.

Cibalocoryne glutinosa (Pers.) S. Imai, Bot. Mag., Tokyo 56: 525. 1942.

四川（SC）、云南（YN）；印度、日本、芬兰、德国、爱尔兰、意大利、挪威、瑞典、英国、加拿大、哥斯达黎加、美国、澳大利亚、新西兰、苏联；欧洲。

邓叔群 1963；戴芳澜 1979；Zhuang & Wang 1998b；庄文颖 1998。

亮丝地舌菌

Geoglossum laccatum W.Y. Zhuang, in Zhuang & Wang, Mycotaxon 63: 307. 1997. **Type:** China (Sichuan). C.M. Wang, Y.X. Han & Q.M. Ma 663, HMAS 30745.

四川（SC）。

Zhuang & Wang 1997a；庄文颖 1998。

小地舌菌

Geoglossum pumilum G. Winter, Grevillea 15: 91. 1887. **Type:** Brazil.

云南（YN）；印度、日本、百慕大群岛（英）、格林纳达、瓜德罗普岛（法）、波多黎各（美）、美国、巴西、新喀里多尼亚（法）。

Zhuang & Wang 1997a；庄文颖 1998。

细小地舌菌

Geoglossum pusillum F.L. Tai, Lloydia 7: 150. 1944. **Type:** China (Jiangxi). X.M. Yang, HMAS 3799.

江西（JX）。

戴芳澜 1979；庄文颖 1998。

相似地舌菌

Geoglossum simile Peck, Bull. Buffalo Soc. Nat. Hist. 1 (2): 70. 1873. **Type:** ? USA.

Geoglossum glabrum var. *simile* (Peck) S. Imai, Trans. Mycol.

Soc. Japan 3: 52. 1962.
云南（YN）；印度、日本、奥地利、爱沙尼亚、挪威、美国、澳大利亚。
Zhuang & Wang 1997a；庄文颖 1998。

荫蔽地舌菌原变种

Geoglossum umbratile Sacc., Michelia 1 (4): 444. 1878. var. **umbratile**. **Type:** Italy.
Geoglossum umbratile Sacc., Michelia 1 (4): 444. 1878.
Geoglossum nigritum (Fr.) Cooke, Mycogr., Vol. 1. Discom. p 205. 1878.
Geoglossum nigritum var. *cheoanum* F.L. Tai, Lloydia 7 (2): 150: 1944.
Geoglossum elongatum F.L. Tai, Lloydia 7: 147. 1944. [nom. illegit.] non *Geoglossum elongatum* Starbäck ex Nannf. 1942.
Geoglossum sinense F.L. Tai, Syll. Fung. Sin. p 146. 1979.
河北（HEB）、北京（BJ）、陕西（SN）、江苏（JS）、浙江（ZJ）、四川（SC）、云南（YN）、广东（GD）；孟加拉国、日本、奥地利、捷克、芬兰、爱尔兰、意大利、挪威、西班牙、瑞典、英国、美国、澳大利亚、新西兰、苏联。
戴芳澜 1979；Korf & Zhuang 1985；Zhuang & Wang 1998a；庄文颖 1998。

荫蔽地舌菌异孢变种

Geoglossum umbratile var. **heterosporum** (Mains) Maas Geest., Persoonia 4: 37. 1965. **Type:** USA.
Geoglossum nigritum var. *heterosporum* Mains, Mycologia 46: 596. 1954.
云南（YN）；印度、美国。
Zhuang & Wang 1997a；庄文颖 1998。

小舌菌属

Microglossum Sacc., Bot. Zbl. 18: 214. 1884.

紫黑小舌菌

Microglossum atropurpureum (Batsch) P. Karst., Acta Soc. Fauna Flora Fenn. 2 (6): 111. 1885. **Type:** Sweden.
Clavaria atropurpurea Batsch, Elench. Fung., Cont. Prim. p 133. 1783.
Geoglossum atropurpureum (Batsch) Pers., Observ. Mycol. 1: 2. 1796.
Leotia atropurpurea (Batsch) Corda, Icon. Fung. 5: 79. 1842.
Thuemenidium atropurpureum (Batsch) Kuntze, Revis. Gen. Pl. 2: 873. 1891.
Corynetes robustus E.J. Durand, Annls Mycol. 6: 416. 1908.
Microglossum robustum (E.J. Durand) Sacc. & Traverso, Syll. Fung. 20: 83. 1911.
云南（YN）；日本、丹麦、德国、挪威、瑞典、英国、美国、苏联。
戴芳澜 1979；庄文颖 1998。

烟色小舌菌

Microglossum fumosum (Peck) E.J. Durand, Annls Mycol. 6: 408. 1908. **Type:** USA.
Geoglossum luteum var. *fumosum* Peck, Ann. Rep. N.Y. St. Mus. 43: 86. 1890.
Geoglossum fumosum (Peck) Lloyd, Mycol. Writ. 5 (Geoglossaceae): 7. 1916.
甘肃（GS）、青海（QH）、云南（YN）；日本、加拿大、美国、苏联。
邓叔群 1963；戴芳澜 1979；庄文颖 1998。

长孢小舌菌

Microglossum longisporum E.J. Durand, Annls Mycol. 6: 409. 1908. **Type:** USA.
Ochroglossum longisporum (E.J. Durand) S. Imai, Sci. Rep. Yokohama Natl. Univ., Sect. 2 4: 8. 1955.
Microglossum capitatum F.L. Tai, Lloydia 7: 147. 1944.
Microglossum tetrasporum F.L. Tai, Lloydia 7: 147. 1944.
云南（YN）；日本、美国。
戴芳澜 1979；Zhuang & Wang 1997a，1998b；庄文颖 1998。

棕绿小舌菌

Microglossum olivaceum (Pers.) Gillet, Champignons de France, Discom. p 26. 1879. **Type:** Europe.
Geoglossum olivaceum Pers., Observ. Mycol. 1: 40. 1796.
Leptoglossum olivaceum (Pers.) W. Phillips, Man. Brit. Discomyc. p 33. 1887.
Mitrula olivacea (Pers.) Sacc., Syll. Fung. 8: 38. 1889.
Microglossum fuscorubens Boud., Hist. Class. Discom. Eur. p 87. 1907.
陕西（SN）、甘肃（GS）、浙江（ZJ）、贵州（GZ）、云南（YN）；印度、日本、比利时、丹麦、法国、德国、爱尔兰、挪威、西班牙、瑞典、英国、加拿大、美国、澳大利亚、新西兰、苏联；欧洲。
邓叔群 1963；戴芳澜 1979；庄文颖 1998。

红棕小舌菌

Microglossum rufum (Schwein.) Underw., Minn. Bot. Stud. 1: 496. 1896. **Type:** USA.
Geoglossum rufum Schwein., Trans. Am. Phil. Soc., Ser. 2 4: 181. 1832.
Ochroglossum rufum (Schwein.) S. Imai, Science Rep. Yokohama Nat. Univ., Sect. 2 4: 7. 1955.
浙江（ZJ）；印度、日本、韩国、加拿大、美国、澳大利亚、新西兰、苏联。
邓叔群 1963；戴芳澜 1979；庄文颖 1998。

绿小舌菌

Microglossum viride (Pers.) Gillet, Champignons de France, Discom. 1: 25. 1879. **Type:** Europe. (HMAS 72802).
Geoglossum viride Pers., Comm. Fung. Clav. p 40. 1797.
Mitrula viridis (Pers.) P. Karst., Bidr. Känn. Finl. Nat. Folk 19: 29. 1871.
Helote viridis (Pers.) Hazsl., Magyar. Tud. Akad. Értes. 11

(19): 8. 1881.
Leptoglossum viride (Pers.) W. Phillips, Man. Brit. Discomyc. p 32. 1887.
Clavaria mitrata Holmsk., Beata Ruris Otia Fungis Danicis 1: 21. 1790.
Clavaria viridis Schrad., in Gmelin, Systema Naturae, Edn 13 2 (2): 1443. 1792.
四川（SC）；日本、捷克、丹麦、芬兰、法国、德国、爱尔兰、挪威、斯洛伐克、西班牙、瑞典、英国、马达加斯加、加拿大、美国、新西兰。

地杖菌属

Mitrula Fr., Syst. Mycol. 1: 463, 491. 1821.

二色地杖菌

Mitrula bicolor Pat., Journ. Bot. 7: 344. 1893. **Type:** China (Tibet).
西藏（XZ）。
戴芳澜 1979；Zhuang & Wang 1997a；庄文颖 1998。

湿生地杖菌

Mitrula paludosa Fr., Utkast. Sv. Fl., Edn 3 3: 664. 1816. **Type:** ? Sweden.
Clavaria spathula O.F. Müll., Fl. Danic. 4: tab. 658. 1775.
Clavaria phalloides Bull., Herb. Fr. p 214, tab. 463, fig. 3. 1789.
Clavaria epiphylla Dicks., Fasc. Pl. Crypt. Brit. 3: 22. 1793.
Leotia dicksonii Pers., Syn. Meth. Fung. 2: 612. 1801.
Helvella aurantiaca Cumino, Mém. Acad. Imp. Sci., Turin p 221. 1805.
Leotia uliginosa Grev., Fl. Edin. p 416. 1824.
Mitrula uliginosa (Grev.) Grev., Scott. Crypt. Fl. 3: 26. 1825.
Mitrula phalloides (Bull.) Chevall., Fl. Gén. Env. Paris 1: 214. 1826.
Mitrula spathula (O.F. Müll.) Fr., Epicr. Syst. Mycol. p 583. 1838.
黑龙江（HL）、吉林（JL）；日本、奥地利、比利时、丹麦、芬兰、法国、德国、挪威、波兰、俄罗斯、斯洛伐克、西班牙、瑞典、瑞士、英国、加拿大、美国、苏联；东亚、欧洲、北美洲。
邓叔群 1963；戴芳澜 1979；庄文颖 1998。

肉锤菌属

Sarcoleotia S. Ito & S. Imai, Trans. Sapporo Nat. Hist. Soc. 13 (2-3): 182. 1934.

球肉锤菌［新拟］（曾用名：肉锤菌，此种非该属模式种，种加词需译出）

Sarcoleotia globosa (Sommerf. ex Fr.) Korf, Phytologia 21: 206. 1971. **Type:** Norway.
Mitrula globosa Sommerf., Suppl. Fl. Lapp. p 287. 1826.
Geoglossum globosum (Sommerf.) Fr., Syn. Meth. Fung. 1: 234. 1828.
Corynetes globosus (Sommerf.) E.J. Durand, Annls Mycol. 6: 417. 1908.
江西（JX）；丹麦、冰岛、挪威、瑞典。
Zhuang & Wang 1998c。

毛舌菌属

Trichoglossum Boud., Bull. Soc. Mycol. Fr. 1: 110. 1885.

景洪毛舌菌

Trichoglossum cheliense F.L. Tai, Lloydia 7: 153. 1944. **Type:** China (Yunnan). F.L. Tai, HMAS 2885.
云南（YN）。
戴芳澜 1979；Zhuang & Wang 1998b；庄文颖 1998。

紊乱毛舌菌

Trichoglossum confusum E.J. Durand, Mycologia 13: 185. 1921. **Type:** USA.
江苏（JS）；美国。
邓叔群 1963；戴芳澜 1979；庄文颖 1998。

杜兰毛舌菌

Trichoglossum durandii Teng, Contrib. Biol. Lab. Sci. Soc. China, Bot. Ser. 8: 52. 1932. **Type:** China (Zhejiang). Teng 1250.
Leucoglossum durandii (Teng) S. Imai, Bot. Mag., Tokyo 56: 524. 1942.
浙江（ZJ）、贵州（GZ）、云南（YN）、海南（HI）。
邓叔群 1963；戴芳澜 1979；Zhuang & Wang 1998a，1998b；庄文颖 1998。

法洛毛舌菌

Trichoglossum farlowii (Cooke) E.J. Durand, Annls Mycol. 6: 437. 1908. **Type:** USA.
Geoglossum farlowii Cooke, Annls Mycol. 6: 438. 1908.
Trichoglossum farlowii var. *rotundiformis* (Kawam.) Teng, Sinensia 6: 186. 1935.
Trichoglossum farlowii var. *javanicum* Rifai, Lloydia 28: 114. 1965.
Geoglossum rotundiforme Kawam., J. Jap. Bot. 4: 301. 1929.
湖南（HN）、四川（SC）、贵州（GZ）、云南（YN）、西藏（XZ）、福建（FJ）、广东（GD）、海南（HI）；印度尼西亚、日本、新加坡、加拿大、美国、澳大利亚、新西兰；欧洲。
Teng 1935；邓叔群 1963；戴芳澜 1979；Zhuang & Wang 1998a；庄文颖 1998。

毛舌菌原变种

Trichoglossum hirsutum (Pers.) Boud., Hist. Class. Discom. Eur. p 86. 1907. var. **hirsutum**. **Type:** Europe.
Geoglossum hirsutum Pers., Comm. Fung. Clav. p 37. 1797.
Trichoglossum hirsutum (Pers.) Boud., Hist. Class. Discom. Eur. p 86. 1907.
Trichoglossum hirsutum f. *capitatum* (Pers.) S. Imai, J. Fac.

Agric., Hokkaido Imp. Univ., Sapporo 45: 221. 1941.
Trichoglossum hirsutum var. *capitatum* (Pers.) Teng, Sinensia 5: 449. 1934.
Trichoglossum hirsutum var. *heterosporum* Mains, Mycologia 46: 620. 1954.
Trichoglossum hirsutum var. *multiseptatum* Mains, Mycologia 46: 620. 1954.
Trichoglossum hirsutum var. *irregulare* Mains, Mycologia 46: 619. 1954.
Trichoglossum hirsutum f. *verrucosum* Wichanský, Česká Mykol. 12: 245. 1958.
Trichoglossum hirsutum f. *leotioides* (Cooke) Dennis, Kew Bull. 15: 293. 1961.
Geoglossum capitatum Schmidel, Icon. pl., Ed. Palm (Man. III): 92, tab. 25: 11-12. 1793.
Geoglossum capitatum Pers., Comm. Fung. Clav. p 1-124. 1797. [nom. illegit.]
Geoglossum capitatum Lloyd, Mycol. Notes 7: 1208. 1923. [nom. illegit.]
吉林（JL）、河北（HEB）、甘肃（GS）、安徽（AH）、江苏（JS）、浙江（ZJ）、江西（JX）、四川（SC）、贵州（GZ）、云南（YN）、西藏（XZ）、台湾（TW）、广东（GD）；印度、印度尼西亚、日本、韩国、奥地利、丹麦、爱沙尼亚、法国、德国、爱尔兰、荷兰、挪威、斯洛文尼亚、西班牙、瑞典、英国、马拉维、尼日利亚、塞拉利昂、坦桑尼亚、哥斯达黎加、墨西哥、美国、澳大利亚、新喀里多尼亚（法）、新西兰、巴布亚新几内亚。
邓叔群 1963；戴芳澜 1979；Korf & Zhuang 1985；Zhuang & Wang 1998a，1998b；庄文颖 1998。

毛舌菌阔孢变种

Trichoglossum hirsutum var. **latisporum** W.Y. Zhuang, in Zhuang & Wang, Mycotaxon 63: 309. 1997. **Type:** China (Hainan). J.C. Xing 342, HMAS 27762.
海南（HI）。
Zhuang & Wang 1997a，1998a；庄文颖 1998。

毛舌菌长孢变种

Trichoglossum hirsutum var. **longisporum** (F.L. Tai) Mains, Mycologia 46: 619. 1954. **Type:** China (Yunnan). C.C. Cheo 5089, HMAS 1089.
Trichoglossum longisporum F.L. Tai, Lloydia 7: 156. 1944.
云南（YN）。
戴芳澜 1979；庄文颖 1998。

昆明毛舌菌

Trichoglossum kunmingense F.L. Tai, Lloydia 7: 154. 1944. **Type:** China (Yunnan). F.L. Tai, HMAS 1095.
云南（YN）。
戴芳澜 1979；庄文颖 1998。

八段毛舌菌

Trichoglossum octopartitum Mains, Am. J. Bot. 27: 325. 1940. **Type:** Honduras.
陕西（SN）、云南（YN）；斯洛伐克、洪都拉斯。
Zhuang 1996a；Zhuang & Wang 1998b；庄文颖 1998。

裴松毛舌菌（曾用名：珀松毛舌菌）

Trichoglossum persoonii F.L. Tai, Lloydia 7: 154. 1944. **Type:** China (Yunnan). F.L. Tai, HMAS 4067.
云南（YN）。
戴芳澜 1979；Zhuang & Wang 1998b；庄文颖 1998。

青城毛舌菌

Trichoglossum qingchengense W.Y. Zhuang, in Zhuang & Wang, Mycotaxon 63: 309. 1997. **Type:** China (Sichuan). C.M. Wang, Y.X. Han & Q.M. Ma 663a, HMAS 30746.
四川（SC）。
Zhuang & Wang 1997a；庄文颖 1998。

罕见毛舌菌

Trichoglossum rasum Pat., Bull. Soc. Mycol. Fr. 25: 130. 1909. **Type:** France.
Trichoglossum wrightii E.J. Durand, Mycologia 13: 187. 1921.
浙江（ZJ）、四川（SC）、云南（YN）；印度尼西亚、法国、波兰、英国、百慕大群岛（英）、古巴、巴拿马、美国、新喀里多尼亚（法）。
邓叔群 1963；戴芳澜 1979；Zhuang & Wang 1998b；庄文颖 1998。

中国毛舌菌

Trichoglossum sinicum F.L. Tai, Lloydia 7: 156. 1944. **Type:** China (Yunnan). F.L. Tai, HMAS 1315.
云南（YN）。
戴芳澜 1979；Zhuang & Wang 1998b；庄文颖 1998。

四孢毛舌菌

Trichoglossum tetrasporum Sinden & Fitzp., Mycologia 22: 60. 1930. **Type:** USA.
Trichoglossum tetrasporum var. *brevisporum* F.L. Tai, Lloydia 7: 157. 1944.
河北（HEB）、云南（YN）；英国、美国、苏联。
邓叔群 1963；戴芳澜 1979；Zhuang & Wang 1997a；庄文颖 1998。

变异毛舌菌

Trichoglossum variabile (E.J. Durand) Nannf., Ark. Bot. 30A (4): 64. 1942. **Type:** USA.
Trichoglossum hirsutum f. *variabile* E.J. Durand, Annls Mycol. 6: 437. 1908.
Trichoglossum hirsutum var. *variabile* (E.J. Durand) S. Imai, J. Coll. Agric., Hokkaido Imp. Univ. 45: 222. 1941.
河北（HEB）、甘肃（GS）、湖南（HN）、贵州（GZ）、云

南（YN）；印度、日本、美国、巴布亚新几内亚；欧洲。
戴芳澜 1979；Zhuang & Wang 1998b；庄文颖 1998。

绒柄毛舌菌

Trichoglossum velutipes (Peck) E.J. Durand, Annls Mycol. 6: 434. 1908. **Type:** USA.
Geoglossum velutipes Peck, Ann. Rep. Reg. N.Y. St. Mus. 28: 65. 1876.
陕西（SN）、甘肃（GS）、湖北（HB）、云南（YN）；加拿大、美国、苏联。
邓叔群 1963；戴芳澜 1979；Zhuang & Wang 1998b；庄文颖 1998。

沃尔特毛舌菌

Trichoglossum walteri (Berk.) E.J. Durand, Annls Mycol. 6: 440. 1908. **Type:** Australia.
Geoglossum walteri Berk., in Cooke, Hedwigia 14: 39. 1875.
四川（SC）、云南（YN）；印度、日本、丹麦、芬兰、德国、英国、加拿大、哥斯达黎加、美国、巴西、澳大利亚、新喀里多尼亚（法）、新西兰、巴布亚新几内亚、苏联。
Korf & Zhuang 1985；Zhuang & Wang 1998b；庄文颖 1998。

云南毛舌菌

Trichoglossum yunnanense F.L. Tai, Lloydia 7: 154. 1944. **Type:** China (Yunnan). F.L. Tai, HMAS 1393.
Trichoglossum tetrasporum var. *yunnanense* (F.L. Tai) Mains, Mycologia 46: 625. 1954.
云南（YN）。
戴芳澜 1979；庄文颖 1998。

锤舌菌纲 **Leotiomycetes** O.E. Erikss. & Winka

柔膜菌目 Helotiales Nannf. ex Korf & Lizoň

胶鼓菌科 **Bulgariaceae** Fr.

胶鼓菌属

Bulgaria Fr., Syst. Mycol. 2: 166. 1822.

污胶鼓菌

Bulgaria inquinans (Pers.) Fr., Syst. Mycol. 2: 167. 1822. **Type:** Europe.
Peziza inquinans Pers., Neues Mag. Bot. 1: 113. 1794.
Ascobolus inquinans (Pers.) Nees, Syst. Pilze p 268, tab. 39. 1816.
Phaeobulgaria inquinans (Pers.) Nannf., Nova Acta R. Soc. Scient. Upsal., Ser. 4 8: 311. 1932.
Peziza polymorpha Oeder, Fl. Danic. 3: tab. 464. 1769.
Tremella turbinata Huds., Fl. Angl., Edn 2 2: 563. 1778.
Peziza turbinata Relhan, Fl. Cantab. p 467. 1785.
Peziza vesiculosa var. *turbinata* (Pers.) Pers., Mycol. Eur. 1: 229. 1822.
吉林（JL）、河北（HEB）、甘肃（GS）、四川（SC）、云南（YN）、台湾（TW）；日本、韩国、比利时、爱沙尼亚、德国、爱尔兰、波兰、瑞典、英国、加拿大、哥斯达黎加、美国、新西兰；欧洲。
邓叔群 1963；戴芳澜 1979；Zhuang & Wang 1998b。

霍氏盘菌属

Holwaya Sacc., Syll. Fung. 8: 646. 1889.

霍氏盘菌日本亚种

Holwaya mucida (Schulzer) Korf & Abawi subsp. **nipponica** Korf & Abawi, Can. J. Bot. 49: 1881. 1971. **Type:** Japan.
吉林（JL）；日本。
Yu et al. 2000。

地锤菌科 **Cudoniaceae** P.F. Cannon

地锤菌属

Cudonia Fr., Summa Veg. Scand., Section Post. p 348. 1849.

旋卷地锤菌

Cudonia circinans (Pers.) Fr., Summa Veg. Scand., Section Post. p 348. 1849. **Type:** Europe.
Leotia circinans Pers., Comm. Fung. Clav. p 31. 1797.
Leotia gracilis (Pers.) Sacc., Syll. Fung. 8: 50. 1889.
吉林（JL）、陕西（SN）、四川（SC）；日本、奥地利、芬兰、法国、德国、拉脱维亚、挪威、斯洛伐克、西班牙、瑞典、英国、加拿大、美国；欧洲。
戴芳澜 1979。

红地锤菌

Cudonia confusa Bres., Fung. Trident. 2 (8-10): 67. 1892. **Type:** Austria.
山西（SX）、青海（QH）；奥地利、芬兰、意大利、挪威、斯洛伐克、瑞典、瑞士。
邓叔群 1963；戴芳澜 1979。

马鞍菌状地锤菌

Cudonia helvelloides S. Ito & S. Imai, Trans. Sapporo Nat. Hist. Soc. 13: 183. 1934. **Type:** Japan.
四川（SC）、云南（YN）；日本。
戴芳澜 1979。

黄地锤菌

Cudonia lutea (Peck) Sacc., Miscell. Mycol. 2: 15. 1889. **Type:** USA.
Vibrissea lutea Peck, Bull. Buffalo Soc. Nat. Sci. 1: 70. 1873.
吉林（JL）、陕西（SN）、甘肃（GS）、青海（QH）、四川（SC）、云南（YN）、西藏（XZ）；加拿大、美国。
邓叔群 1963；戴芳澜 1979；王云章和臧穆 1983。

四川地锤菌

Cudonia sichuanensis Zheng Wang, Mycologia 94: 644. 2002. **Type:** China (Sichuan). Z. Wang WZ0178, HMAS 75140.
四川（SC）。
Wang et al. 2002。

假地杖菌属

Nothomitra Maas Geest., Persoonia 3: 91. 1964.

中国假地杖菌

Nothomitra sinensis W.Y. Zhuang, in Zhuang & Wang, Mycotaxon 63: 308. 1997. **Type:** China (Gansu). Q.M. Ma 785, HMAS 24108.
甘肃（GS）、青海（QH）、新疆（XJ）。
Zhuang & Wang 1997a。

地勺菌属

Spathularia Pers., Tent. Disp. Meth. Fung. p 36. 1797.

地勺菌

Spathularia flavida Pers., Neues Mag. Bot. 1: 116. 1794. **Type:** ? Germany.
Helvella clavata Schaeff., Fung. Bavar. Palat. Nasc. 4: 149. 1774.
Spathularia clavata (Schaeff.) Sacc., Syll. Fung. 8: 48. 1889.
Spathularia clavata var. *alpestris* Rehm, Annls Mycol. 2: 515. 1904.
Spathularia rufa Schmidel, Icon. pl., Ed. Palm (Man. III): tab. 50: 1. 1776.
Spathularia flava Pers., Comm. Fung. Clav. p 59. 1797.
Clavaria spathulata Schmiedel, Icon. Pl. Ed. Schreber: tab. 50, fig. 1. 1797.
Mitrula crispata Fr., Epicr. Syst. Mycol.: 583. 1838.
Mitrula spathulata Fr., Summa Veg. Scand., Section Post. p 583. 1849.
黑龙江（HL）、吉林（JL）、内蒙古（NM）、北京（BJ）、山西（SX）、陕西（SN）、新疆（XJ）、四川（SC）、贵州（GZ）、云南（YN）、西藏（XZ）；日本、韩国、奥地利、比利时、捷克、丹麦、爱沙尼亚、芬兰、法国、德国、爱尔兰、挪威、波兰、罗马尼亚、斯洛文尼亚、西班牙、瑞典、瑞士、英国。
邓叔群 1963；戴芳澜 1979；庄文颖 1998。

拟地勺菌属

Spathulariopsis Maas Geest., Proc. K. Ned. Akad. Wet., Ser. C, Biol. Med. Sci. 75: 254. 1972.

拟地勺菌

Spathulariopsis velutipes (Cooke & Farl. ex Cooke) Maas Geest., Proc. K. Ned. Akad. Wet., Ser. C, Biol. Med. Sci. 75: 254. 1972. **Type:** USA.
Spathularia velutipes Cooke & Farl., in Cooke, Grevillea 12: 37. 1883.
陕西（SN）、四川（SC）、云南（YN）、西藏（XZ）；日本、美国；欧洲。
卯晓岚等 1993；庄文颖 1998。

皮盘菌科 Dermateaceae Fr.

小布氏菌属［新拟］

Blumeriella Arx, Phytopath. Z. 42: 164. 1961.

小布氏菌［新拟］

Blumeriella jaapii (Rehm) Arx, Phytopath. Z. 42: 164. 1961. **Type:** Germany.
Pseudopeziza jaapii Rehm, Annls Mycol. 5: 465. 1907.
Higginsia jaapii (Rehm) Nannf., Nova Acta R. Soc. Scient. Upsal., Ser. 4 8 (2): 175. 1932.
Septoria padi (Lib.) Thüm. Ascochyta padi Lib., Pl. Crypt. Arduenna, Fasc. 2: no. 153. 1832.
Phloeosporella padi (Lib.) Arx, Phytopath. Z. 42: 163. 1961.
Cylindrosporium padi P. Karst., Meddn Soc. Fauna Flora Fenn. 11: 159. 1884.
Phlyctema padi (P. Karst.) Petr., Annls Mycol. 17 (2/6): 72. 1920.
Coccomyces lutescens B.B. Higgins, Am. J. Bot. 1 (4): 166. 1914.
Coccomyces hiemalis B.B. Higgins, Science, N.Y. 37: 638. 1913.
Cylindrosporium hiemalis (B.B. Higgins) Sacc., Am. J. Bot. 1: 1. 1914.
Higginsia hiemalis (B.B. Higgins) Nannf., Inop. Discom. 8: 174. 1932.
Blumeriella hiemalis (B.B. Higgins) Põldmaa, Fitopatol. Mikrom. Severnoi Estonil (Phytopathogem c Micromycetes of North Estonia) p 227. 1967.
Phloeosporella hiemalis (B.B. Higgins) Põldmaa, Fitopatol. Mikrom. Severnoi Estonil (Phytopath. Micromy. North Estonia) p 227. 1967.
Coccomyces prunophorae B.B. Higgins, Am. J. Bot. 1 (4): 165. 1914.
Higginsia lutescens (B.B. Higgins) Nannf., Nova Acta R. Soc. Scient. Upsal., Ser. 4 8 (2): 174. 1932.
贵州（GZ）；爱沙尼亚、德国、美国。
戴芳澜 1979；林英任 2012。

绿盘菌属

Chlorosplenium Fr., Summa Veg. Scand., Section Post. p 356.

1849.

绿盘菌

Chlorosplenium chlora (Schwein.) M.A. Curtis, in Sprague, Proc. Boston Soc. Nat. Hist. 5: 330. 1856. **Type:** USA.
Peziza chlora Schwein., Schr. Naturf. Ges. Leipzig 1: 122. 1822.
Chlorosplenium chlora (Schwein.) Massee, J. Linn. Soc., Bot. 35: 116. 1901.
Helotium chlora (Schwein.) Morgan, J. Mycol. 8: 184. 1902.
安徽（AH）、湖南（HN）、云南（YN）、福建（FJ）、广东（GD）；日本、哥斯达黎加、古巴、美国、智利。
Korf & Zhuang 1985；Zhuang & Wang 1998a，1998b。

梭孢绿盘菌

Chlorosplenium fusisporum S.C. Liou & Z.C. Chen, Taiwania 22: 33. 1977. **Type:** China (Taiwan). S.C. Liou 135, NTU 5088.
台湾（TW）。
Liou & Chen 1977a。

皮盘菌属

Dermea Fr., Syst. Orb. Veg. 1: 114. 1825.

樱皮盘菌

Dermea cerasi (Pers.) Fr., Syst. Orb. Veg. 1: 115. 1825. **Type:** Germany.
Peziza cerasi Pers., Neues Mag. Bot. 1: 115. 1794.
Cenangium cerasi (Pers.) Fr., Syst. Mycol. 2: 179. 1822.
Cycledium cerasi (Pers.) Wallr., Fl. Crypt. Germ. 2: 512. 1833.
Dermatea cerasi (Pers.) Fr., Summa Veg. Scand., Section Post. p 362. 1849.
安徽（AH）、福建（FJ）；韩国、奥地利、德国、挪威、瑞士、英国、加拿大、美国。
邓叔群 1963；戴芳澜 1979。

李皮盘菌

Dermea pruni (Teng) J.W. Groves, Mycologia 43: 721. 1952. **Type:** China (Sichuan). S.C. Teng 3352, MICH.
Phaeangium pruni Teng, Sinensia 11: 109. 1940.
Sphaerangium pruni (Teng) Teng, Fungi of China p 763. 1963.
四川（SC）。
邓叔群 1963；戴芳澜 1979。

双盘菌属

Diplocarpon F.A. Wolf, Bot. Gaz. 54: 231. 1912.

蔷薇双盘菌

Diplocarpon rosae F.A. Wolf, Bot. Gaz. 54: 231. 1912. **Type:** USA.
Fabraea rosae (F.A. Wolf) Seaver, North American Cup-Fungi (Inoperculates) p 190. 1951.
Asteroma rosae Lib., Mém. Soc. Linn. Paris 5: 404. 1827.
Dothidea rosae Schwein., Trans. Am. Phil. Soc., Ser. 2 4 (2): 235. 1832.
Dicoccum rosae Bonord., Bot. Ztg. 11: 282. 1853.
Marssonia rosae Trail, Scott. Natural., N.S. 4 (10): 73. 1889.
黑龙江（HL）、吉林（JL）、河北（HEB）、江苏（JS）、浙江（ZJ）、四川（SC）、云南（YN）、福建（FJ）；美国；亚洲、欧洲。
邓叔群 1963；戴芳澜 1979。

细皮裂盘菌属

Leptotrochila P. Karst., Bidr. Känn. Finl. Nat. Folk 19: 245. 1871.

苜蓿细皮裂盘菌

Leptotrochila medicaginis (Fuckel) Schüepp, Phytopath. Z. 36: 253. 1959. **Type:** Germany.
Pyrenopeziza medicaginis Fuckel, Jb. Nassau. Ver. Naturk. 23-24: 295. 1870.
河北（HEB）；德国、瑞典、英国、美国、新西兰。
戴芳澜 1979。

光亮细皮裂盘菌

Leptotrochila radians (Desm.) P. Karst., Bidr. Känn. Finl. Nat. Folk 19: 245. 1871. **Type:** ? UK.
Phacidium radians Roberge ex Desm., Annls Sci. Nat., Bot., Sér. 2 17: 116. 1842.
Pseudopeziza radians (Roberge ex Desm.) Sacc., Syll. Fung. 8: 724. 1889.
Spilopezis radians (Roberge ex Desm.) Clem., Gen. Fung. p 175. 1909.
Ephelina radians (Roberge ex Desm.) Rehm, Ber. Bayer. Bot. Ges. 13: 183. 1912.
吉林（JL）；比利时、芬兰、法国、挪威、英国。
戴芳澜 1979。

波状细皮裂盘菌

Leptotrochila repanda (Fr.) P. Karst., Bidr. Känn. Finl. Nat. Folk 19: 246. 1871. **Type:** ? Germany.
Phacidium repandum Fr., K. Svenska Vetensk-Akad. Handl. 40: 108. 1819.
Pseudopeziza repanda (Fr.) P. Karst., Acta Soc. Fauna Flora Fenn. 2 (6): 161. 1885.
Coccomyces repandus (Fr.) Quél., Enchir. Fung. p 338. 1886.
Phacidium autumnale Fuckel, Jb. Nassau. Ver. Naturk. 23-24: 262. 1870.
台湾（TW）；芬兰、法国、德国、挪威、俄罗斯、西班牙、瑞典、英国、哥斯达黎加、阿根廷。
戴芳澜 1979。

软盘菌属

Mollisia (Fr.) P. Karst., Bidr. Känn. Finl. Nat. Folk 19: 15, 189. 1871.

浅灰软盘菌（参照）

Mollisia cf. **caesia** (Fuckel) Sacc., Syll. Fung. 8: 340. 1889.

北京（BJ）。

Wang & Pei 2001。

灰软盘菌

Mollisia cinerea (Batsch) P. Karst., Bidr. Känn. Finl. Nat. Folk 19: 189. 1871. **Type:** Europe.

Peziza cinerea Batsch, Elench. Fung., Cont. Prim. p 197. 1786.

Octospora cinerea (Batsch) Gray, Nat. Arr. Brit. Pl. 1: 667. 1821.

Niptera cinerea (Batsch) Fuckel, Jb. Nassau. Ver. Naturk. 23-24: 292. 1870.

Peziza cinerea var. *alba* Pers., Observ. Mycol. 2: 80. 1800 [1799].

Peziza cinerea var. *pallida* Pers., Observ. Mycol. 2: 80. 1800 [1799].

Peziza cinerea var. *ardosiaca* Bull. ex Fr., Syst. Mycol. 2: 143. 1822.

Peziza cinerea var. *viridis* Bull. ex Fr., Syst. Mycol. 2: 143. 1822.

Peziza cinerea subsp. *alni* (Schumach.) Pers., Mycol. Eur. 1: 303. 1822.

Peziza cinerea subsp. *uda* (Pers.) Pers., Mycol. Eur. 1: 303. 1822.

Peziza cinerea var. *grisea* (Batsch) Pers., Mycol. Eur. 1: 302. 1822.

Peziza cinerea var. *melancelis* Lév., Annls Sci. Nat., Bot., Sér. 3 9: 141. 1848.

Peziza grisea Batsch, Elench. Fung., Cont. Prim. p 117, tab. 12: 55. 1783.

Peziza viridis Bull., Herb. Fr. 8: tab. 376: 4. 1788.

Octospora pallida Schrank, Baier. Fl. 2: 504. 1789.

Peziza callosa var. *alba* Bull., Hist. Champ. France 1: 252. 1791.

Peziza alni Schumach., Enum. Pl. 2: 417. 1803.

安徽（AH）、云南（YN）；日本、斯里兰卡、比利时、捷克、丹麦、芬兰、法国、德国、冰岛、爱尔兰、意大利、挪威、波兰、俄罗斯、斯洛伐克、西班牙、瑞典、瑞士、英国、摩洛哥、南非、突尼斯、加拿大、美国、新西兰；欧洲。

邓叔群 1963；戴芳澜 1979。

水生软盘菌［新拟］

Mollisia hydrophila (P. Karst.) Sacc., Syll. Fung. 8: 345. 1889. **Type:** Finland.

Peziza hydrophila P. Karst., Not. Sällsk. Fauna Fl. Fenn. Förh. 10: 163. 1869.

Tapesia hydrophila (P. Karst.) Rehm, in Winter, Rabenh. Krypt.-Fl., Edn 2 1.3 (lief. 36) p 586. 1891.

Belonopsis hydrophila (P. Karst.) Nannf., Sydowia 38: 209. 1986 [1985].

台湾（TW）；奥地利、捷克、丹麦、法国、德国、爱尔兰、挪威、瑞典、瑞士、英国、加拿大、？芬兰。

吴声华等 1996。

黑白软盘菌（参照）

Mollisia cf. **melaleuca** (Fr.) Sacc., Syll. Fung. 8: 337. 1889.

台湾（TW）。

Wu & Wang 2000。

盆盘菌属

Niptera Fr., Summa Veg. Scand., Section Post. p 359. 1849.

高盆盘菌

Niptera excelsior (P. Karst.) Dennis, Kew Bull. 26: 442. 1972. **Type:** Finland.

Peziza excelsior P. Karst., Fungi Fenniae Exsiccati, Fasc. 7: 644. 1867. [nom. inval.]

Peziza excelsior P. Karst., Not. Sällsk. Fauna Fl. Fenn. Förh. 10: 165. 1869.

Mollisia excelsior (P. Karst.) P. Karst., Bidr. Känn. Finl. Nat. Folk 19: 199. 1871.

Belonidium excelsior (P. Karst.) W. Phillips, Man. Brit. Discomyc. p 150. 1887.

Belonopsis excelsior (P. Karst.) Rehm, in Winter, Rabenh. Krypt.-Fl., Edn 2 1.3 (lief. 36) p 571. 1891.

Belonium excelsior (P. Karst.) Boud., Hist. Class. Discom. Eur. p 117. 1907.

香港（HK）；芬兰。

Wong 2000。

无柄盘菌属

Pezicula Tul. & C. Tul., Select. Fung. Carpol. 3: 182. 1865.

橙黄无柄盘菌

Pezicula aurantiaca Rehm, Ber. Bayer. Bot. Ges. 13: 198. 1912. **Type:** Austria.

吉林（JL）；奥地利、加拿大。

戴芳澜 1979。

樟无柄盘菌

Pezicula cinnamomea (DC.) Sacc., Syll. Fung. 8: 311. 1889. **Type:** France.

Peziza cinnamomea DC., in de Candolle & Lamarck, Fl. franç., Edn 3 5-6: 23. 1815.

Cenangium cinnamomeum (Chaillet) Quél., Mém. Soc. Émul. Montbéliard, Sér. 2 5: 415. 1873.

Dermatea cinnamomea (DC.) W. Phillips, Man. Brit. Discomyc. p 342. 1887.

Dermatea dissepta Tul., Bot. Ztg. 11 (4): 54. 1853.

Pezicula quercina Fuckel, Jb. Nassau. Ver. Naturk. 23-24: 279. 1870.

Dermatea dryina Cooke, Grevillea 7: 62. 1878.

Dermatea dryina Cooke, in Phillips, Man. Brit. Discomyc.

p 340. 1887.
Pezicula dryina (Cooke) Sacc., Syll. Fung. 8: 313. 1889.
Dermatea alni f. *aceris* Rehm, in Winter, Rabenh. Krypt.-Fl., Edn 2 1.3 (lief. 31) p 252. 1888.
广西（GX）；奥地利、丹麦、法国、荷兰、挪威、俄罗斯、西班牙、瑞典、瑞士、英国、加拿大、哥斯达黎加、新西兰。
Zhuang 1999a。

浅黄无柄盘菌

Pezicula ocellata (Pers.) Seaver, North American Cup-Fungi (Inoperculates) p 345. 1951. **Type:** Europe.
Peziza ocellata Pers., Syn. Meth. Fung. 2: 667. 1801.
Stictis ocellata (Pers.) Fr., Syst. Mycol. 2: 193. 1822.
Habrostictis ocellata (Pers.) Fuckel, Jb. Nassau. Ver. Naturk. 25-26: 326. 1871.
Propolis ocellata (Pers.) Sacc., Michelia 2: 333. 1881.
Ocellaria ocellata (Pers.) J. Schröt., in Cohn, Krypt.-Fl. Schlesien 3.2 (1-2): 150. 1893.
Peziza aurea Pers., Observ. Mycol. 1: 41. 1796.
Ocellaria aurea Tul. & C. Tul., Selecta Fungorum Carpologia: Nectriei-Phacidiei-Pezizei 3: 129. 1865.
宁夏（NX）、青海（QH）；捷克、丹麦、德国、卢森堡、挪威、波兰、瑞典、英国、加拿大；欧洲。
邓叔群 1963；戴芳澜 1979。

悬钩子无柄盘菌（参照）

Pezicula cf. **rubi** (Lib.) Niessl, in Rabenhorst, Fungi Europ. Exsicc. no. 2122. 1876.
云南（YN）。
Zhuang & Wang 1998b。

近肉色无柄盘菌

Pezicula subcarnea J.W. Groves, Mycologia 33: 517. 1941. **Type:** Canada.
台湾（TW）；加拿大。
Liou & Chen 1977a。

假盘菌属

Pseudopeziza Fuckel, Jb. Nassau. Ver. Naturk. 23-24: 290. 1870.

茜草假盘菌

Pseudopeziza komarovii Jacz., Fungi Rossiae Exsicc., Fasc. 7: 334. 1900 [1899]. **Type:** China (Inner Mongolia).
内蒙古（NM）、安徽（AH）。
戴芳澜 1979。

苜蓿假盘菌

Pseudopeziza medicaginis (Lib.) Sacc., Malpighia 1: 455. 1887. **Type:** ? France.
Phacidium medicaginis Lib., Pl. Crypt. Arduenna, Fasc. 2 (101-200): 176. 1832.
Phyllachora medicaginis Sacc., Atti Soc. Veneto-Trent. Sci. Nat. 2: 145. 1873.
Pseudopeziza medicaginis (Lib.) Sacc., Malpighia 1: 455. 1887. f. *medicaginis*.
Pseudopeziza trifolii f. *medicaginis* (Lib.) Rehm, in Winter, Rabenh. Krypt.-Fl., Edn 2 1.3 (lief. 36) p 598. 1891.
吉林（JL）、山东（SD）、新疆（XJ）、江苏（JS）、湖北（HB）、云南（YN）；比利时、丹麦、法国、德国、意大利、卢森堡、挪威、俄罗斯、西班牙、瑞典、瑞士、英国、阿尔及利亚、摩洛哥、加拿大、美国、阿根廷、澳大利亚、新西兰。
戴芳澜 1979。

黑假盘菌

Pseudopeziza nigrella (Fuckel) Boud., Hist. Class. Discom. Eur. p 180. 1907. **Type:** Europe.
Pyrenopeziza nigrella Fuckel, Jb. Nassau. Ver. Naturk. 29-30: 30. 1877.
云南（YN）；欧洲。
Patouillard 1886；戴芳澜 1979。

车轴草假盘菌

Pseudopeziza trifolii (Biv.) Fuckel, Jb. Nassau. Ver. Naturk. 23-24: 290. 1870. **Type:** ? Italy.
Ascobolus trifolii Biv., Stirp. Rar. Sic. 3: 27. 1816.
Phacidium trifolii (Biv.) Boud., Annls Sci. Nat., Bot., Sér. 5 10: 69. 1869.
Mollisia trifolii (Biv.) W. Phillips, Man. Brit. Discomyc. p 199. 1887.
吉林（JL）、四川（SC）；奥地利、捷克、丹麦、芬兰、法国、德国、爱尔兰、意大利、荷兰、挪威、罗马尼亚、俄罗斯、西班牙、瑞典、瑞士、英国、阿尔及利亚、加拿大、美国、阿根廷、新西兰。
戴芳澜 1979。

小条孢盘菌属

Sorokinella J. Fröhl. & K.D. Hyde, Fungal Diversity Res., Ser. 3: 122. 2000.

小条孢盘菌

Sorokinella appendicospora J. Fröhl. & K.D. Hyde, Fungal Diversity Res., Ser. 3: 123. 2000. **Type:** China (Hong Kong). Fröhlich 401, HKU (M).
香港（HK）。
Fröhlich & Hyde 2000。

皮裂盘菌属

Trochila Fr., Summa Veg. Scand., Section Post. p 367. 1849.

灰皮裂盘菌

Trochila cinerea Pat., Revue Mycol., Paris 8: 179. 1886. **Type:** China (Yunnan).
云南（YN）；意大利、津巴布韦、美国、阿根廷。

Patouillard 1886。

柔膜菌科 Helotiaceae Rehm

紫胶盘菌属

Ascocoryne J.W. Groves & D.E. Wilson, Taxon 16: 40. 1967.

杯紫胶盘菌

Ascocoryne cylichnium (Tul.) Korf, Phytologia 21: 202. 1971. **Type:** France.

Peziza cylichnium Tul., Annls Sci. Nat., Bot., Sér. 3 19: 174. 1853.

Coryne cylichnium (Tul.) Sacc., Syll. Fung. 8: 643. 1889.

Coryne urnalis (Nyl.) Sacc., Fungi Venet. Nov. Vel. Crit., Sér. 4 no. 69. 1875.

吉林（JL）、四川（SC）、广西（GX）；日本、韩国、丹麦、芬兰、法国、德国、冰岛、意大利、挪威、波兰、俄罗斯、西班牙、瑞典、英国、加拿大、阿根廷、新西兰。

邓叔群 1963；戴芳澜 1979；Zhuang & Korf 1989。

肉质紫胶盘菌

Ascocoryne sarcoides (Jacq.) J.W. Groves & D.E. Wilson, Taxon 16: 40. 1967. **Type:** ? Italy.

Lichen sarcoides Jacq., Miscell. Austriac. 2: 20. 1781.

Tremella sarcoides (Jacq.) Fr., Syst. Mycol. 2: 217. 1822.

Coryne sarcoides (Jacq.) Tul. & C. Tul., Select. Fung. Carpol. 3: 190. 1865.

Ombrophila sarcoides (Jacq.) P. Karst., Bidr. Känn. Finl. Nat. Folk 19: 86. 1871.

Pirobasidium sarcoides (Jacq.) Höhn., Sber. Akad. Wiss. Wien, Math.-Naturw. Kl., Abt. 1 111: 1002. 1902.

Tremella dubia Pers., Comm. Schaeff. Icon. Pict. p 92. 1800.

Scleroderris majuscula Cooke & Massee, Grevillea 21: 73. 1893.

安徽（AH）、台湾（TW）、广东（GD）；韩国、奥地利、比利时、捷克、芬兰、法国、德国、冰岛、意大利、拉脱维亚、挪威、俄罗斯、西班牙、瑞典、英国、加拿大、古巴、美国、智利、澳大利亚、新西兰；欧洲。

邓叔群 1963；戴芳澜 1979；Zhuang 1998a。

胶盘菌属

Ascotremella Seaver, Mycologia 22: 53. 1930.

山毛榉胶盘菌

Ascotremella faginea (Peck) Seaver, Mycologia 22: 53. 1930. **Type:** USA.

Haematomyces fagineus Peck, Ann. Rep. N.Y. St. Mus. 43: 33. 1890.

Neobulgaria faginea (Peck) Raitv., Izv. Akad. Nauk Estonsk. S. S. R. 12: 302. 1963.

广西（GX）；芬兰、荷兰、挪威、波兰、斯洛文尼亚、西班牙、瑞典、英国、美国、阿根廷、新西兰。

戴芳澜 1979。

陀螺状胶盘菌

Ascotremella turbinata Seaver, Mycologia 22 (2): 53. 1930.

吉林（JL）；美国。

邓叔群 1963；戴芳澜 1979。

小双孢盘菌属

Bisporella Sacc., Bot. Zbl. 18: 218. 1884.

橘色小双孢盘菌

Bisporella citrina (Batsch) Korf & S.E. Carp., Mycotaxon 1: 58. 1974. **Type:** Europe.

Peziza citrina Batsch, Elench. Fung., Cont. Sec. p 95. 1789.

Octospora citrina Hedw., Descr. Micr.-Anal. Musc. Frond. 2: 28. 1789.

Peziza citrina (Hedw.) Pers., Tent. Disp. Meth. Fung. p 34. 1797. [nom. illegit.] non *Peziza citrina* Batsch 1789.

Calycina citrina (Hedw.) Gray, Nat. Arr. Brit. Pl. 1: 670. 1821.

Helotium citrinum (Hedw.) Fr., Summa Veg. Scand., Section Post. p 355. 1849.

Calycella citrina (Hedw.) Boud., Bull. Soc. Mycol. Fr. 1: 112. 1885.

Helotium flavum Klotzsch, Man. Brit. Discomyc. p 156. 1887.

河北（HEB）、甘肃（GS）、四川（SC）、云南（YN）、西藏（XZ）、台湾（TW）、广西（GX）；格鲁吉亚、印度、日本、韩国、土耳其、丹麦、爱沙尼亚、芬兰、德国、爱尔兰、意大利、挪威、波兰、俄罗斯、塞尔维亚、西班牙、瑞典、乌克兰、英国、阿尔及利亚、澳大利亚、新西兰；欧洲。

邓叔群 1963；戴芳澜 1979；王云章和臧穆 1983；臧穆 1996；Zhuang 1998c。

黄小双孢盘菌

Bisporella claroflava (Grev.) Lizon & Korf, Mycotaxon 54: 474. 1995. **Type:** UK.

Peziza claroflava Grev., Fl. Edin. p 424. 1824.

Helotium claroflavum (Grev.) Berk., Outl. Brit. Fung. p 372. 1860.

Calycina clariflava (Grev.) Kuntze, Revis. Gen. Pl. 3: 448. 1898.

Calycella claroflava (Grev.) Boud., Hist. Class. Discom. Eur. p 95. 1907.

Calycella citrina (Hedw.) Boud., Bull. Soc. Mycol. Fr. 1: 112. 1885.

Bisporella discedens (P. Karst.) S.E. Carp., Mycotaxon 2: 124. 1975.

浙江（ZJ）；菲律宾、比利时、法国、爱尔兰、斯洛伐克、瑞士、英国、南非、古巴、多米尼加、海地、波多黎各（美）、巴西、哥伦比亚、委内瑞拉、新西兰。

戴芳澜 1979；Korf & Zhuang 1985；Zhuang & Wang 1998a，1998b，1998c。

苍白小双孢盘菌

Bisporella pallescens (Pers.) S.E. Carp. & Korf, Mycotaxon 1: 58. 1974. **Type:** Europe.
Peziza pallescens Pers., Observ. Mycol. 1: 35. 1796.
Calycina pallescens (Pers.) Gray, Nat. Arr. Brit. Pl. 1: 670. 1821.
Helotium pallescens (Pers.) Fr., Summa Veg. Scand., Section Post. p 355. 1849.
Calycella pallescens (Pers.) Quél., Enchir. Fung. p 306. 1886.
吉林（JL）、广西（GX）；韩国、斯里兰卡、比利时、芬兰、德国、挪威、瑞典、英国、美国、新西兰；欧洲。
邓叔群 1963；戴芳澜 1979。

近白小双孢盘菌

Bisporella subpallida (Rehm) Dennis, Brit. Ascom., Edn 2: 132. 1978. **Type:** Germany.
Phialea subpallida Rehm, in Winter, Rabenh. Krypt.-Fl., Edn 2 1.3 (lief. 38) p 710. 1892.
Hymenoscyphus subpallidus (Rehm) Kuntze, Revis. Gen. Pl. 3: 486. 1898.
Helotium subpallidum (Rehm) Velen., Monogr. Discom. Bohem. p 183. 1934.
Calycella subpallida (Rehm) Dennis, Mycol. Pap. 62: 45. 1956.
安徽（AH）；奥地利、捷克、丹麦、德国、英国、加拿大。
邓叔群 1963；戴芳澜 1979；Zhuang 1998c。

半杯菌属

Calycina Nees ex Gray, Nat. Arr. Brit. Pl. 1: 669. 1821.

半杯菌

Calycina herbarum (Pers.) Gray, Nat. Arr. Brit. Pl. 1: 670. 1821. **Type:** Europe.
Peziza herbarum Pers., Tent. Disp. Meth. Fung. p 30. 1797.
Helotium herbarum (Pers.) Fr., Summa Veg. Scand., Section Post. p 356. 1849.
Malotium herbarum (Pers.) Velen., Monogr. Discom. Bohem. p 210. 1934.
Hymenoscyphus herbarum (Pers.) Dennis, Persoonia 3: 77. 1964.
北京（BJ）、青海（QH）、安徽（AH）；捷克、芬兰、法国、德国、意大利、瑞典、英国、美国；欧洲。
邓叔群 1963；戴芳澜 1979；Zhuang & Korf 1989。

拟黄杯菌属

Calycellinopsis W.Y. Zhuang, Mycotaxon 38: 121. 1990.

拟黄杯菌

Calycellinopsis xishuangbanna W.Y. Zhuang, Mycotaxon 38: 121. 1990. **Type:** China (Yunnan). R.P. Korf, M. Zang, K.K. Chen & W.Y. Zhuang 215, HMAS 58722.
云南（YN）。
Zhuang 1990a；Zhuang & Wang 1998b。

薄盘菌属

Cenangium Fr., Syst. Mycol. 2: 39, 177. 1822.

黑褐薄盘菌

Cenangium atrofuscum S.H. Ou, Sinensia 7: 669. 1936. **Type:** China (Hainan). Deng 5322.
广东（GD）、海南（HI）。
Ou 1936；邓叔群 1963；戴芳澜 1979；Zhuang & Wang 1998a, 1998c。

冷杉薄盘菌

Cenangium ferruginosum Fr., Elench. Fung. 2: 23. 1828. **Type:** Europe.
Peziza abietis Pers., Syn. Meth. Fung. 2: 671. 1801.
Cenangium abietis (Pers.) Rehm, in Winter, Rabenh. Krypt.-Fl., Edn 2 1.3 (lief. 31) p 227. 1888.
Triblidium pineum var. *strobilina* Pers., Mycol. Eur. 1: 332. 1822.
辽宁（LN）、河北（HEB）、新疆（XJ）；比利时、法国、德国、意大利、瑞典、英国；欧洲、北美洲。
戴芳澜 1979。

糠麸薄盘菌

Cenangium furfuraceum (Roth) de Not., Prof. Disc. p 30. 1907. **Type:** ? Germany.
Peziza furfuracea Roth, Catal. Bot. 1: 257. 1797.
Phibalis furfuracea (Roth) Wallr., Fl. Crypt. Germ. 2: 445. 1833.
Encoelia furfuracea (Roth) P. Karst., Bidr. Känn. Finl. Nat. Folk 19: 218. 1871.
Plicaria furfuracea Rehm, Ascomycetes no. 551, 554. 1884.
Discina furfuracea (Rehm) Sacc., Syll. Fung. 8: 102. 1889.
Galactinia furfuracea (Rehm) Boud., Hist. Class. Discom. Eur. p 47. 1907.
Peziza furfuracea (Rehm) Smitska, Ukr. Bot. Zh. 29: 751. 1972.
Peziza cinatica Pfister, Mycotaxon 8: 189. 1979.
吉林（JL）、河北（HEB）、山西（SX）、陕西（SN）；比利时、捷克、丹麦、芬兰、法国、德国、俄罗斯、瑞典、英国、加拿大、美国；欧洲。
戴芳澜 1979。

日本薄盘菌

Cenangium japonicum (Henn.) Miura, Industrial Materials of the S. Manchuria Railway 27: 103. 1928. **Type:** Japan.
辽宁（LN）；日本。
戴芳澜 1979。

绿散孢盘菌属

Chlorencoelia J.R. Dixon, Mycotaxon 1: 223. 1975.

大孢绿散胞盘菌

Chlorencoelia macrospora F. Ren & W.Y. Zhuang, Mycoscience 55: 229. 2014. **Type:** China (Yunnan). W.Y. Zhuang & Z.H. Yu 3280, HMAS 266516.

云南（YN）。

Ren & Zhuang 2014a。

扭曲绿散胞盘菌

Chlorencoelia torta (Schwein.) J.R. Dixon, Mycotaxon 1: 230. 1975. **Type:** USA.

Peziza torta Schwein., Trans. Am. Phil. Soc., Ser. 2 4: 175. 1832.

Chlorosplenium tortum (Schwein.) Fr., Summa Veg. Scand., Section Post. p 356. 1849.

黑龙江（HL）；俄罗斯、英国、美国、新西兰。

Zhuang & Wang 1998c。

绿散胞盘菌

Chlorencoelia versiformis (Pers.) J.R. Dixon, Mycotaxon 1: 224. 1975. **Type:** Europe.

Peziza versiformis Pers., Icon. Desc. Fung. Min. Cognit. 1: 25. 1798.

Helotium versiformis (Pers.) Fr., Summa Veg. Scand., Section Post. p 356. 1849.

Chlorosplenium versiforme (Pers.) P. Karst., Bidr. Känn. Finl. Nat. Folk 19: 102. 1871.

Coryne versiformis (Pers.) Rehm, Rabenh. Krypt.-Fl., Edn 2 1.3 (lief. 35) p 492. 1891 [1896].

Midotis versiformis (Pers.) Seaver, North American Cup-Fungi (Inoperculates) p 4. 1951.

Chlorociboria versiformis (Pers.) Seaver ex C.S. Ramamurthi, Korf & L.R. Batra, Mycologia 49: 860. 1958 [1957].

黑龙江（HL）、吉林（JL）、陕西（SN）；日本、韩国、奥地利、比利时、爱沙尼亚、芬兰、挪威、瑞典、瑞士、加拿大、巴拿马、美国、阿根廷；欧洲。

邓叔群 1963；戴芳澜 1979；Zhuang & Wang 1998c。

绿杯菌属

Chlorociboria Seaver ex C.S. Ramamurthi, Korf & L.R. Batra, Mycologia 49: 857. 1958 [1957].

小孢绿杯菌

Chlorociboria aeruginascens (Nyl.) Kanouse ex C.S. Ramamurthi, Korf & L.R. Batra, Mycologia 49: 858. 1958 [1957]. **Type:** ? Finland.

Peziza aeruginascens Nyl., Not. Soc. Fauna Fl. Fenn. 10: 42. 1869.

Chlorosplenium aeruginascens (Nyl.) P. Karst., Bidr. Känn. Finl. Nat. Folk 19: 103. 1871.

Chlorociboria aeruginascens (Nyl.) Kanouse, Mycologia 39: 641. 1947. [nom. nud.]

Chlorociboria aeruginascens (Nyl.) Kanouse ex C.S. Ramamurthi, Korf & L.R. Batra, Mycologia 49: 858. 1958. subsp. *aeruginascens*.

Chlorosplenium brasiliense Berk. & Cooke, J. Linn. Soc., Bot. 15: 397. 1877.

黑龙江（HL）、吉林（JL）、河北（HEB）、陕西（SN）、甘肃（GS）、安徽（AH）、浙江（ZJ）、湖北（HB）、四川（SC）、贵州（GZ）、云南（YN）、广东（GD）、广西（GX）；日本、韩国、捷克、芬兰、德国、俄罗斯、斯洛伐克、西班牙、瑞典、英国、加拿大、哥斯达黎加、古巴、墨西哥、美国、巴西、智利、圭亚那、澳大利亚、新西兰。

邓叔群 1963；戴芳澜 1979；Zhuang 1995a；Ren & Zhuang 2014b。

绿杯菌

Chlorociboria aeruginosa (Oeder) Seaver ex C.S. Ramamurthi, Korf & L.R. Batra, Mycologia 49: 859. 1958 [1957]. **Type:** Denmark.

Helvella aeruginosa Oeder, Fl. Danic. 3 (9): tab. 534, fig. 2. 1770.

Peziza aeruginosa (Oeder) Vahl, Fl. Danic. 8: tab. 1260, fig. 1. 1797.

Helotium aeruginosum (Oeder) Gray, Nat. Arr. Brit. Pl. 1: 661. 1821.

Chlorosplenium aeruginosum (Oeder) de Not., Comm. Soc. Crittog. Ital. 1 (5): 22. 1864 [1863].

Chlorociboria aeruginosa (Oeder) Seaver, Mycologia 28: 391. 1936. [nom. nud.]

Peziza subgrisea Holmsk., Beata Ruris Otia Fungis Danicis 2: 28. 1799.

Chlorosplenium discoideum Massee, Brit. Fung.-Fl. 4: 286. 1895.

黑龙江（HL）、河北（HEB）、甘肃（GS）、安徽（AH）、浙江（ZJ）、湖南（HN）、湖北（HB）、云南（YN）、台湾（TW）、广东（GD）、广西（GX）；日本、比利时、丹麦、芬兰、意大利、挪威、俄罗斯、斯洛伐克、斯洛文尼亚、西班牙、瑞典、英国、摩洛哥、加拿大、哥斯达黎加、牙买加、美国、阿根廷、澳大利亚、新西兰。

邓叔群 1963；戴芳澜 1979；Zhuang 1995a；Zhuang & Wang 1998a，1998b；Ren & Zhuang 2014b。

波托绿杯菌

Chlorociboria poutoensis P.R. Johnst., in Johnston & Park, N.Z. Jl Bot. 43: 709. 2005.

陕西（SN）、云南（YN）、广西（GX）；新西兰。

Ren & Zhuang 2014b。

绿胶杯菌属

Chloroscypha Seaver, Mycologia 23: 248. 1931.

侧柏绿胶杯菌

Chloroscypha platycladi Y.S. Dai, Acta Mycol. Sin. 11: 207. 1992. **Type:** China (Jiangsu). Y.S. Dai 0595.

Chloroscypha platycladi Y.S. Dai, in Dai, Wang & Lin, Journal of Nanjing Forestry University 16: 63. 1992. [nom. inval.]
江苏（JS）。
戴雨生 1992；戴雨生等 1992。

西沃绿胶杯菌

Chloroscypha seaveri Rehm ex Seaver, Mycologia 23: 248. 1931. **Type:** USA.
Kriegeria seaveri (Rehm ex Seaver) Seaver, Mycologia 35: 493. 1943.
安徽（AH）；美国。
Zhuang 1995a。

小胶盘菌属

Claussenomyces Kirschst., Verh. Bot. Ver. Prov. Brandenb. 65: 122. 1923.

花耳状小胶盘菌

Claussenomyces dacrymycetoideus Ouell. & Korf, Mycotaxon 10: 259. 1979. **Type:** Spain.
内蒙古（NM）；丹麦、西班牙。
Korf & Zhuang 1985。

复柄盘菌属

Cordierites Mont., Annls Sci. Nat., Bot., Sér. 2 14: 330. 1840.

斯氏复柄盘菌

Cordierites sprucei Berk., Hooker's J. Bot. Kew Gard. Misc. 8: 280. 1856. **Type:** Brazil.
吉林（JL）；菲律宾、俄罗斯、塞拉利昂、巴西、哥伦比亚、委内瑞拉。
Zhuang & Korf 1989。

胶被盘菌属

Crocicreas Fr., Summa Veg. Scand., Section Post. p 418. 1849.

冠胶被盘菌

Crocicreas coronatum (Bull.) S.E. Carp., Brittonia 32: 269. 1980. **Type:** France.
Peziza coronata Bull., Herb. Fr. 9: tab. 416, fig. 4. 1789.
Cyathicula coronata (Bull.) de Not. ex Karst., Fungi Fenniae Exs. p 146. 1865.
Phialea coronata (Bull.) Gillet, Champignons de France, Discom. 4: 110. 1881 [1879].
Hymenoscyphus coronatus (Bull.) W. Phillips, Man. Brit. Discomyc. p 127. 1887.
Cyathicula coronata (Bull.) Rehm, in Winter, Rabenh. Krypt.-Fl., Edn 2 1.3 (lief. 39) p 740. 1893.
Peziza inflexa Bolton, Hist. Fung. Halifax 3: 105. 1790 [1789].
Calycella alba Pat., Tab. Analyt. Fung. p 37. 1883.
四川（SC）、台湾（TW）；日本、巴基斯坦、奥地利、比利时、丹麦、芬兰、法国、德国、匈牙利、冰岛、挪威、俄罗斯、西班牙、瑞典、瑞士、乌克兰、英国、美国、委内瑞拉、新西兰、捷克斯洛伐克。
Wang 2002a。

杯状胶被盘菌

Crocicreas cyathoideum (Bull.) S.E. Carp., Brittonia 32: 269. 1980. **Type:** France.
Peziza cyathoidea Bull., Herb. Fr. 9: 416. 1789.
Hymenoscyphus cyathoidea (Bull.) Gray, Nat. Arr. Brit. Pl. 1: 674. 1821.
Helotium cyathoideum (Bull.) P. Karst., Bidr. Känn. Finl. Nat. Folk 19: 136. 1871.
Cyathicula cyathoidea (Bull.) Thüm., Fungi Austr. 1115. 1874.
Phialea cyathoidea (Bull.) Gillet, Champignons de France, Discom. 4: 106. 1881 [1879].
Calycella cyathoidea (Bull.) Quél., Enchir. Fung. p 303. 1886.
Conchatium cyathoideum (Bull.) Svrček, Česká Mykol. 33: 196. 1979.
Peziza solani Pers., Observ. Mycol. 2: 80. 1800.
Peziza striata Pers., Syn. Meth. Fung. 2: 644. 1801.
Peziza caulicola Fr., Syst. Mycol. 2: 94. 1822.
Peziza cyathula Pers., Mycol. Eur. 1: 265. 1822.
Peziza urticae Pers., Mycol. Eur. 1: 286. 1822.
Peziza pteridicola P. Crouan & H. Crouan, Florule Finistère p 50. 1867.
Cyathicula clavata var. *suboviensis* P. Karst., Not. Sällsk. Fauna Fl. Fenn. Förh., Ny Ser. 8: 207. 1882.
Phialea egenula Rehm, in Winter, Rabenh. Krypt.-Fl., 2 1.3 (lief. 39) p 726. 1893.
Helotium sommierianum Magnus, Nuovo G. Bot. Ital. p 108. 1893.
Helotium lycopodinum Moesz, Bot. Közl. 39: 142. 1942.
Phialea olympiana Kanouse, Mycologia 39: 681. 1948.
河北（HEB）、湖南（HN）、四川（SC）；印度、菲律宾、奥地利、比利时、法国、德国、冰岛、爱尔兰、意大利、挪威、俄罗斯、西班牙、瑞典、英国、马德拉群岛（葡）、拉帕尔玛岛（西）、加拿大、美国、阿根廷、秘鲁、委内瑞拉、澳大利亚、新西兰、捷克斯洛伐克。
戴芳澜 1979；Korf & Zhuang 1985；Zhuang & Korf 1989。

螺旋胶被盘菌

Crocicreas helios (Penz. & Sacc.) S.E. Carp., Brittonia 32: 270. 1980. **Type:** Indonesia.
Davincia helios Penz. & Sacc., Malpighia 15: 215. 1902.
Cyathicula helios (Penz. & Sacc.) Korf, Phytologia 21: 203. 1971.
云南（YN）、台湾（TW）；印度、印度尼西亚、巴拿马、哥伦比亚、厄瓜多尔、秘鲁、委内瑞拉、澳大利亚。
Wang 2002a。

雪白胶被盘菌

Crocicreas nivela (Rehm) S.E. Carp., Brittonia 32: 271. 1980. **Type:** Austria.

Phialea nivalis Rehm, Annls Mycol. 3: 411. 1905.

香港（HK）；奥地利、瑞典、瑞士。

Whitton 1999。

暗被盘菌属［新拟］

Crumenulopsis J.W. Groves, Can. J. Bot. 47: 48. 1969.

堆暗被盘菌［新拟］

Crumenulopsis sororia (P. Karst.) J.W. Groves, Can. J. Bot. 47: 50. 1969. **Type:** Finland.

Crumenula sororia P. Karst., Bidr. Känn. Finl. Nat. Folk 19: 211. 1871.

Godronia sororia (P. Karst.) P. Karst., Rev. Monag. Ascom. p 145. 1885.

Digitosporium piniphilum Gremmen, Acta Bot. Neerl. 2: 233. 1953.

吉林（JL）；芬兰、挪威、瑞典、瑞士、英国。

戴芳澜 1979。

小胶皿菌属

Durella Tul. & C. Tul., Select. Fung. Carpol. 3: 177. 1865.

小孢小胶皿菌

Durella carestiae (de Not.) Sacc., Syll. Fung. 8: 791. 1889. **Type:** Italy.

Patellaria carestiae de Not., G. Bot. Ital. 2: 232. 1846.

Blitridium carestiae de Not., Hedwigia 7: 121. 1868.

Triblidium carestiae (de Not.) Rehm, in Winter, Rabenh. Krypt.-Fl., Edn 2 1.2 (lief. 30) p 197. 1885.

Phacidiopsis alpina Hazsl., Verh. Zool.-Bot. Ges. Wien 23: 368. 1873.

甘肃（GS）、青海（QH）；芬兰、意大利。

邓叔群 1963；戴芳澜 1979。

散胞盘菌属

Encoelia (Fr.) P. Karst., Bidr. Känn. Finl. Nat. Folk 19: 217. 1871.

古巴散胞盘菌

Encoelia cubensis (Berk. & M.A. Curtis) Iturr., Samuels & Korf, in Iturriaga, Mycotaxon 52: 272. 1994. **Type:** Cuba.

Sphinctrina cubensis Berk. & M.A. Curtis, in Berkeley, J. Linn. Soc., Bot. 10 (46): 370. 1869 [1868].

Patinellaria cubensis (Berk. & M.A. Curtis) Dennis, Kew Bull. 9: 315. 1954.

Humaria xylariicola Henn. & E. Nyman, in Warburg, Monsunia 1: 34. 1900 [1899].

广东（GD）、广西（GX）；古巴、哥伦比亚、圭亚那、委内瑞拉。

邓叔群 1963；戴芳澜 1979；Zhuang 2004a。

大龙山散胞盘菌

Encoelia dalongshanica W.Y. Zhuang, Mycotaxon 72: 332. 1999. **Type:** China (Guangxi). W.P. Wu & W.Y. Zhuang 2331, HMAS 74842.

广西（GX）。

Zhuang 1999a。

黄散胞盘菌

Encoelia helvola (Jungh.) Overeem, Icon. Fung. Malay. 13: 1. 1926. **Type:** Indonesia.

Peziza helvola Jungh., Praem. Fl. Crypt. Javae p 30. 1838.

云南（YN）；印度尼西亚。

Zhuang & Korf 1989；Zhuang & Wang 1998b。

簇生散胞盘菌［新拟］

Encoelia fascicularis (Alb. & Schwein.) P. Karst., Bidr. Känn. Finl. Nat. Folk 19: 217. 1871. **Type:** Europe.

Peziza populnea Pers., Syn. Meth. Fung. 2: 671. 1801.

Cenangium populneum (Pers.) Rehm, in Winter, Rabenh. Krypt.-Fl., Edn 2 1.3 (lief. 31) p 220. 1888 [1896].

吉林（JL）、河北（HEB）、四川（SC）；比利时、捷克、芬兰、德国、匈牙利、意大利、挪威、俄罗斯、英国、加拿大、美国；欧洲。

邓叔群 1963；戴芳澜 1979。

核外盘菌属

Episclerotium L.M. Kohn, in Kohn & Nagasawa, Trans. Mycol. Soc. Japan 25: 140. 1984.

核外盘菌

Episclerotium sclerotiorum (Rostr.) L.M. Kohn, in Kohn & Nagasawa, Trans. Mycol. Soc. Japan 25: 141. 1984. **Type:** ? Germany.

Mitrula sclerotiorum Rostr., Mykol. Meddel. p 10. 1888.

陕西（SN）；？德国。

戴芳澜 1979；Zhuang 1998c。

拟胶盘菌属

Gelatinopsis Rambold & Triebel, Notes R. Bot. Gdn Edinb. 46: 375. 1990.

拟胶盘菌

Gelatinopsis geoglossi (Ellis & Everh.) Rambold & Triebel, Notes R. Bot. Gdn Edinb. 46: 377. 1990. **Type:** USA.

Hypomyces geoglossi Ellis & Everh., J. Mycol. 2 (7): 73. 1886.

Peckiella geoglossi (Ellis & Everh.) Sacc., Syll. Fung. 9: 944. 1891.

Eleutheromyces geoglossi (Ellis & Everh.) Seaver, Mycologia 1: 48. 1909.

Micropyxis geoglossi (Ellis & Everh.) Seeler, Farlowia 1: 126. 1943.

四川（SC）；法国、美国。

Korf & Zhuang 1985；Zhuang 1991。

长孢盘菌属

Godronia Moug. & Lév., in Mougeot, Consid. Vég. Vosges p 355. 1846.

壶形长孢盘菌

Godronia urceolus (Alb. & Schwein.) P. Karst., Acta Soc. Fauna Flora Fenn. 2 (6): 144. 1885. **Type:** ? Germany.
Peziza urceolus Alb. & Schwein., Consp. Fung. p 332. 1805.
Crumenula urceolus (Alb. & Schwein.) de Not., Comm. Soc. Crittog. Ital. 2: 363. 1864.
Scleroderris urceolus (Alb. & Schwein.) Naumov, Flora Gribov Leningradskoi Oblasti, 2 Diskomitseti p 79. 1964.
陕西（SN）；芬兰、法国、德国、意大利、俄罗斯、斯洛伐克、瑞典、英国、加拿大、美国。
戴芳澜 1979。

泽勒长孢盘菌

Godronia zelleri Seaver, Mycologia 37: 354. 1945. **Type:** USA.
吉林（JL）；美国。
戴芳澜 1979。

恶柄盘菌属

Gorgoniceps (P. Karst.) P. Karst., Bidr. Känn. Finl. Nat. Folk 19: 15. 1871.

肉色恶柄盘菌

Gorgoniceps carneola (Penz. & Sacc.) Keissl., in Keissler & Lohwag, Symb. Sinica 2: 32. 1937. **Type:** Indonesia.
Erinella carneola Penz. & Sacc., Malpighia 15: 217. 1902 [1901].
湖南（HN）；印度尼西亚。
戴芳澜 1979。

"柔膜菌属"（该名称为晚出同名，不合法。指子囊菌，而非担子菌属 *Helotium*）

"Helotium" Pers., Syn. Meth. Fung. 2: 677. 1801.

长黄"柔膜菌"

"Helotium" buccina (Pers.) Fr., Summa Veg. Scand., Section Post. p 355. 1849. **Type:** Europe.
台湾（TW）、广东（GD）；欧洲。
戴芳澜 1979；Zhuang & Wang 1998a。

叶白"柔膜菌"

"Helotium" conformatum P. Karst., Myc. Fenn. I. p 124. 1871. **Type:** Finland.
Peziza conformata P. Karst., Mon. Pez. p 149. 1868.
西藏（XZ）；芬兰；东非。
王云章和臧穆 1983；臧穆 1996；Zhuang & Wang 1998a。

哈里奥"柔膜菌"

"Helotium" hariotii (Boud.) Sacc., Syll. Fung. 10: 7. 1892. **Type:** ? France.
Calycella hariotii Boud., in Hariot, Miss. Sci. Cap Horn, Champ. p 191. 1889.
Calycina hariotii (Boud.) Kuntze, Revis. Gen. Pl. 3: 448. 1898.
广西（GX）；美国、阿根廷、智利、？法国。
戴芳澜 1979。

香港"柔膜菌"

"Helotium" hongkongense (Berk. & M.A. Curtis) Sacc., Syll. Fung. 8: 223. 1889. **Type:** China (Hong Kong).
Peziza hongkongensis Berk. & M.A. Curtis, Proc. Amer. Acad. Arts & Sci. 4: 128. 1860.
Calycina hongkongensis (Sacc.) Kuntze, Revis. Gen. Pl. 3: 448. 1898.
湖南（HN）、香港（HK）。
戴芳澜 1979。

假地舌菌属

Hemiglossum Pat., Revue Mycol., Toulouse 12: 135. 1890.

假地舌菌

Hemiglossum yunnanense Pat., Revue Mycol., Toulouse 12 (no. 47): 135. 1890. **Type:** China (Yunnan).
Microglossum yunnanense (Pat.) Sacc., Syll. Fung. 12: 994. 1897.
云南（YN）。
Patouillard 1890；戴芳澜 1979。

小顶盘菌属

Heyderia Link, Handbuck Erkennung Nutzbarsten Häufigsten Vorkommenden Gewächse 3: 311. 1833.

小顶盘菌

Heyderia abietis (Fr.) Link, Handbuck Erkennung Nutzbarsten Häufigsten Vorkommenden Gewächse 3: 312. 1833. **Type:** Europe.
Mitrula abietis Fr., Syst. Mycol. 1: 492. 1821.
Gymnomitrula abietis (Fr.) S. Imai, J. Fac. Agric., Hokkaido Imp. Univ., Sapporo 45: 173. 1941.
黑龙江（HL）；日本、奥地利、芬兰、挪威、西班牙、瑞典、瑞士、英国；欧洲。
Zhuang & Wang 1998c。

膜盘菌属

Hymenoscyphus Gray, Nat. Arr. Brit. Pl. 1: 673. 1821.

类白膜盘菌

Hymenoscyphus albidoides H.D. Zheng & W.Y. Zhuang, Mycol. Prog. 13: 630. 2014. **Type:** China (Anhui). S.L. Chen, W.Y. Zhuang, H.D. Zheng & Z.Q. Zeng 7727, HMAS 264140.

安徽（AH）。

Zheng & Zhuang 2014。

短胞膜盘菌

Hymenoscyphus brevicellulus H.D. Zheng & W.Y. Zhuang, Science China-Life Sciences 56: 92. 2013. **Type:** China (Anhui). S.L. Chen, W.Y. Zhuang, H.D. Zheng & Z.Q. Zeng 7841, HMAS 264018.

安徽（AH）。

Zheng & Zhuang 2013a。

小膜盘菌

Hymenoscyphus calyculus (Fr.) W. Phillips, British Discomycetes. p 136. 1887. **Type:** ? UK.

Peziza calyculus Sowerby, Col. Fig. Engl. Fung. Mushr. 1: 116. 1797. [nom. illegit.] non *Peziza calyculus* Batsch 1783.

Helotium calyculus Fr., Summa Veg. Scand., Section Post. p 355. 1849.

Phialea calyculus (Fr.) Gillet, Champignons de France, Discom. 4: 108. 1881.

Peziza calyculus var. *infundibulum* (Batsch) Fr., Syst. Mycol. 2: 130. 1822.

Peziza infundibulum Batsch, Elench. Fung., Cont. Prim. p 211. 1786.

Hymenoscyphus infundibulum (Batsch) Kuntze, Revis. Gen. Pl. 3: 484. 1898.

Helotium conscriptum P. Karst., Bidr. Känn. Finl. Nat. Folk 19: 111. 1871.

湖北（HB）、云南（YN）、台湾（TW）、广西（GX）；印度、韩国、奥地利、比利时、捷克、丹麦、爱沙尼亚、芬兰、法国、德国、匈牙利、冰岛、爱尔兰、意大利、卢森堡、挪威、瑞典、瑞士、西班牙、英国。

吴声华等 1996。

尾膜盘菌

Hymenoscyphus caudatus (P. Karst.) Dennis, Persoonia 3: 76. 1964. **Type:** Finland.

Peziza caudata P. Karst., Fungi Fenniae Exsiccati, Fasc. 6: 547. 1866.

Helotium caudatum (P. Karst.) Velen., Monogr. Discom. Bohem. Vol. 1: 206. 1934.

黑龙江（HL）、吉林（JL）、内蒙古（NM）、北京（BJ）、山西（SX）、河南（HEN）、陕西（SN）、青海（QH）、安徽（AH）、江西（JX）、湖北（HB）、云南（YN）、海南（HI）；印度、日本、捷克、爱沙尼亚、芬兰、德国、冰岛、意大利、波兰、斯洛伐克、英国、墨西哥、美国、哥伦比亚、厄瓜多尔、秘鲁、委内瑞拉、新西兰。

Zhuang & Korf 1989；Zhuang 1995a；Zhuang & Wang 1998b。

相关膜盘菌

Hymenoscyphus consobrinus (Boud.) Hengstm., Persoonia 12: 489. 1985.

四川（SC）；欧洲。

Zhang & Zhuang 2002。

山楂膜盘菌（参照）

Hymenoscyphus cf. **crataegi** Baral & R. Galán, in Baral, Galán, López, Arenal, Villarreal, Rubio, Collado, Platas & Peláez, Sydowia 58: 148. 2006.

广西（GX）。

Zheng & Zhuang 2013b。

德氏膜盘菌

Hymenoscyphus dehlii M.P. Sharma, Himalayan Botanical Researches p 176. 1991. **Type:** India.

湖北（HB）；印度。

Zheng & Zhuang 2013b。

雪松膜盘菌

Hymenoscyphus deodarum (K.S. Thind & Saini) K.S. Thind & M.P. Sharma, Nova Hedwigia 32: 130. 1980. **Type:** India.

Helotium deodarum K.S. Thind & Saini, Mycologia 59: 472. 1967.

云南（YN）；印度。

臧穆 1996。

象牙膜盘菌

Hymenoscyphus eburneus (Roberge) W. Phillips, Man. Brit. Discomyc. p 145. 1887. **Type:** France.

Peziza eburnea Roberge, in Desmazières, Annls Sci. Nat., Bot., Sér. 3 16: 323. 1851.

Phialea eburnea (Roberge) Sacc., Syll. Fung. 8: 258. 1889.

Phialea cyathoidea f. *eburnea* (Roberge) Rehm, Rabenh. Krypt.-Fl., Edn 2 1.3 (lief. 39) p 725. 1893.

Helotium eburneum (Roberge) Boud., Hist. Class. Discom. Eur. p 112. 1907.

Pezizella eburnea (Roberge) Dennis, Mycol. Pap. 62: 61. 1956.

Psilachnum eburneum (Roberge) Baral, in Baral & Krieglsteiner, Beih. Z. Mykol. 6: 87. 1985.

四川（SC）、广西（GX）；法国、英国。

Korf & Zhuang 1985。

叶生膜盘菌

Hymenoscyphus epiphyllus (Pers.) Rehm ex Kauffman, Pap. Mich. Acad. Sci. 9: 177. 1929 [1928]. **Type:** ? France.

Peziza epiphylla Pers., Tent. Disp. Meth. Fung. p 72. 1797.

Helotium epiphyllum (Pers.) Fr., Summa Veg. Scand., Section Post. p 356. 1849.

Calycina epiphylla (Pers.) Kuntze, Revis. Gen. Pl. 3: 448. 1898.

Hymenoscyphus epiphyllus var. *acarius* (P. Karst.) Hengstm., Persoonia 12: 490. 1985.

Phaeohelotium epiphyllum (Pers.) Hengstm., Mycotaxon 107: 272. 2009.

内蒙古（NM）、江西（JX）、云南（YN）、西藏（XZ）；奥地利、比利时、丹麦、爱沙尼亚、法国、德国、意大利、挪威、西班牙、瑞典、英国、美国、阿根廷、新西兰。
戴芳澜 1979；王云章和臧穆 1983；Zhuang 1995a。

白蜡树膜盘菌［新拟］

Hymenoscyphus fraxineus (Queloz, Grünig, Berndt, T. Kowalski, T.N. Sieber & Holdenr.) Baral, Queloz & Hosoya, IMA Fungus 5: 80. 2014. **Type:** Switzerland.
Chalara fraxinea T. Kowalski, For. Path. 36: 264. 2006.
Hymenoscyphus pseudoalbidus Queloz, Grünig, Berndt, T. Kowalski, T.N. Sieber & Holdenr., For. Path. 41: 140. 2011.
吉林（JL）；日本、韩国、奥地利、白俄罗斯、比利时、波黑、克罗地亚、捷克、丹麦、爱沙尼亚、芬兰、法国、德国、匈牙利、爱尔兰、意大利、拉脱维亚、立陶宛、卢森堡、黑山、荷兰、挪威、波兰、罗马尼亚、俄罗斯、塞尔维亚、斯洛伐克、斯洛文尼亚、瑞典、瑞士、乌克兰、英国。
Zheng & Zhuang 2014。

弗里斯膜盘菌

Hymenoscyphus friesii (Pers.) Arendh., Morphologisch-taxonomische Untersuchungen an blattbewohnenden Ascomyceten aus der Ordnung der Helotiales (Ph.D. Thesis of University of Hamburg) p 69. 1979. **Type:** ? Sweden.
Peziza friesii Pers., Mycol. Eur. 1: 277. 1822.
Ciboria friesii (Pers.) Sacc., Syll. Fung. 8: 207. 1889.
Sclerotinia friesii (Pers.) Boud., Hist. Class. Discom. Eur. p 107. 1907.
Peziza friesii Weinm., Hym. à Gast. Imp. Ross. Obs. p 469. 1836. [nom. illegit.] non *Peziza friesii* Pers. 1822.
Helotium friesii (Weinm.) Sacc., Syll. Fung. 8: 228. 1889.
Calycina friesii (Weinm.) Kuntze, Revis. Gen. Pl. 3: 448. 1898.
江苏（JS）；俄罗斯、瑞典、英国、美国。
邓叔群 1963；戴芳澜 1979。

栎果膜盘菌

Hymenoscyphus fructigenus (Bull.) Gray, British Plants 1: 673. 1821. **Type:** France.
Peziza fructigena Bull., Herb. Fr. 5: tab. 228. 1785.
Helotium fructigenum (Bull.) Fuckel, Jb. Nassau. Ver. Naturk. 23-24: 314. 1870.
Phialea fructigena (Bull.) Gillet, Champignons de France, Discom. 4: 99. 1881.
Ciboria fructigena (Bull.) Killerm., Kryptogamenflora Forsch. Bayer. Bot. Ges. Erforsch Leim. Flora 2 (3): 278. 1935.
Helotium virgultorum var. *fructigenum* (Bull.) Rehm, in Winter, Rabenh. Krypt.-Fl., Edn 2 1.3 (lief. 39) p 783. 1896.
Peziza carpini Batsch, Elench. Fung., Cont. Prim. p 215. 1786.
Octospora fungoidaster Hedw., Descr. Micr.-Anal. Musc. Frond. 2 (3): 53. 1788.
Hymenoscyphus fructigenus var. *carpini* (Batsch) Hengstm., Persoonia 12 (4): 489. 1985.
Peziza salicina Pers., Neues Mag. Bot. 1: 114. 1794.
Hymenoscyphus fungoidaster (Hedw.) Kuntze, Revis. Gen. Pl. 3: 485. 1898.
Hymenoscyphus salicinus (Pers.) Kuntze, Revis. Gen. Pl. 3: 486. 1898.
北京（BJ）、江苏（JS）；韩国、安道尔、奥地利、比利时、捷克、丹麦、爱沙尼亚、芬兰、法国、德国、爱尔兰、意大利、挪威、波兰、罗马尼亚、斯洛文尼亚、西班牙、瑞典、瑞士、英国、加拿大、美国。
邓叔群 1963；戴芳澜 1979。

双极毛膜盘菌

Hymenoscyphus fucatus (W. Phillips) Baral & Hengstm., in Hengstmengel, Persoonia 16: 193. 1996. **Type:** UK.
Hymenoscyphus scutulus var. *fucatus* W. Phillips, Man. Brit. Discomyc. p 137. 1887.
Phialea scutula var. *fucata* (W. Phillips) Sacc., Syll. Fung. 8: 266. 1889.
Hymenoscyphus fucatus (W. Phillips) Baral, in Baral & Krieglsteiner, Beih. Z. Mykol. 6: 128. 1985. [nom. inval.]
黑龙江（HL）、甘肃（GS）、新疆（XJ）、四川（SC）；德国、英国、美国。
Zhuang 1995a；Zhang & Zhuang 2002。

球胞膜盘菌

Hymenoscyphus globus W.Y. Zhuang & Y.H. Zhang, in Zhang & Zhuang, Nova Hedwigia 78: 480. 2004. **Type:** China (Jiangxi). Z. Wang & W.Y. Zhuang 1558, HMAS 82107.
江西（JX）。
Zhang & Zhuang 2004。

喜马拉雅膜盘菌（参照）

Hymenoscyphus cf. **himalayensis** (K.S. Thind & H. Singh) K.S. Thind & M.P. Sharma, Nova Hedwigia 32: 130. 1980.
云南（YN）、海南（HI）。
Zheng & Zhuang 2011。

晶被膜盘菌

Hymenoscyphus hyaloexcipulus H.D. Zheng & W.Y. Zhuang, Sci. China Life Sci. 56: 93. 2013. **Type:** China (Yunnan). W.Y. Zhuang & Z.H. Yu 3290, HMAS 188542.
云南（YN）、海南（HI）。
Zheng & Zhuang 2013a。

无须膜盘菌

Hymenoscyphus imberbis (Bull.) Dennis, Persoonia 3: 75. 1964. **Type:** France.
Peziza imberbis Bull., Herb. Fr. 10: tab. 467. 1790.
Helotium imberbe (Bull.) Fr., Summa Veg. Scand., Section Post. p 356. 1849.
Calycina imberbis (Bull.) Kuntze, Revis. Gen. Pl. 3: 448. 1898.
Ombrophila imberbis (Bull.) Boud., Hist. Class. Discom. Eur. p 92. 1907.
Phaeohelotium imberbe (Bull.) Svrček, Sb. Nár. Mus. Praze

40B (3-4): 152. 1985 [1984].

Anguillospora fustiformis Marvanová & Descals, Mycotaxon 60: 455. 1996.

吉林（JL）；奥地利、丹麦、爱沙尼亚、法国、德国、爱尔兰、卢森堡、挪威、瑞典、英国、美国、阿根廷。

Zhang & Zhuang 2002。

难变膜盘菌

Hymenoscyphus immutabilis (P. Karst.) Dennis, Persoonia 3: 76. 1964. **Type:** Germany.

Helotium immutabile Fuckel, Symb. Myc. Nacht. 1: 50. 1871.

Pachydisca immutabilis (Fuckel) Boud., Hist. Class. Discom. Eur. p 94. 1907.

吉林（JL）、北京（BJ）、陕西（SN）、安徽（AH）、四川（SC）、云南（YN）；日本、保加利亚、捷克、丹麦、法国、德国、意大利、波兰、斯洛伐克、西班牙、瑞典、瑞士、英国、加拿大、美国。

戴芳澜 1979。

井冈膜盘菌

Hymenoscyphus jinggangensis Y.H. Zhang & W.Y. Zhuang, Mycosystema 21: 494. 2002. **Type:** China (Jiangxi). W.Y. Zhuang & Z. Wang 1543, HMAS 82036.

江西（JX）、湖南（HN）、湖北（HB）、海南（HI）。

Zhang & Zhuang 2002。

毛柄膜盘菌

Hymenoscyphus lasiopodius (Pat.) Dennis, Persoonia 2: 190. 1962. **Type:** Guadeloupe.

Belonidium lasiopodium Pat., Bull. Soc. Mycol. Fr. 16: 184. 1900.

Hymenoscyphus adlasiopodium Zheng Wang, in Wang & Pei, Mycotaxon 79: 308. 2001.

北京（BJ）、江西（JX）、云南（YN）、海南（HI）；瓜德罗普岛(法)、牙买加、巴拿马、哥伦比亚、厄瓜多尔、秘鲁、委内瑞拉；欧洲。

Zhuang & Wang 1998c；Wang & Pei 2001。

黄褐膜盘菌［新拟］

Hymenoscyphus lividofuscus (K.S. Thind & Saini) K.S. Thind & M.P. Sharma, Nova Hedwigia 32: 130. 1980. **Type:** India.

Helotium lividofuscum K.S. Thind & Saini, Mycologia 59: 471. 1967.

西藏（XZ）；印度。

王云章和臧穆 1983。

土黄膜盘菌

Hymenoscyphus lutescens (Hedw.) W. Phillips, Man. Brit. Discomyc. p 131. 1887. **Type:** ? Germany.

Octospora lutescens Hedw., Descr. Micr.-Anal. Musc. Frond. 2: 31, tab. 9C, figs 1-7. 1789.

Peziza lutescens (Hedw.) Pers., Syn. Meth. Fung. 2: 662. 1801.

Helotium lutescens (Hedw.) Fr., Summa Veg. Scand., Section Post. p 355. 1849.

Calycina lutescens (Hedw.) Kuntze, Revis. Gen. Pl. 3: 448. 1898.

吉林（JL）；丹麦、芬兰、德国、俄罗斯、西班牙、瑞典、英国、加拿大、美国。

Yu et al. 2000。

油滴膜盘菌

Hymenoscyphus macroguttatus Baral, Declercq & Hengstm., in Baral, Galán, López, Arenal, Villarreal, Rubio, Collado, Platas & Peláez, Sydowia 58: 157. 2006. **Type:** India.

Hymenoscyphus pteridicola K.S. Thind & M.P. Sharma, Nova Hedwigia 32: 125. 1980. [nom. illegit.] non *H. pteridicola* (P. Crouan & H. Crouan) Kuntze 1898.

湖北（HB）；印度。

Zheng & Zhuang 2013b。

大孢膜盘菌

Hymenoscyphus magnicellulosus H.D. Zheng & W.Y. Zhuang, Mycotaxon 123: 20. 2013. **Type:** China (Yunnan). W.Y. Zhuang & Z.H. Yu 3254, HMAS 188555.

云南（YN）。

Zheng & Zhuang 2013c。

薄荷膜盘菌

Hymenoscyphus menthae (W. Phillips) Baral, in Baral & Krieglsteiner, Beih. Z. Mykol. 6: 131. 1985. **Type:** UK.

Helotium menthae W. Phillips, Elv. Brit: no. 188. 1877. [nom. inval.]

Hymenoscyphus scutula var. *menthae* W. Phillips, Man. Brit. Discomyc. p 137. 1887.

Phialea scutula var. *menthae* (W. Phillips) Sacc., Syll. Fung. 8: 266. 1889.

Helotium scutula var. *menthae* (W. Phillips) Boud., Hist. Class. Discom. Eur. p 114. 1907.

江西（JX）、四川（SC）；德国、英国。

Zhang & Zhuang 2002。

小尾膜盘菌

Hymenoscyphus microcaudatus H.D. Zheng & W.Y. Zhuang, Science China-Life Sciences 56: 95. 2013. **Type:** China (Anhui). S.L. Chen, W.Y. Zhuang, H.D. Zheng & Z.Q. Zeng 7824, HMAS 264020.

安徽（AH）。

Zheng & Zhuang 2013a。

小晚膜盘菌

Hymenoscyphus microserotinus (W.Y. Zhuang) W.Y. Zhuang, in Zhuang & Liu, Mycotaxon 99: 128. 2007. **Type:** China (Anhui). Y.R. Lin, S.M. Yu, W.J. Wu, Y. Wang & W.Y. Zhuang 1142, HMAS 68520.

Lanzia microserotina W.Y. Zhuang, Mycosystema 8-9: 32.

1996 [1995-1996].
河北（HEB）、甘肃（GS）、青海（QH）、安徽（AH）、湖北（HB）、四川（SC）。
Zhuang 1996b；Zhuang & Liu 2007。

闪烁膜盘菌（参照）

Hymenoscyphus cf. **nitidulus** (Berk. & Broome) W. Phillips, Man. Brit. Discomyc. p 142. 1887.
安徽（AH）。
Zhang & Zhuang 2002。

叶产膜盘菌

Hymenoscyphus phyllogenus (Rehm) Kuntze, Revis. Gen. Pl. 3: 486. 1898. **Type:** Hungary.
Helotium phyllogenum Rehm, Ascomyceten, Fasc. 16: 7, no. 768. 1885.
Phialea phyllogena (Rehm) Sacc., Syll. Fung. 8: 274. 1889.
安徽（AH）；奥地利、德国、匈牙利、英国。
Zhuang 1995a。

喜叶膜盘菌

Hymenoscyphus phyllophilus (Desm.) Kuntze, Revis. Gen. Pl. 3: 485. 1898. **Type:** ? France.
Peziza phyllophila Desm., Annls Sci. Nat., Bot., Sér. 2 17: 98. 1842.
Phialea phyllophila (Desm.) Gillet, Champignons de France, Discom. (4) p 105. 1881 [1879].
Pezicula phyllophila (Desm.) P. Karst., Meddn Soc. Fauna Flora Fenn. 11: 167. 1884.
Allophylaria phyllophila (Desm.) P. Karst., Acta Soc. Fauna Flora Fenn. 2 (6): 131. 1885.
Helotium phyllophilum (Desm.) Sacc., Syll. Fung. 8: 254. 1889.
Hyaloscypha phyllophila (Desm.) Boud., Hist. Class. Discom. Eur. p 127. 1907.
Calycina phyllophila (Desm.) Baral, in Baral & Krieglsteiner, Beih. Z. Mykol. 6: 59. 1985.
吉林（JL）；奥地利、丹麦、芬兰、法国、冰岛、挪威、瑞典、英国。
Zhuang 2003a。

杨膜盘菌（参照）

Hymenoscyphus cf. **populneus** (Velen.) Svrček, Sb. Nár. Mus. Praze 40B (3-4): 170. 1985 [1984].
北京（BJ）。
Zhang & Zhuang 2002。

波状膜盘菌

Hymenoscyphus repandus (W. Phillips) Dennis, Persoonia 3: 75. 1964. **Type:** UK.
Helotium repandum W. Phillips, Man. Brit. Discomyc. p 161. 1887.
Calycina repanda (W. Phillips) Kuntze, Revis. Gen. Pl. 3: 449. 1898.
台湾（TW）；奥地利、丹麦、法罗群岛（丹）、芬兰、德国、冰岛、爱尔兰、卢森堡、挪威、波兰、西班牙、瑞典、瑞士、英国。
吴声华等 1996。

硬膜盘菌

Hymenoscyphus sclerogenus (Berk. & M.A. Curtis) Dennis, Persoonia 2: 190. 1962. **Type:** Cuba.
Peziza sclerogena Berk. & M.A. Curtis, in Berkeley, J. Linn. Soc., Bot. 10 (46): 369. 1869 [1868].
Belonidium sclerogenum (Berk. & M.A. Curtis) Sacc., Syll. Fung. 8: 497. 1889.
Belonium sclerogenum (Berk. & M.A. Curtis) Seaver, North American Cup-Fungi (Inoperculates) p 173. 1951.
四川（SC）；古巴、瓜德罗普岛（法）、巴拿马、美国、哥伦比亚、厄瓜多尔、秘鲁、委内瑞拉。
Korf & Zhuang 1985。

盾膜盘菌原变种

Hymenoscyphus scutula (Pers.) W. Phillips, Man. Brit. Discomyc. p 136. 1887. var. **scutula**. **Type:** ? Sweden.
Peziza scutula Pers., Mycol. Eur. 1: 284. 1822.
Helotium scutula (Pers.) P. Karst., Bidr. Känn. Finl. Nat. Folk 19: 110. 1871.
Phialea scutula (Pers.) Gillet, Champignons de France, Discom. 4: 108. 1881.
Peziza virgultorum var. *scutula* (Pers.) Mussat, Syll. Fung. 15: 275. 1900.
Ciboria ciliatospora Fuckel, Jb. Nassau. Ver. Naturk. 23-24: 311. 1870.
Helotium ciliatosporum (Fuckel) Boud., Hist. Class. Discom. Eur. p 114. 1907.
内蒙古（NM）、安徽（AH）、四川（SC）；日本、奥地利、丹麦、爱沙尼亚、芬兰、德国、匈牙利、爱尔兰、荷兰、挪威、俄罗斯、西班牙、瑞典、瑞士、英国、加拿大、瓜德罗普岛（法）、美国、新西兰。
Zhuang 1995a。

盾膜盘菌茄变种

Hymenoscyphus scutula var. **solani** (P. Karst.) S. Ahmad, Ascomycetes of Pakistan 1: 207. 1978. **Type:** Finland.
Helotium scutula var. *solani* P. Karst., Not. Sällsk. Fauna Fl. Fenn. Förh. 11: 234. 1870.
Hymenoscyphus scutula var. *solani* (P. Karsten) R.P. Korf & W.Y. Zhuang, Mycotaxon 22: 500. 1985. [nom. illegit.]
四川（SC）；比利时、芬兰、法国、德国、意大利、瑞典、英国；北美洲。
Korf & Zhuang 1985；Zhuang 1995a。

类盾膜盘菌

Hymenoscyphus scutuloides Hengstm., Persoonia 16: 199.

1996. **Type:** Netherlands.
黑龙江（HL）、吉林（JL）、内蒙古（NM）、安徽（AH）；荷兰。
Zheng & Zhuang 2013b。

晚生膜盘菌

Hymenoscyphus serotinus (Pers.) P. Phillips, Man. Brit. Discomyc. p 125. 1887. **Type:** ? Germany.
Peziza serotina Pers., Syn. Meth. Fung. 2: 661. 1801.
Helotium serotinum (Pers.) Fr., Summa Veg. Scand., Section Post. p 355. 1849.
Lanzia serotina (Pers.) Korf & W.Y. Zhuang, Mycotaxon 22: 506. 1985.
黑龙江（HL）、吉林（JL）、河北（HEB）、山西（SX）、河南（HEN）、陕西（SN）、安徽（AH）、江苏（JS）、浙江（ZJ）、江西（JX）、湖南（HN）、四川（SC）、重庆（CQ）、贵州（GZ）、云南（YN）、西藏（XZ）、福建（FJ）、广东（GD）、广西（GX）；奥地利、丹麦、德国、卢森堡、挪威、瑞典、瑞士、英国、美国。
戴芳澜 1979；王云章和臧穆 1983；Korf & Zhuang 1985；Zhuang 1996b；Zhuang & Wang 1998a，1998b。

中国膜盘菌

Hymenoscyphus sinicus W.Y. Zhuang & Y.H. Zhang, Mycotaxon 81: 38. 2002. **Type:** China (Beijing). W.Y. Zhuang & Z. Wang 1213, HMAS 71818.
北京（BJ）、甘肃（GS）、青海（QH）、新疆（XJ）、湖北（HB）。
Zhang & Zhuang 2002。

苍白膜盘菌

Hymenoscyphus subpallescens Dennis, Kew Bull. 30: 349. 1975. **Type:** UK.
安徽（AH）；英国。
Zheng & Zhuang 2013a。

对称膜盘菌

Hymenoscyphus subsymmetricus H.D. Zheng & W.Y. Zhuang, Science China-Life Sciences 56: 97. 2013. **Type:** China (Anhui). S.L. Chen, W.Y. Zhuang, H.D. Zheng & Z.Q. Zeng 7802, HMAS 264021.
安徽（AH）。
Zheng & Zhuang 2013a。

单隔膜盘菌

Hymenoscyphus uniseptatus H.D. Zheng & W.Y. Zhuang, Mycotaxon 123: 23. 2013. **Type:** China (Yunnan). W.Y. Zhuang & Z.H. Yu 3356, HMAS 188559.
云南（YN）。
Zheng & Zhuang 2013c。

云南膜盘菌

Hymenoscyphus yunnanicus H.D. Zheng & W.Y. Zhuang, Mycotaxon 123: 24. 2013. **Type:** China (Yunnan). W.Y. Zhuang & Z.H. Yu 3424, HMAS 188560.
云南（YN）。
Zheng & Zhuang 2013c。

聚盘菌属

Ionomidotis E.J. Durand ex Thaxt., Proc. Amer. Acad. Arts & Sci. 59: 8. 1923.

复聚盘菌

Ionomidotis frondosa (Kobayasi) Kobayasi & Korf, in Korf, Sci. Rep. Yokohama Natl. Univ., Ser. 2 7: 19. 1958. **Type:** Japan.
Bulgaria frondosa Kobayasi, Bot. Mag., Tokyo 53: 158. 1939.
Cordierites frondosa (Kobayasi) Korf, Phytologia 21: 203. 1971.
湖南（HN）、四川（SC）、贵州（GZ）；日本。
Zhuang 1988a；刘波等 1988；Zhuang & Korf 1989。

黑心盘菌属

Lagerheima Sacc., Syll. Fung. 10: 55. 1892.

卡特黑心盘菌

Lagerheima carteri (Berk.) Sacc., Syll. Fung. 10: 55. 1892. **Type:** India.
Patellaria carteri (Berk.) W. Phillips, Grevillea 19: 75. 1891.
Patinella carteri Berk. ex Cooke, Grevillea 21: 75. 1893 [nom. inval.]
广东（GD）；印度。
邓叔群 1963；戴芳澜 1979；Zhuang & Wang 1998a。

胶莓盘菌属

Myriodiscus Boedijn, Bull. Jard. Bot. Buitenz, 3 Sér. 13: 481. 1935.

胶莓盘菌

Myriodiscus sparassoides Boedijn, Bull. Jard. Bot. Buitenz, 3 Sér. 13: 481. 1935. **Type:** Indonesia.
Ascotremellopsis bambusicola Teng & S.H. Ou ex S.H. Ou, Sinensia 7: 671. 1936.
广东（GD）、广西（GX）、海南（HI）；印度尼西亚。
邓叔群 1963；戴芳澜 1979；刘锡琎和郭英兰 1987；Zhuang & Wang 1998a。

新胶鼓菌属

Neobulgaria Petr., Annls Mycol. 19: 44. 1921.

新胶鼓菌

Neobulgaria pura (Pers.) Petr., Annls Mycol. 19: 45. 1921. **Type:** Sweden.
Peziza pura Pers., Observ. Mycol. 1: 40. 1796.
Bulgaria pura (Pers.) Fr., Syst. Mycol. 2: 168. 1822.
Ombrophila pura (Pers.) Quél., Enchir. Fung. p 230. 1886.
Craterocolla pura (Pers.) Sacc., Syll. Fung. 6: 779. 1888.

Ombrophila violascens Rehm, Rabenh. Krypt.-Fl., Edn 2 1.3 (lief. 34) p 478. 1891.
Coryne foliacea Bres., in Strasser, Verh. Zool.-Bot. Ges. Wien 55: 611. 1905.
Ascotremella turbinata Seaver, Mycologia 22: 53. 1930.
吉林（JL）、台湾（TW）；日本、丹麦、芬兰、法国、德国、挪威、西班牙、瑞典、加拿大、新西兰；亚洲、欧洲、北美洲、大洋洲。
戴芳澜 1979；吴声华等 1996。

新小地锤菌属

Neocudoniella S. Imai, J. Fac. Agric., Hokkaido Imp. Univ., Sapporo 45: 233. 1941.

白头新小地锤菌

Neocudoniella albiceps (Peck) Korf, Phytologia 21: 204. 1971. **Type:** USA.
Ombrophila albiceps Peck, Ann. Rep. Reg. N.Y. St. Mus. 42: 130. 1889.
Leotia albiceps (Peck) Mains, Mycologia 48: 700. 1956.
贵州（GZ）；加拿大、美国。
刘美华 1990a。

小盘菌属

Pezizella Fuckel, Jb. Nassau. Ver. Naturk. 23-24: 299. 1870.

普通小盘菌

Pezizella vulgaris (Fr.) Sacc., Syll. Fung. 8: 278. 1889. **Type:** ? Germany.
Peziza vulgaris Fr., Syst. Mycol. 2: 146. 1822.
Calloria vulgaris (Fr.) Sacc., Michelia 1: 63. 1877.
Mollisia vulgaris (Fr.) Gillet, Champignons de France, Discom. 5: 119. 1882.
Phialea vulgaris (Fr.) Rehm, in Winter, Rabenh. Krypt.-Fl., Edn 2 1.3 (lief. 38) p 709. 1892.
Hyalinia vulgaris (Fr.) Boud., Hist. Class. Discom. Eur. p 103. 1907.
Allophylaria vulgaris (Fr.) Nannf., Nova Acta R. Soc. Scient. Upsal., Ser. 4 8 (2): 291. 1932.
Hymenoscyphus vulgaris (Fr.) Raschle & E. Müll., in Müller, Beitr. Kryptfl. Schweiz 15: 49. 1977.
Calycina vulgaris (Fr.) Baral, Beitr. Kenntn. Pilze Mitteleur. 5: 227. 1989.
Peziza diaphana Sowerby, Col. Fig. Engl. Fung. Mushr. 3: tab. 389, fig. 7. 1803.
Peziza sordida Fuckel, Fungi Rhenani Exsic., Suppl., Fasc. 6: no. 2078. 1867.
Pezizella tyrolensis Rehm, Ber. Naturhist. Augsburg 26: 30. 1881.
四川（SC）、云南（YN）；丹麦、德国、意大利、卢森堡、挪威、英国、摩洛哥。
臧穆 1996。

暗柔膜菌属

Phaeohelotium Kanouse, Pap. Mich. Acad. Sci. 20: 75. 1935 [1934].

春暗柔膜菌［新拟］

Phaeohelotium vernum (Boud.) Declercq, Index Fungorum 173: 1. 2014. **Type:** France.
Ombrophila verna Boud., Bull. Soc. Mycol. Fr. 4: 77. 1889.
Helotium niveum Velen., Novitates Mycologicae Novissimae p 119. 1947.
Helotium vernale Dennis, Mycol. Pap. 62: 73. 1956.
Hymenoscyphus vernus (Boud.) Dennis, Persoonia 3: 78. 1964.
台湾（TW）；奥地利、丹麦、芬兰、法国、德国、卢森堡、瑞典。
吴声华等 1996。

亚肉色暗柔膜菌（参照）

Phaeohelotium cf. **subcarneum** (Schumach.) Dennis, Kew Bull. 25: 355. 1971.
云南（YN）。
Zhuang & Wang 1998b。

假柔膜菌属

Pseudohelotium Fuckel, Jb. Nassau. Ver. Naturk. 23-24: 298. 1870.

栎假柔膜菌

Pseudohelotium quercinum Keissl., Österr. Bot. Zeitschr. p 125. 1924. **Type:** China (Yunnan).
云南（YN）。
戴芳澜 1979。

玫红盘菌属

Roseodiscus Baral, in Baral & Krieglsteiner, Acta Mycologica, Warszawa 41: 16. 2006.

中华玫红盘菌

Roseodiscus sinicus H.D. Zheng & W.Y. Zhuang, Phytotaxa 105: 53. 2013. **Type:** China (Yunnan). W.Y. Zhuang & Z.H. Yu 3326-1, HMAS 188554.
云南（YN）。
Zheng & Zhuang 2013d。

华蜂巢菌属

Sinofavus W.Y. Zhuang, Mycotaxon 104: 392. 2008.

华蜂巢菌

Sinofavus allantosporus W.Y. Zhuang & T. Bau, Mycotaxon 104: 392. 2008. **Type:** China (Xinjiang). T. Bau, HMJAU 6017.
新疆（XJ）。
Zhuang & Bau 2008。

斯特罗盘菌属

Strossmayeria Schulzer, Öst. Bot. Z. 31: 314. 1881.

贝克斯特罗盘菌

Strossmayeria bakeriana (Henn.) Iturr., in Iturriaga & Korf, Mycotaxon 36: 408. 1990. **Type:** Brazil.

Hyaloderma bakeriana Henn., Hedwigia 48: 103. 1908.

Helminthosporium simplex Kunze, in Nees & Nees, Nova Acta Acad. Caes. Leop.-Carol. Nat. Cur. Dresden 9: 241. 1818.

Gorgoniceps crataegi Velen., Monogr. Discom. Bohem. 1: 182. 1934.

Strossmayeria longispora Raitv., Biol. Zh. Armenii 21 (8): 9. 1968.

Strossmayeria ostoyae Bertault, Revue Mycol., Paris 35: 140. 1970.

Pseudospiropes simplex (Nees) M.B. Ellis, Dematiaceous Hyphomycetes p 260. 1971.

广西（GX）；巴西。

Zhuang 1999a。

芽孢盘菌属

Tympanis Tode, Fung. Mecklenb. Sel. 1: 24. 1790.

冷杉芽孢盘菌

Tympanis abietina J.W. Groves, Can. J. Bot. 30: 599. 1952. **Type:** Canada.

吉林（JL）；法国、加拿大、美国。

项存悌和宋瑞清 1988。

桤芽孢盘菌

Tympanis alnea (Pers.) Fr., Syst. Mycol. 2: 174. 1822. **Type:** ? Sweden.

Peziza alnea Pers., Syn. Meth. Fung. 2: 673. 1801.

Tympanis alnea f. *alnea* (Pers.) Fr., Syst. Mycol. 2: 174. 1822.

Cenangium alneum (Pers.) Fuckel, Jb. Nassau. Ver. Naturk. 23-24: 271. 1870.

Pocillum alneum (Pers.) Gillet, Champignons de France, Discom. 8: 200. 1879 [1886].

Ophiodothis alneum (Pers.) Ellis & Everh., N. Amer. Pyren. p 620. 1892.

Tympanis conspersa f. *alnea* (Pers.) P. Karst., Bidr. Känn. Finl. Nat. Folk 19: 227. 1871.

吉林（JL）；丹麦、芬兰、法国、德国、挪威、瑞典、英国。

项存悌和宋瑞清 1988。

混杂芽孢盘菌

Tympanis confusa Nyl., Obs. Pez. Fenn. p 69. 1868. **Type:** Sweden.

黑龙江（HL）、吉林（JL）；丹麦、西班牙、瑞典、英国、美国。

项存悌和宋瑞清 1988。

海南芽孢盘菌

Tympanis hainanensis S.H. Ou, Sinensia 7: 669. 1936. **Type:** China (Hainan). Deng 7507.

海南（HI）。

邓叔群 1963；戴芳澜 1979；Zhuang & Wang 1998a。

缝裂桤芽孢盘菌

Tympanis hysterioides Rehm, in Winter, Rabenh. Krypt.-Fl., Edn 2 1.3 (lief. 31) p 268. 1888. **Type:** Germany.

Tympanis alnea var. *hysterioides* Rehm, Ber. Bay. Bot. Ges. 13: 203. 1912.

吉林（JL）；德国。

项存悌和宋瑞清 1988。

云杉芽孢盘菌

Tympanis piceina J.W. Groves, Can. J. Bot. 30: 601. 1952. **Type:** Canada.

黑龙江（HL）、吉林（JL）；加拿大。

项存悌和宋瑞清 1988。

松芽孢盘菌

Tympanis pithya (Fr.) Sacc., Syll. Fung. 8: 583. 1889. **Type:** Sweden.

Sphaeria pithya Fr., Observ. Mycol. 1: 183. 1815.

Dothidea pithya (Fr.) Fr., Observ. Mycol. 2: 350. 1818.

Cenangium pithyum (Fr.) Fr., Syst. Mycol. 2: 184. 1822.

Triblidium pithyum (Fr.) Fr., Summa Veg. Scand., Section Post. p 369. 1849.

Cenangium pityum subsp. *juniperinum* Sacc., Michelia 1: 419. 1878.

Tympanis juniperina (Sacc.) Mussat, Syll. Fung. 15: 419. 1900.

辽宁（LN）；德国、意大利、瑞典。

孙宝贵等 1983。

木荷芽孢盘菌

Tympanis schimis R.Q. Song & C.T. Xiang, Bulletin of Botanical Research 17: 144. 1997. **Type:** China (Guangdong). R.Q. Song 1986, HNEFU 8611161.

广东（GD）。

宋瑞清等 1997。

性孢芽孢盘菌

Tympanis spermatiospora (Nyl.) Nyl., Not. Sällsk. Fauna Fl. Fenn. Förh. 10: 70. 1869. **Type:** Finland.

Patellaria spermatiospora Nyl., Not. Sällsk. Fauna Fl. Fenn. Förh. 4: 125. 1859.

Cenangium spermatiosporum (Nyl.) Sacc., Syll. Fung. 8: 560. 1889.

陕西（SN）、西藏（XZ）；捷克、芬兰、卢森堡、瑞典、英国、加拿大、美国。

王云章和臧穆 1983。

椴芽孢盘菌

Tympanis tiliae C.T. Xiang & R.Q. Song, Bull. Plant Res. 8: 148. 1988. **Type:** China (Jilin). R.Q. Song, HNEFG 86061.
吉林（JL）。
项存悌和宋瑞清 1988。

拟爪毛盘菌属

Unguiculariopsis Rehm, Annls Mycol. 7: 400. 1909.

长白拟爪毛盘菌

Unguiculariopsis changbaiensis W.Y. Zhuang, Mycol. Res. 104: 507. 2000. **Type:** China (Jilin). S.L. Chen & W.Y. Zhuang 2580, HMAS 74849.
Deltosperma oblongum W.Y. Zhuang, Mycol. Res. 104: 508. 2000.
吉林（JL）。
Zhuang 2000a。

大明山拟爪毛盘菌

Unguiculariopsis damingshanica W.Y. Zhuang, Mycol. Res. 104: 508. 2000. **Type:** China (Guangxi). S.L. Chen & W.Y. Zhuang 1942, HMAS 76137.
广西（GX）。
Zhuang 2000a。

皱裂菌拟爪毛盘菌

Unguiculariopsis hysterigena (Berk. & Broome) Korf, Phytologia 21: 206. 1971. **Type:** Sri Lanka.
Peziza hysterigena Berk. & Broome, J. Linn. Soc., Bot. 14: 106. 1873 [1875].
Lachnellula hysterigena (Berk. & Broome) Sacc., Syll. Fung. 8: 391. 1889.
海南（HI）；斯里兰卡。
Korf & Zhuang 1985；Zhuang & Wang 1998a，1998b。

拉氏拟爪毛盘菌钩亚种

Unguiculariopsis ravenelii subsp. **hamata** (Chenant.) W.Y. Zhuang, Mycotaxon 32: 53. 1988. **Type:** France.
贵州（GZ）；法国、苏里南。
Zhuang 1988b。

丝绒盘菌属

Velutarina Korf ex Korf, Phytologia 21: 201. 1971.

丝绒盘菌

Velutarina rufo-olivacea (Alb. & Schwein.) Korf, Phytologia 21: 201. 1971. **Type:** ? Germany.
Peziza rufo-olivacea Alb. & Schwein., Consp. Fung. p 320. 1805.
Velutaria rufo-olivacea (Alb. & Schwein.) Fuckel, Jb. Nassau. Ver. Naturk. 23-24: 300. 1870.
Lachnella rufo-olivacea (Alb. & Schwein.) W. Phillips, Syll. Fung. 8: 398. 1889.
Encoelia rufo-olivacea (Alb. & Schwein.) Kirschst., Annls Mycol. 36: 371. 1938.
Velutarina rufo-olivacea (Alb. & Schwein.) Korf, Mycologia 45: 476. 1953.
Peziza fraxinicola Berk. & Broome, Ann. Mag. Nat. Hist., Ser. 3 18: 124. 1866.
Cenangium phaeosporum Cooke, Grevillea 12: 44. 1883.
Schweinitzia rufo-olivacea Massee & Crossl., in Massee, Brit. Fung.-Fl. 4: 135. 1895.
广西（GX）；比利时、丹麦、法国、德国、意大利、卢森堡、挪威、瑞典、英国、美国、阿根廷。
Zhuang 1999a。

干髓盘菌属

Xeromedulla Korf & W.Y. Zhuang, Mycotaxon 30: 189. 1987.

栎干髓盘菌

Xeromedulla quercicola Korf & W.Y. Zhuang, in Zhuang & Korf, Mycotaxon 35: 302. 1989. **Type:** China (Beijing). B.C. Zhang 525, HMAS 57691.
北京（BJ）。
Zhuang & Korf 1989。

晶杯菌科 **Hyaloscyphaceae** Nannf.

白毛盘菌属

Albotricha Raitv., Scripta Mycol. Inst. Zool. Bot. Acad. Sc. Estonian S. S. R. 1: 40. 1970.

尖白毛盘菌

Albotricha acutipila (P. Karst.) Raitv., Akad. Nauk Estonskoi S. S. R., Inst. Zool. Bot., Tartu p 40. 1970. **Type:** Finland.
Peziza acutipila P. Karst., Not. Sällsk. Fauna Fl. Fenn. Förh. 10: 195. 1869.
Lachnum acutipilum (P. Karst.) P. Karst., Bidr. Känn. Finl. Nat. Folk 19: 173. 1871.
Lachnella acutipila (P. Karst.) W. Phillips, Man. Brit. Discomyc. p 252. 1887.
Lachnella acutipila var. *laetior* (P. Karst.) W. Phillips, Man. Brit. Discomyc. p 252. 1887.
Dasyscyphus acutipilus (P. Karst.) Sacc., Syll. Fung. 8: 447. 1889.
Atractobolus acutipilus (P. Karst.) Kuntze, Revis. Gen. Pl. 3: 445. 1898.
Dasyscyphella acutipilosa Baral & E. Weber, Biblthca Mycol. 140: 103. 1992.
Lachnum laetius P. Karst., Bidr. Känn. Finl. Nat. Folk 19: 174. 1871.
Dasyscyphus laetior (P. Karst.) Sacc., Syll. Fung. 8: 441. 1889.
Atractobolus laetior (P. Karst.) Kuntze, Revis. Gen. Pl. 3: 446. 1898.
台湾（TW）；丹麦、芬兰、德国、俄罗斯、挪威、英国、

阿根廷。
吴声华等 1996；庄文颖 2004。

白壳白毛盘菌

Albotricha albotestacea (Desm.) Raitv., Akad. Nauk Estonskoi S. S. R., Inst. Zool. Bot., Tartu p 40. 1970. **Type:** ? France.
Peziza albotestacea Desm., Annls Sci. Nat., Bot., Sér. 2 19: 368. 1843.
Lachnum albotestaceum (Desm.) P. Karst., Bidr. Känn. Finl. Nat. Folk 19: 175. 1871.
Lachnella albotestacea (Desm.) Quél., Enchir. Fung. p 315. 1886.
Trichopeziza albotestacea (Desm.) Sacc., Syll. Fung. 8: 419. 1889.
Dasyscyphus albotestaceus (Desm.) Massee, Brit. Fung.-Fl. 4: 346. 1895.
江西（JX）、云南（YN）、广东（GD）、广西（GX）；丹麦、芬兰、法国、德国、英国。
庄文颖 2004。

白壳白毛盘菌（参照）

Albotricha cf. **albotestacea** (Desm.) Raitv., Akad. Nauk Estonskoi S. S. R., Inst. Zool. Bot., Tartu p 40. 1970.
广西（GX）。
Zhuang 1998a。

长白白毛盘菌

Albotricha changbaiensis W.Y. Zhuang & Z.H. Yu, in Yu, Zhuang & Chen, Mycotaxon 75: 396. 2000. **Type:** China (Jilin). S.L. Chen & W.Y. Zhuang 2631, HMAS 75526.
吉林（JL）。
Yu et al. 2000；庄文颖 2004。

广西白毛盘菌

Albotricha guangxiensis W.Y. Zhuang, Mycotaxon 69: 360. 1998. **Type:** China (Guangxi). W.Y. Zhuang 1815, HMAS 72603.
江西（JX）、云南（YN）、广东（GD）、广西（GX）、海南（HI）。
Zhuang 1998a；庄文颖 2004。

汉斯白毛盘菌

Albotricha hainesii M.L. Wu, Mycotaxon 88: 388. 2003. **Type:** China (Taiwan). Wu 001028ST17-1, TNM.
台湾（TW）。
Wu 2003。

库页白毛盘菌

Albotricha kurilensis Raitv., Folia Cryptog. Estonica 2: 14. 1973. **Type:** Russia.
宁夏（NX）；俄罗斯。
Zhuang 2000b；庄文颖 2004。

长孢白毛盘菌

Albotricha longispora Raitv., Folia Cryptog. Estonica 2: 15. 1973. **Type:** USA.
四川（SC）；美国。
Zhuang 2002；庄文颖 2004。

小白毛盘菌

Albotricha minuta Raitv., Folia Cryptog. Estonica 2: 14. 1973. **Type:** U. S. S. R.
吉林（JL）；苏联。
Yu et al. 2000；庄文颖 2004。

蛛盘菌属

Arachnopeziza Fuckel, Jb. Nassau. Ver. Naturk. 23-24: 303. 1870.

金蛛盘菌

Arachnopeziza aurata Fuckel, Jb. Nassau. Ver. Naturk. 23-24: 304. 1870. **Type:** Germany.
Belonidium auratum (Fuckel) Sacc., Syll. Fung. 8: 499. 1889.
Gorgoniceps aurata (Fuckel) Höhn., Sber. Akad. Wiss. Wien, Math.-Naturw. Kl., Abt. 1 132: 116. 1923.
Arachnopezizella aurata (Fuckel) Kirschst., Annls Mycol. 36: 397. 1938.
Peziza rhabdosperma Berk. & Broome, Ann. Mag. Nat. Hist., Ser. 4 17: 143. 1876.
Arachnopeziza nivea Lorton, Bull. Soc. Mycol. Fr. 30: 224. 1914.
广西（GX）；奥地利、丹麦、德国、波兰、西班牙、摩洛哥、加拿大、澳大利亚。
Zhuang 1998a；庄文颖 2004。

粒毛蛛盘菌

Arachnopeziza colachna W.Y. Zhuang & Z.H. Yu, in Yu & Zhuang, Nova Hedwigia 74: 418. 2002. **Type:** China (Yunnan). W.Y. Zhuang & Z.H. Yu 2897, HMAS 78576.
云南（YN）、海南（HI）。
Yu & Zhuang 2002；庄文颖 2004。

角蛛盘菌

Arachnopeziza cornuta (Ellis) Korf, Lloydia 14: 158. 1952. **Type:** USA.
Peziza cornuta Ellis, Bull. Torrey Bot. Club 10 (7): 73. 1883.
Helotiella cornuta (Ellis) Sacc., Syll. Fung. 8: 474. 1889.
Arachnopeziza tapesioides Starbäck, in Vestergren, Svensk Bot. Tidskr. 3: 40. 1909.
Cistella tapesioides (Starbäck) Nannf., Svensk Bot. Tidskr. 30: 298. 1936.
四川（SC）、广西（GX）；美国。
Korf & Zhuang 1985；庄文颖 2004。

冬蛛盘菌

Arachnopeziza hiemalis Yei Z. Wang, Mycotaxon 108: 485.

2009. **Type:** China (Taiwan). W.N. Chou WAN 1141, TNM F22011.
台湾（TW）。
Wang 2009。

近裸蛛盘菌

Arachnopeziza subnuda Korf & W.Y. Zhuang, Mycotaxon 22: 484. 1985. **Type:** China (Sichuan). W.Y. Zhuang, HMAS 45091.
四川（SC）。
Korf & Zhuang 1985；庄文颖 2004。

黄杯菌属

Calycellina Höhn., Sber. Akad. Wiss. Wien, Math.-Naturw. Kl., Abt. 1 127: 601. 1918.

卡地黄杯菌

Calycellina carolinensis Nag Raj & W.B. Kendr., Monogr. Chalara Allied Genera p 183. 1975. **Type:** USA.
四川（SC）、广西（GX）、香港（HK）；美国、新西兰。
Korf & Zhuang 1985；庄文颖 2004。

小黄杯菌

Calycellina minuta K.S. Thind & M.P. Sharma, J. Indian Bot. Soc. 59: 352. 1980. **Type:** India.
四川（SC）；印度。
Korf & Zhuang 1985；庄文颖 2004。

杨黄杯菌

Calycellina populina (Fuckel) Hohn., in Weese, Mitt. Bot. Inst. Tech. Hochsch. Wien 3 (3): 105. 1926. **Type:** Germany.
Helotium populinum Fuckel, Jb. Nassau. Ver. Naturk. 23-24: 316. 1870.
Calycina populina (Fuckel) Kuntze, Revis. Gen. Pl. 3: 448. 1898.
Hymenoscyphus populinum (Fuckel) Migula, Krypt.-Fl. Deutschl. Österr. Schweiz., Abt. 2 10 (3.2): 1152. 1913.
Helotium ilicis W. Phillips, Man. Brit. Discomyc. p 164. 1887.
吉林（JL）、河北（HEB）；印度、奥地利、丹麦、法国、德国、意大利、西班牙、英国、美国。
戴芳澜 1979；庄文颖 2004。

小毛盘菌属

Cistella Quél., Enchir. Fung. p 319. 1886.

吉氏小毛盘菌

Cistella geelmuydenii Nannf., Nova Acta R. Soc. Scient. Upsal., Ser. 4 8 (2): 270. 1932. **Type:** Sweden.
Clavidisculum geelmuydenii (Nannf.) Raitv., Akad. Nauk Estonskoi S. S. R., Inst. Zool. Bot., Tartu p 7. 1970.
Dasyscyphus geelmuydenii (Nannf.) S. Ahmad, Monogr. Biol. Soc. Pakistan 7: 197. 1978.
吉林（JL）；瑞典、英国。
Yu et al. 2000；庄文颖 2004。

匈牙利小毛盘菌（参照）

Cistella cf. **hungarica** (Rehm) Raitv., in Yarva, Sistematiki i Rasprostranenie Gribov p 151. 1978.
海南（HI）。
Zhuang et al. 2002；庄文颖 2004。

小毛钉菌属

Dasyscyphella Tranzschel, Trudy S. Petersb. Obshch. Est. Otd. Bot. 28: 296, 331. 1898.

槲小毛钉菌

Dasyscyphella dryina (P. Karst.) Raitv., Akad. Nauk Estonskoi S. S. R., Inst. Zool. Bot., Tartu p 72. 1970. **Type:** Finland.
Peziza dryina P. Karst., Not. Sällsk. Fauna Fl. Fenn. Förh. 10: 183. 1869.
Helotium dryinum (P. Karst.) P. Karst., Bidr. Känn. Finl. Nat. Folk 19: 155. 1871.
Lachnella dryina (P. Karst.) P. Karst., Acta Soc. Fauna Flora Fenn. 2 (6): 131. 1885.
Dasyscyphus dryinus (P. Karst.) Sacc., Syll. Fung. 8: 435. 1889.
Atractobolus dryinus (P. Karst.) Kuntze, Revis. Gen. Pl. 3: 445. 1898.
吉林（JL）；芬兰；欧亚广布，北美洲。
Yu et al. 2000；庄文颖 2004。

雪白小毛钉菌

Dasyscyphella nivea (R. Hedw.) Raitv., Akad. Nauk Estonskoi S. S. R., Inst. Zool. Bot., Tartu p 72. 1970. **Type:** ? Germany.
Octospora nivea R. Hedw., Observ. Bot. tab. 8, fig. B. 1802.
Peziza nivea (R. Hedw.) Fr., Syst. Mycol. 2 (1): 90. 1822.
Lachnum niveum (R. Hedw.) P. Karst., Bidr. Känn. Finl. Nat. Folk 19: 168. 1871.
Trichopeziza nivea (R. Hedw.) Fuckel, in Saccardo, Fl. Ital. Crypt. fig. 1436. 1883.
Lachnella nivea (R. Hedw.) W. Phillips, Man. Brit. Discomyc. p 245. 1887.
Dasyscyphus niveus (R. Hedw.) Sacc., Syll. Fung. 8: 437. 1889.
Atractobolus niveus (R. Hedw.) Kuntze, Revis. Gen. Pl. 3: 446. 1898.
吉林（JL）、四川（SC）、云南（YN）、广东（GD）、广西（GX）；韩国、比利时、德国、意大利、西班牙、英国、美国、新西兰。
邓叔群 1963；戴芳澜 1979；Zhuang 1998a；庄文颖 2004。

毛钉菌属

Dasyscyphus Nees ex Gray, Nat. Arr. Brit. Pl. 1: 670. 1821.

二色毛钉菌

Dasyscyphus bicolor (Bull.) Fuckel, Jb. Nassau. Ver. Naturk. 23-24: 305. 1870. **Type:** ? France.
Peziza bicolor Bull., Herb. Fr. 9: tab. 410, fig. 3. 1789.
Lachnum bicolor (Bull.) P. Karst., Bidr. Känn. Finl. Nat. Folk 19: 172. 1871.
Lachnella bicolor (Bull.) W. Phillips, Man. Brit. Discomyc. p 249. 1887.
Atractobolus bicolor (Bull.) Kuntze, Revis. Gen. Pl. 3: 445. 1898.
Capitotricha bicolor (Bull.) Baral, Beih. Z. Mykol. 6: 60. 1985.
陕西（SN）、四川（SC）、云南（YN）；安道尔、奥地利、比利时、丹麦、芬兰、法国、德国、冰岛、意大利、挪威、波兰、西班牙、瑞典、瑞士、英国、美国、阿根廷。
戴芳澜 1979。

分枝毛钉菌

Dasyscyphus comitissae (Cooke) Sacc., Syll. Fung. 8: 440. 1889. **Type:** UK.
Peziza comitissae Cooke, Grevillea 4: 111. 1876.
Lachnella comitissae (Cooke) W. Phillips, Man. Brit. Discomyc. p 243. 1887.
Atractobolus comitissae (Cooke) Kuntze, Revis. Gen. Pl. 3: 445. 1898.
四川（SC）；英国、美国。
邓叔群 1963；戴芳澜 1979。

白色毛钉菌

Dasyscyphus leucophaeus (Pers.) Massee, Brit. Fung.-Fl. 4: 351. 1895. **Type:** Europe.
Peziza sulphurea var. *leucophaea* Pers., Mycol. Eur. 1: 250. 1822.
Peziza leucophaea (Pers.) Nyl., Not. Sällsk. Fauna Fl. Fenn. Förh. 10: 31. 1869.
Trichopeziza leucophaea (Pers.) Rehm, Ber. Naturhist. Augsburg 26: 20. 1881.
Lachnella sulphurea var. *leucophaea* (Pers.) W. Phillips, Man. Brit. Discomyc. p 264. 1887.
Lachnella leucophaea (Pers.) Boud., Hist. Class. Discom. Eur. p 123. 1907.
Peziza mollissima Lasch, in Rabenhorst, Klotzschii Herb. Viv. Mycol., Edn 2 p 708. 1858.
Trichopeziza mollissima Fuckel, Jb. Nassau. Ver. Naturk. 23-24: 296. 1870.
Dasyscyphus mollissimus (Fuckel) Nannf., Fungi Exsiccati Suecici 47-48: 44. 1956.
Belonidium mollissimum (Fuckel) Raitv., Akad. Nauk Estonskoi S. S. R., Inst. Zool. Bot., Tartu p 45. 1970.
台湾（TW）；芬兰、法国、德国、匈牙利、瑞典、美国；欧洲其他地区。
Liou & Chen 1977a。

黄白毛钉菌

Dasyscyphus ochroleucus Penz. & Sacc., Malpighia 15: 210. 1902 [1901]. **Type:** Indonesia.
广东（GD）；印度尼西亚；？欧洲。
邓叔群 1963；戴芳澜 1979；Zhuang & Wang 1998a。

亚棘盘菌属

Erinellina Seaver, North American Cup-Fungi (Inoperculates) p 290. 1951.

绣线梅亚棘盘菌

Erinellina neilliae (Keissl.) F.L. Tai, Syll. Fung. Sin. p 133. 1979. **Type:** China (Hunan). [nom. inval.]
Erinella neilliae Keissl., Symb. Sinica 2: 32. 1937.
湖南（HN）。
戴芳澜 1979。

茸毛亚棘盘菌

Erinellina tomentella (Penz. & Sacc.) F.L. Tai, Syll. Fung. Sin. p 134. 1979. **Type:** Indonesia. [nom. inval.]
Erinella tomentella Penz. & Sacc., Malpighia 15: 217. 1902.
云南（YN）；印度尼西亚。
戴芳澜 1979。

钩刺盘菌属

Hamatocanthoscypha Svrček, Česká Mykol. 31: 11. 1977.

钩毛钩刺盘菌

Hamatocanthoscypha uncipila (Le Gal) Huhtinen, Karstenia 29: 201. 1990 [1989]. **Type:** Switzerland.
Hyaloscypha uncipila Le Gal, Bull. trimest. Soc. Mycol. Fr. 70: 217. 1955 [1954].
Uncinia uncipila (Le Gal) Raitv., Akad. Nauk Estonskoi S. S. R., Inst. Zool. Bot., Tartu p 74. 1970.
Hamatocanthoscypha sulphureocitrina Svrček, Česká Mykol. 37: 65. 1983.
吉林（JL）；荷兰、瑞典、瑞士、加拿大。
Yu et al. 2000；庄文颖 2004。

晶杯菌属

Hyaloscypha Boud., Bull. Soc. Mycol. Fr. 1: 118. 1885.

白晶杯菌

Hyaloscypha albohyalina (P. Karst.) Boud., Hist. Class. Discom. Eur. p 127. 1907. **Type:** Finland.
Peziza albohyalina P. Karst., Not. Sällsk. Fauna Fl. Fenn. Förh. 10: 189. 1869.
Pezizella albohyalina (P. Karst.) Rehm, in Saccardo, Syll. Fung. 18: 57. 1906.
Peziza tigillaris P. Karst., Not. Sällsk. Fauna Fl. Fenn. Förh. 10: 184. 1869.
Helotium lectissimum P. Karst., Bidr. Känn. Finl. Nat. Folk 19: 141. 1871.

Chrysothallus spiralis Velen., Monogr. Discom. Bohem. p 269. 1934.

Hyaloscypha lignicola Abdullah & J. Webster, Trans. Brit. Mycol. Soc. 80: 253. 1983.

吉林（JL）、云南（YN）；日本、丹麦、芬兰、德国、卢森堡、挪威、西班牙、瑞典、瑞士、英国、加拿大、美国、阿根廷、澳大利亚、新西兰、捷克斯洛伐克、苏联。

Zhuang 1995a；庄文颖 2004。

黄脂晶杯菌

Hyaloscypha aureliella (Nyl.) Huhtinen, Karstenia 29: 107. 1990 [1989]. **Type:** Finland.

Peziza aureliella Nyl., Not. Sällsk. Fauna Fl. Fenn. Förh. 10: 49. 1868.

Tapesia aureliella (Nyl.) P. Karst., Acta Soc. Fauna Flora Fenn. 2 (6): 137. 1885.

Eriopezia aureliella (Nyl.) Rehm, in Winter, Rabenh. Krypt.-Fl., Edn 2 1.3 (lief. 38) p 695. 1892.

Peziza stevensonii Berk. & Broome, Ann. Mag. Nat. Hist., Ser. 4 15: 38. 1875.

Hyaloscypha velenovskyi Graddon, Trans. Brit. Mycol. Soc. 58: 152. 1972.

云南（YN）；印度、日本、菲律宾、奥地利、丹麦、爱沙尼亚、芬兰、法国、德国、挪威、俄罗斯、西班牙、瑞典、英国、摩洛哥、加拿大、牙买加、美国。

Zhuang 1995a；庄文颖 2004。

长生盘菌属

Lachnellula P. Karst., Meddn Soc. Fauna Flora Fenn. 11: 138. 1884.

阿氏长生盘菌

Lachnellula agassizii (Berk. & M.A. Curtis) Dennis, Persoonia 2: 183. 1962. **Type:** USA.

Dasyscyphus agassizii (Berk. & M.A. Curtis) Sacc., Syll. Fung. 8: 438. 1889.

Peziza agassizii Berk. & M.A. Curtis, in Berkeley, Grevillea 3: 151. 1875.

Atractobolus agassizii (Berk. & M.A. Curtis) Kuntze, Revis. Gen. Pl. 3 (2): 445. 1898.

Lachnella agassizii (Berk. & M.A. Curtis) Seaver, North American Cup-Fungi (Inoperculates) p 247. 1951.

四川（SC）；加拿大、美国。

邓叔群 1963；戴芳澜 1979。

萼长生盘菌

Lachnellula calyciformis (Battarra) Dharne, Phytopath. Z. 53: 124. 1965. **Type:** ? Italy.

Boletus calyciformis Battarra, Fung. Arim. Hist. p 25. 1755.

Peziza calyciformis (Battarra) Fr., Syst. Mycol. 2 (1): 45. 1822.

Dasyscyphus calyciformis (Willd.) Rehm, in Winter, Rabenh. Krypt.-Fl., Edn 2 1.3 (lief. 40) p 834. 1893.

Trichoscypha calyciformis (Willd.) Grélet, Revue Mycol. 16: 87. 1951.

黑龙江（HL）、吉林（JL）、辽宁（LN）、陕西（SN）、四川（SC）；日本、奥地利、丹麦、芬兰、法国、德国、冰岛、意大利、荷兰、挪威、俄罗斯、西班牙、瑞典、英国、加拿大、美国、新西兰。

邓叔群 1963；戴芳澜 1979；庄文颖 2004。

鹿皮色长生盘菌

Lachnellula cervina (Ellis & Everh.) Dennis, Kew Bull. 17: 338. 1963. **Type:** USA.

Erinella cervina Ellis & Everh., Bull. Torrey Bot. Club 24: 468. 1897.

Erinellina cervina (Ellis & Everh.) Seaver, North American Cup-Fungi (Inoperculates) p 292. 1951.

云南（YN）；美国。

戴芳澜 1979。

棕红长生盘菌

Lachnellula fuscosanguinea (Rehm) Dennis, Persoonia 2: 184. 1962. **Type:** ? Germany.

Dasyscyphus fuscosanguineus Rehm, Ber. Naturhist. Augsburg 26: 30. 1881.

Atractobolus fuscosanguineus (Rehm) Kuntze, Revis. Gen. Pl. 3: 445. 1898.

Hymenoscyphus fuscosanguineus (Rehm) Kuntze, Revis. Gen. Pl. 3: 485. 1898.

Trichoscyphella fuscosanguinea (Rehm) Svrček, Česká Mykol. 16: 104. 1962.

台湾（TW）；奥地利、捷克、芬兰、德国、列支敦士登、挪威、西班牙、瑞士、美国。

吴声华等 1996；庄文颖 2004。

落叶松长生盘菌

Lachnellula laricis (Cooke) Dharne, Phytopath. Z. 53: 132. 1965. **Type:** UK.

Peziza calycina var. *laricis* Cooke, Handb. Brit. Fungi 2: 685. 1871.

吉林（JL）；奥地利、德国、意大利、挪威、瑞士、英国、美国。

Zhuang 2002；庄文颖 2004。

藤长生盘菌

Lachnellula rattanicola J. Fröhl. & K.D. Hyde, Fungal Diversity Res., Ser. 3: 138. 2000. **Type:** Australia.

香港（HK）；澳大利亚。

Fröhlich & Hyde 2000；庄文颖 2004。

梭孢长生盘菌

Lachnellula subtilissima (Cooke) Dennis, Persoonia 2: 184. 1962. **Type:** UK.

Peziza subtilissima Cooke, Grevillea 3: 121. 1875.

Lachnella subtilissima (Cooke) W. Phillips, Man. Brit. Discomyc. p 244. 1887.

Dasyscyphus subtilissimus (Cooke) Sacc., Syll. Fung. 8: 438. 1889.
Atractobolus subtilissimus (Cooke) Kuntze, Revis. Gen. Pl. 3: 446. 1898.
Trichoscypha subtilissima (Cooke) Boud., Hist. Class. Discom. Eur. p 125. 1907.
黑龙江（HL）、吉林（JL）、四川（SC）、台湾（TW）；巴基斯坦、安道尔、奥地利、捷克、丹麦、爱沙尼亚、芬兰、德国、希腊、卢森堡、挪威、斯洛文尼亚、西班牙、瑞典、瑞士、英国、美国、阿根廷、新西兰。
吴声华等 1996；庄文颖 2004。

粒毛盘菌属

Lachnum Retz., Fl. Scand. Prodr., Edn Altera p 329. 1795.

异常粒毛盘菌原变种

Lachnum abnorme (Mont.) J.H. Haines & K.P. Dumont, Mycotaxon 19: 10. 1984. var. **abnorme**. **Type:** Chile.
Peziza abnormis Mont., Annls Sci. Nat., Bot., Sér. 2 3: 351. 1835.
Trichopeziza abnormis (Mont.) Sacc., Syll. Fung. 8: 429. 1889.
Dasyscyphus abnormis (Mont.) Dennis, Kew Bull. 17: 320. 1963.
Lachnum longisporum P. Karst., Hedwigia 28: 191. 1889.
Erinellina corticola (Massee) Teng, Fungi of China p 760. 1963.
Lachnum corticola (Massee) M.P. Sharma, Nova Hedwigia 43: 404. 1986.
Erinellina sinensis (Teng) Teng, Fungi of China p 760. 1963.
吉林（JL）、河北（HEB）、河南（HEN）、安徽（AH）、江苏（JS）、浙江（ZJ）、江西（JX）、湖北（HB）、四川（SC）、云南（YN）、福建（FJ）、台湾（TW）、广东（GD）、广西（GX）；印度、印度尼西亚、日本、马来西亚、卢旺达、新加坡、斯里兰卡、哥斯达黎加、瓜德罗普岛（法）、牙买加、墨西哥、巴拿马、波多黎各（美）、阿根廷、玻利维亚、巴西、智利、哥伦比亚、厄瓜多尔、圭亚那、秘鲁、委内瑞拉、澳大利亚、新西兰。
邓叔群 1963；戴芳澜 1979；Haines & Dumont 1984；Korf & Zhuang 1985；Zhuang 1998a；Zhuang & Wang 1998a，1998b；吴声华等 1996；庄文颖 2004。

异常粒毛盘菌中国热带变种

Lachnum abnorme (Mont.) J.H. Haines & Dumont var. **sinotropicum** Z.H. Yu & W.Y. Zhuang, Nova Hedwigia 74: 416. 2002. **Type:** China (Yunnan). Q.Z. Wang 91, HMAS 33712.
云南（YN）。
Yu & Zhuang 2002。

白毛粒毛盘菌

Lachnum albidulum (Penz. & Sacc.) M.P. Sharma, Nova Hedwigia 43: 401. 1986. **Type:** Indonesia.
Dasyscyphus albidulus Penz. & Sacc., Malpighia 15: 220. 1902 [1901].
台湾（TW）；印度、印度尼西亚、委内瑞拉；欧洲。
Wu 1998a；庄文颖 2004。

狭囊粒毛盘菌

Lachnum angustum W.Y. Zhuang & M. Ye, in Ye & Zhuang, Nova Hedwigia 76: 444. 2003. **Type:** China (Jilin). W.Y. Zhuang 766, HAMS 81379.
吉林（JL）、四川（SC）。
Ye & Zhuang 2003。

软粒毛盘菌原变种

Lachnum apalum (Berk. & Broome) Nannf., Svensk Bot. Tidskr. 30: 299. 1936. var. **apalum**. **Type:** ? UK.
Peziza apala Berk. & Broome, Ann. Mag. Nat. Hist., Ser. 2 7: 180. 1851.
Lachnella apala (Berk. & Broome) W. Phillips, Man. Brit. Discomyc. p 253. 1887.
Erinella apala (Berk. & Broome) Sacc., Syll. Fung. 8: 509. 1889.
Dasyscyphus apalus (Berk. & Broome) Dennis, Mycol. Pap. 32: 25. 1949.
Dasyscyphus juncicola Fuckel, Jb. Nassau. Ver. Naturk. 23-24: 305. 1870.
Erinella juncicola (Fuckel) Sacc., Syll. Fung. 8: 509. 1889.
台湾（TW）；日本、奥地利、丹麦、法罗群岛（丹）、德国、爱尔兰、卢森堡、挪威、西班牙、瑞典、英国、澳大利亚、新西兰。
Liou & Chen 1977b。

软粒毛盘菌毕氏变种（参照）

Lachnum cf. **apalum** var. **beatonii** Spooner, Biblioth. Mycol. 116: 486. 1987.
广西（GX）。
Zhuang 1998a。

渐狭粒毛盘菌

Lachnum attenuatum J.H. Haines & Dumont, Mycotaxon 19: 35. 1984. **Type:** Peru.
云南（YN）、台湾（TW）、广东（GD）、广西（GX）、海南（HI）；印度、巴西、秘鲁、委内瑞拉。
吴声华等 1996；Wu et al. 1998；Zhuang 1998a；庄文颖 2004。

版纳粒毛盘菌

Lachnum bannaënse Z.H. Yu & W.Y. Zhuang, Nova Hedwigia 74: 418. 2002. **Type:** China (Yunnan). R.P. Korf & W.Y. Zhuang 282, HMAS 72142.
云南（YN）。
Yu & Zhuang 2002；庄文颖 2004。

乌毛蕨粒毛盘菌

Lachnum blechnophilum Spooner, Biblioth. Mycol. 116: 464. 1987. **Type:** Australia.

广西（GX）；澳大利亚。

Zhuang 1998a。

巴西粒毛盘菌

Lachnum brasiliense (Mont.) J.H. Haines & Dumont, Mycotaxon 19: 23. 1984. **Type:** Brazil.

Cenangium brasiliense Mont., Annls Sci. Nat., Bot., Sér. 4 5: 371. 1856.

Dasyscyphus brasiliensis (Mont.) Le Gal, Les Discomycetes de Madagascar p 372. 1953.

安徽（AH）、江苏（JS）、云南（YN）、台湾（TW）、广东（GD）、广西（GX）、海南（HI）；斯里兰卡、马达加斯加、卢旺达、坦桑尼亚、哥斯达黎加、古巴、瓜德罗普岛（法）、牙买加、墨西哥、巴拿马、波多黎各（美）、美国、阿根廷、玻利维亚、巴西、哥伦比亚、厄瓜多尔、秘鲁、委内瑞拉。

Wu et al. 1998；Zhuang 1998a；Zhuang & Wang 1998a，1998b；庄文颖 2004。

短毛粒毛盘菌

Lachnum brevipilosum Baral, in Baral & Krieglsteiner, Beih. Z. Mykol. 6: 74. 1985. **Type:** France.

Dasyscyphus brevipilus Le Gal, Revue Mycol. 4: 26. 1939.

Lachnum curtipilum Spooner, Biblthca Mycol. 116: 542. 1987.

Lachnum legaliae W.Y. Zhuang & Zheng Wang, Mycotaxon 69: 346. 1998.

云南（YN）；丹麦、爱沙尼亚、法国、德国、卢森堡、西班牙、瑞典、英国、新西兰；北非。

Zhuang & Wang 1998b；庄文颖 2004。

美粒毛盘菌

Lachnum calosporum (Pat. & Gaillard) J.H. Haines & Dumont, Mycotaxon 19: 21. 1984. **Type:** between Colombia and Venezuela.

Erinella calospora Pat. & Gaillard, Bull. Soc. Mycol. Fr. 4: 101. 1888.

Erioscypha calospora (Pat. & Gaillard) Kirschst., Annls Mycol. 36: 384. 1938.

Erinellina calospora (Pat.) Seaver, North American Cup-Fungi (Inoperculates) p 291. 1951.

Dasyscyphus calosporus (Pat. & Gaillard) Dennis, Kew Bull. 9: 302. 1954.

河北（HEB）、北京（BJ）、台湾（TW）；古巴、瓜德罗普岛（法）、牙买加、墨西哥、美国、哥伦比亚、委内瑞拉、澳大利亚、新西兰。

Wu et al. 1998；Zhuang & Wang 1998c；庄文颖 2004。

萼状粒毛盘菌

Lachnum calyculiforme (Schumach.) P. Karst., Bidr. Känn. Finl. Nat. Folk 19: 178. 1871. **Type:** ? Denmark.

Peziza calyculiformis Schumach., Enum. Pl. 2: 425. 1803.

Dasyscyphus calyculiformis (Schumach.) Rehm, Rehm's Ascomyceten no. 111b. 1872.

Lachnella calyculiformis (Schumach.) W. Phillips, Man. Brit. Discomyc. p 237. 1887.

Atractobolus calyculiformis (Schumach.) Kuntze, Revis. Gen. Pl. 3: 445. 1898.

Brunnipila calyculiformis (Schumach.) Baral, in Baral & Krieglsteiner, Beih. Z. Mykol. 6: 49. 1985.

吉林（JL）；奥地利、丹麦、芬兰、法国、德国、爱尔兰、挪威、瑞典、英国；非洲。

戴芳澜 1979；庄文颖 2004。

肉色粒毛盘菌

Lachnum carneolum (Sacc.) Rehm, Rabenh. Krypt.-Fl., Edn 2 1.3 (lief. 41) p 881. 1893. **Type:** Italy.

Hyalopeziza carneola Sacc., Michelia 1: 253. 1878.

Dasyscyphus carneolus (Sacc.) Sacc., Syll. Fung. 8: 447. 1889.

Atractobolus carneolus (Sacc.) Kuntze, Revis. Gen. Pl. 3: 445. 1898.

Phialea carneola Sacc., Harriman Alaska Expedition 5: 25. 1904.

北京（BJ）、四川（SC）、广东（GD）、广西（GX）、香港（HK）；意大利、英国；欧洲。

Zhuang & Hyde 2001a；庄文颖 2004。

毛粒毛盘菌

Lachnum ciliare (Schrad.) Rehm, Rabenh. Krypt.-Fl., Edn 2 1.3 (lief. 41) p 877. 1893 [1896]. **Type:** Germany.

Peziza ciliaris Schrad., J. Bot. 2 (1): 63. 1799.

Hyalopeziza ciliaris (Schrad.) Fuckel, Jb. Nassau. Ver. Naturk. 23-24: 298. 1870.

Trichopeziza ciliaris (Schrad.) Rehm, Ascomycetes no. 258. 1875.

Lachnella ciliaris (Schrad.) W. Phillips, Man. Brit. Discomyc. p 251. 1887.

Dasyscyphus ciliaris (Schrad.) Sacc., Syll. Fung. 8: 443. 1889.

Atractobolus ciliaris (Schrad.) Kuntze, Revis. Gen. Pl. 3: 445. 1898.

Incrucipulum ciliare (Schrad.) Baral, in Baral & Krieglsteiner, Beih. Z. Mykol. 6: 72. 1985.

宁夏（NX）、江西（JX）、四川（SC）；印度、丹麦、德国、爱尔兰、意大利、挪威、英国。

Korf & Zhuang 1985；庄文颖 2004。

芦苇粒毛盘菌

Lachnum controversum (Cooke) Rehm, in Saccardo, Syll. Fung. 8: 447. 1889. **Type:** ? UK.

Peziza controversa Cooke, Grevillea 4: 41. 1875.

Dasyscyphus controversus (Cooke) Rehm, Ber. Naturhist. Augsburg 26: 31. 1881.

Atractobolus controversus (Cooke) Kuntze, Revis. Gen. Pl. 3: 445. 1898.
Lachnum controversum f. *albescens* Rehm, Hedwigia 27: 165. 1888.
Dasyscyphus controversus var. *albescens* (Rehm) Sacc., Syll. Fung. 8: 448. 1889.
Lachnum controversum var. *albescens* (Rehm) Rehm, in Winter, Rabenh. Krypt.-Fl., Edn 2 1.3 (lief. 41) p 905. 1893.
北京（BJ）、江西（JX）；奥地利、丹麦、芬兰、德国、爱尔兰、挪威、瑞典、英国、澳大利亚、新西兰。
Ye & Zhuang 2002；庄文颖 2004。

秆生粒毛盘菌

Lachnum culmicola W.Y. Zhuang, Mycotaxon 87: 467. 2003. **Type:** China (Hunan). W.Y. Zhuang & Y.H. Zhang 4164, HMAS 82151.
湖南（HN）。
Zhuang 2003a。

柱孢粒毛盘菌

Lachnum cylindricum W.Y. Zhuang & K.D. Hyde, Mycologia 93: 606. 2001. **Type:** China (Hong Kong). W.Y. Zhuang 2434, HKU (M) 10356.
香港（HK）。
Zhuang & Hyde 2001b；庄文颖 2004。

棕榈粒毛盘菌（参照）

Lachnum cf. **euterpes** S.A. Cantrell & J.H. Haines, Mycol. Res. 101: 1081. 1997.
云南（YN）。
Zhuang & Wang 1998b。

黄粒毛盘菌

Lachnum flavidulum (Rehm) J.H. Haines, in Korf & Zhuang, Mycotaxon 22: 501. 1985. **Type:** Brazil.
Dasyscyphus flavidulus Rehm, Annls Mycol. 7: 542. 1909.
四川（SC）、云南（YN）、台湾（TW）、广东（GD）、广西（GX）、海南（HI）；印度、日本、牙买加、墨西哥、巴拿马、波多黎各（美）、美国、巴西、厄瓜多尔、委内瑞拉、澳大利亚、新西兰、巴布亚新几内亚。
Korf & Zhuang 1985；Wu et al. 1998；Zhuang 1998a；庄文颖 2004。

叶生粒毛盘菌

Lachnum foliicola Keissl., Öst. Bot. Z. 73 (4-6): 123. 1924. **Type:** China (Yunnan). Handel-Mazetti 7129, Herb. Vindob. Krypt. Exs. 2928.
Dasyscyphus foliicola (Keissl.) Dennis, Kew Bull. 17: 344. 1963.
Dasyscyphus foliicola (Keissl.) F.L. Tai, Syll. Fung. Sin. p 121. 1979. [nom. illegit.]
云南（YN）。
戴芳澜 1979；庄文颖 2004。

福山粒毛盘菌

Lachnum fushanense M.L. Wu & J.H. Haines, Mycotaxon 73: 45. 1999. **Type:** China (Taiwan). M.L. Wu, J.H. Haines, C.M. Chou & Y.Y. Wu 980405-39, TMTC.
台湾（TW）。
Wu & Haines 1999；Ye & Zhuang 2002；庄文颖 2004。

粒丝粒毛盘菌

Lachnum granulatum W.Y. Zhuang, Yanna & K.D. Hyde, in Zhuang & Hyde, Mycologia 93: 607. 2001. **Type:** China (Hong Kong). Yanna, HKU (M) 7177.
香港（HK）。
Zhuang & Hyde 2001a；庄文颖 2004。

海南粒毛盘菌

Lachnum hainanense W.Y. Zhuang & Zheng Wang, Mycotaxon 67: 25. 1998. **Type:** China (Hainan). S. Lin HN3, HMAS 71981.
海南（HI）。
Zhuang & Wang 1998a；庄文颖 2004。

禾本科粒毛盘菌

Lachnum hyalopus (Cooke & Massee) Spooner, Biblthca Mycol. 116: 491. 1987. var. **hyalopus**. **Type:** New Zealand.
Erinella hyalopoda Cooke & Massee, Grevillea 19: 48. 1890.
Dasyscyphus hyalopodus (Cooke & Massee) Dennis, Kew Bull. 13: 327. 1958 [1957].
Lachnum hyalopus (Cooke & Massee) Spooner, Biblthca Mycol. 116: 491. 1987.
Lachnum hyalinellum f. *fructincola* Rehm, in Sydow, Annls Mycol. 5: 398. 1907.
湖南（HN）、广西（GX）、海南（HI）；新西兰。
Yu & Zhuang 2002；庄文颖 2004。

禾本科粒毛盘菌竹变种

Lachnum hyalopus (Cooke & Massee) Spooner var. **sinobambusae** W.Y. Zhuang, Mycotaxon 87: 468. 2003. **Type:** China (Hunan). W.Y. Zhuang & Y.H. Zhang 4314, HMAS 82152.
湖南（HN）。
Zhuang 2003a。

印度粒毛盘菌

Lachnum indicum (E.K. Cash) J.H. Haines & Dumont, Mycotaxon 19: 16. 1984. **Type:** India.
Dasyscyphella indica E.K. Cash, Mycologia 40: 724. 1948.
Dasyscyphus indicus (E.K. Cash) S. Ahmad, Monogr. Biol. Soc. Pakistan 1: 37. 1956.
台湾（TW）、广西（GX）；印度。
Haines & Dumont 1984；吴声华等 1996；Zhuang 1998a。

爪哇粒毛盘菌

Lachnum javanicum (Henn. & E. Nyman) J.H. Haines, Korf

& W.Y. Zhuang, in Korf & Zhuang, Mycotaxon 22: 506. 1985. **Type:** Indonesia.
Erinella javanica Henn. & E. Nyman, in Warburg, Monsunia 1: 32. 1899 [1900].
Erinellina javanica (Henn. & E. Nyman) Teng, Fungi of China p 760. 1963.
广东（GD）、海南（HI）；印度尼西亚。
邓叔群 1963；戴芳澜 1979；Korf & Zhuang 1985；Zhuang & Wang 1998a；庄文颖 2004。

库蒙粒毛盘菌

Lachnum kumaonicum (M.P. Sharma) M.P. Sharma, in Sharma & Rawla, Nova Hedwigia 42: 82. 1986. **Type:** India.
Dasyscyphus kumaonicus M.P. Sharma, Sydowia 33: 289. 1980.
湖北（HB）、海南（HI）；印度、菲律宾、哥伦比亚、圭亚那、委内瑞拉。
庄文颖 1989。

树蕨粒毛盘菌

Lachnum lanariceps (Cooke & W. Phillips) Spooner, Biblthca Mycol. 116: 474. 1987. **Type:** Australia.
Peziza lanariceps Cooke & W. Phillips, Grevillea 8: 62. 1879.
Dasyscyphus lanariceps (Cooke & W. Phillips) Sacc., Syll. Fung. 8: 465. 1889.
Atractobolus lanariceps (Cooke & W. Phillips) Kuntze, Revis. Gen. Pl. 3: 446. 1898.
云南（YN）、广东（GD）；菲律宾、斯里兰卡、澳大利亚。
Yu & Zhuang 2002；庄文颖 2004。

兰屿粒毛盘菌

Lachnum lanyuense Y.Z. Wang, Collection and Research 15: 82. 2002. **Type:** China (Taiwan). TNM F5699.
台湾（TW）。
Wang 2002b。

新月粒毛盘菌

Lachnum lunatum W.Y. Zhuang & Spooner, in Zhuang, Mycologia 92: 594. 2000. **Type:** China (Ningxia). W.Y. Zhuang 1664, HMAS 72724.
宁夏（NX）。
Zhuang 2000b；庄文颖 2004。

庐山粒毛盘菌

Lachnum lushanense W.Y. Zhuang & Zheng Wang, Mycotaxon 66: 429. 1998. **Type:** China (Jiangxi). W.Y. Zhuang & Z. Wang 1462, HAMS 71903.
江西（JX）、广东（GD）、广西（GX）、海南（HI）。
Zhuang 1998a；Zhuang & Wang 1998c；庄文颖 2004。

莽山粒毛盘菌

Lachnum mangshanense W.Y. Zhuang, Mycotaxon 87: 468. 2003. **Type:** China (Hunan). W.Y. Zhuang & Y.H. Zhang 4315, HMAS 82154.
湖南（HN）。
Zhuang 2003a。

马地粒毛盘菌原变种

Lachnum mapirianum (Pat. & Gaillard) M.P. Sharma, Nova Hedwigia 43: 407. 1986. var. **mapirianum**. **Type:** Venezuela.
Erinella mapiriana Pat. & Gaillard, Bull. Soc. Mycol. Fr. 4: 100. 1888.
Dasyscyphus mapirianus (Pat. & Gaillard) Dennis, Kew Bull. 9: 309. 1954.
Lachnum mapirianum (Pat. & Gaillard) M.P. Sharma, Nova Hedwigia 43: 407. 1986.
云南（YN）、广西（GX）、海南（HI）；印度、委内瑞拉。
Yu & Zhuang 2002；庄文颖 2004。

马地粒毛盘菌中国变种

Lachnum mapirianum var. **sinense** Z.H. Yu & W.Y. Zhuang, Nova Hedwigia 74: 422. 2002. **Type:** China (Hainan). Y.H. Zhang, W.Y. Zhuang & Z.H. Yu 3749, HMAS 78560.
云南（YN）、海南（HI）。
Yu & Zhuang 2002；庄文颖 2004。

梅峰粒毛盘菌

Lachnum meifengense Y.Z. Wang, Mycotaxon 87: 137. 2003. **Type:** China (Taiwan). Y.Z. Wang 689, TNM F9851.
台湾（TW）。
Wang 2003。

小粒毛盘菌

Lachnum minutum W.Y. Zhuang & M. Ye, in Ye & Zhuang, Nova Hedwigia 76: 445. 2003. **Type:** China (Jiangxi). W.Y. Zhuang & Z. Wang 1577, HMAS 81376.
江西（JX）。
Ye & Zhuang 2003；庄文颖 2004。

山地粒毛盘菌

Lachnum montanum W.Y. Zhuang & M. Ye, in Ye & Zhuang, Nova Hedwigia 76: 446. 2003. **Type:** China (Jiangxi). W.Y. Zhuang & Z. Wang 1538, HMAS 81377.
江西（JX）。
Ye & Zhuang 2003；庄文颖 2004。

新几粒毛盘菌云南变种

Lachnum novoguineense var. **yunnanicum** W.Y. Zhuang, Nova Hedwigia 78: 426. 2004. **Type:** China (Yunnan). Q.Z. Wang 117, HMAS 33713.
云南（YN）。
Zhuang 2004b。

裸粒毛盘菌

Lachnum nudipes (Fuckel) Nannf., Svensk Bot. Tidskr. 22: 124. 1928. **Type:** Germany.
Peziza nudipes Fuckel, Jb. Nassau. Ver. Naturk. 23-24: 306.

1870.

Dasyscyphus nudipes (Fuckel) Fuckel, Jb. Nassau. Ver. Naturk. 23-24: 306. 1870.

Atractobolus nudipes (Fuckel) Kuntze, Revis. Gen. Pl. 3: 446. 1898.

Lachnum spiraeicola P. Karst., Bidr. Känn. Finl. Nat. Folk 19: 170. 1871.

四川（SC）、云南（YN）、台湾（TW）、广西（GX）、海南（HI）；德国、爱尔兰、卢森堡、挪威、瑞典、英国、澳大利亚。

Liou & Chen 1977b；Korf & Zhuang 1985；庄文颖 2004。

瘤状粒毛盘菌

Lachnum oncospermatum (Berk. & Broome) M.L. Wu & J.H. Haines, in Wu, Haines & Wang, Mycotaxon 67: 346. 1998. **Type:** Sri Lanka.

Peziza oncospermatis Berk. & Broome, J. Linn. Soc., Bot. 14 (74): 105. 1873.

Dasyscyphus oncospermatis (Berk. & Broome) Sacc., Syll. Fung. 8: 465. 1889.

Atractobolus oncospermatis (Berk. & Broome) Kuntze, Revis. Gen. Pl. 3: 446. 1898.

台湾（TW）；印度尼西亚、菲律宾、斯里兰卡、澳大利亚。

吴声华等 1996；Wu et al. 1998；庄文颖 2004。

棕榈生粒毛盘菌

Lachnum palmae (Kanouse) Spooner, Biblthca Mycol. 116: 484. 1987. **Type:** Honduras.

Dasyscyphella palmae Kanouse, Mycologia 33: 464. 1941.

Dasyscyphus palmae (Kanouse) Dennis, Persoonia 2: 180. 1962.

海南（HI）、香港（HK）；洪都拉斯、新西兰。

Fröhlich 1997；庄文颖 2004。

展粒毛盘菌

Lachnum patena (Lév.) J.H. Haines & Dumont, Mycotaxon 19: 33. 1984. **Type:** Colombia.

Peziza patena Lév., Annls Sci. Nat., Bot., Sér. 4 20: 290. 1863.

Dasyscyphus patenus (Lév.) Sacc., Syll. Fung. 10: 22. 1892.

Atractobolus patena (Lév.) Kuntze, Revis. Gen. Pl. 3: 446. 1898.

台湾（TW）；巴拿马、哥伦比亚、厄瓜多尔、委内瑞拉。

Wang 2003。

蒲葵粒毛盘菌原变种

Lachnum pritzelianum (Henn.) Spooner, Biblthca Mycol. 116: 480. 1987. var. **pritzelianum**. **Type:** Australia.

Erinella pritzeliana Henn., Hedwigia 42: 86. 1903.

Dasyscyphus pritzelianus (Henn.) Dennis, Kew Bull. 13: 328. 1958.

海南（HI）；澳大利亚。

Yu & Zhuang 2002；庄文颖 2004。

蒲葵粒毛盘菌长毛变种

Lachnum pritzelianum Z.H. Yu & W.Y. Zhuang, Nova Hedwigia 74: 423. 2002. var. **longipilosum**. **Type:** China (Hainan). W.Y. Zhuang, Z.H. Yu & Y.H. Zhang 3775, HMAS 76730.

海南（HI）。

Yu & Zhuang 2002；庄文颖 2004。

五指山粒毛盘菌

Lachnum privum Z.H. Yu & W.Y. Zhuang, Nova Hedwigia 74: 425. 2002. **Type:** China (Hainan). W.Y. Zhuang & X.M. Zhang 3900, HMAS 81580.

海南（HI）。

Yu & Zhuang 2002；庄文颖 2004。

短囊粒毛盘菌

Lachnum pseudocorreae W.Y. Zhuang & Z.H. Yu, in Zhuang, Mycotaxon 86: 376. 2003. **Type:** China (Hainan). Z.H. Yu, W.Y. Zhuang & Y.H. Zhang 3774, HMAS 76728.

海南（HI）。

Zhuang 2003b；庄文颖 2004。

假斯氏粒毛盘菌

Lachnum pseudosclerotii Z.H. Yu & W.Y. Zhuang, Nova Hedwigia 74: 426. 2002. **Type:** China (Hainan). Z.H. Yu, W.Y. Zhuang & Y.H. Zhang 3836, HMAS 81597.

海南（HI）。

Yu & Zhuang 2002；庄文颖 2004。

蕨粒毛盘菌

Lachnum pteridophyllum (Rodway) Spooner, Biblthca Mycol. 116: 470. 1987. **Type:** New Zealand.

Dasyscyphus pteridophyllus Rodway, Pap. Proc. R. Soc. Tasm. p 158. 1921 [1920].

Dasyscyphus varians var. *pteridophyllus* (Rodway) J.H. Haines, Mycotaxon 11: 209. 1980.

Lachnum varians var. *pteridophyllum* (Rodway) M.P. Sharma, Nova Hedwigia 43: 411. 1986.

四川（SC）、云南（YN）、台湾（TW）、广东（GD）、广西（GX）、海南（HI）；日本、牙买加、墨西哥、巴拿马、波多黎各（美）、哥伦比亚、秘鲁、委内瑞拉、澳大利亚、新西兰、巴布亚新几内亚。

吴声华等 1996；Wu et al. 1998；Zhuang & Wang 1998b；庄文颖 2004。

耻粒毛盘菌

Lachnum pudibundum (Quél.) J. Schröt., in Cohn, Krypt.-Fl. Schlesien 3.2 (1-2): 91. 1893. **Type:** France.

Erinella pudibunda Quél., Compt. Rend. Assoc. Franç. Avancem. Sci. 14: 452. 1886.

Erinella nivea var. *pudibunda* (Quél.) Quél., Enchir. Fung. p 304. 1886.

Dasyscyphus pudibundus (Quél.) Sacc., Syll. Fung. 8: 433. 1889.

Atractobolus pudibundus (Quél.) Kuntze, Revis. Gen. Pl. 3: 446. 1898.
四川（SC）；法国；欧洲。
Zhuang 1997；庄文颖 2004。

根粒毛盘菌

Lachnum pygmaeum (Fr.) Bres., Annls Mycol. 1: 121. 1903. **Type:** ? Sweden.
Peziza pygmaea Fr., Syst. Mycol. 2: 79. 1822.
Helotium pygmaeum (Fr.) P. Karst., Bidr. Känn. Finl. Nat. Folk 19: 153. 1871.
Lachnella pygmaeum W. Phillips, Man. Brit. Discomyc. p 242. 1887.
Dasyscyphus pygmaeus (Fr.) Sacc., Syll. Fung. 8: 436. 1889.
Ciboria pygmaea (Fr.) Rehm, in Winter, Rabenh. Krypt.-Fl., Edn 2 1.3 (lief. 39) p 760. 1893.
Atractobolus pygmaeus (Fr.) Kuntze, Revis. Gen. Pl. 3: 446. 1898.
Helotium luteolum Curr., Trans. Linn. Soc. London 24: 153. 1863.
Helotium rhizophilum Fuckel, Fungi Rhenani Exsic. no. 1598. 1865.
Peziza prolifera Berk., Trans. Linn. Soc. London 25: tab. 55, figs 7-13. 1866.
Helotium tuba var. *ochracea* Berk. & Broome, Ann. Mag. Nat. Hist., Ser. 4 15: 38. 1875.
Peziza nuda W. Phillips, Scott. Natural. 6: 124. 1881.
Hymenoscyphus hedwigii W. Phillips, Man. Brit. Discomyc. p 130. 1887.
Helotium phillipsii Sacc., Syll. Fung. 8: 220. 1889.
安徽（AH）、四川（SC）、台湾（TW）；印度、奥地利、芬兰、德国、挪威、西班牙、瑞典、英国、加拿大、哥斯达黎加、美国、阿根廷、澳大利亚。
Korf & Zhuang 1985；Wu et al. 1998；庄文颖 2004。

千屈菜粒毛盘菌（参照）

Lachnum cf. **salicariae** (Rehm) Raitv., Nizshie Rasteniya, Griby i Mokhoobraznye Sovetskogo Dal'nego Vostoka, Griby. Vol. 2. Askomitsety. Erizifal'nye, Klavitsipital'nye, Gelotsial'nye p 293. 1991.
吉林（JL）。
Yu et al. 2000；庄文颖 2004。

悬钩子粒毛盘菌

Lachnum scabrovillosum (W. Phillips) J.H. Haines & M.P. Sharma, in Sharma & Rawla, Nova Hedwigia 42: 83. 1986. **Type:** USA.
Peziza scabrovillosa W. Phillips, Grevillea 7: 22. 1878.
Dasyscyphus scabrovillosus (W. Phillips) Sacc., Syll. Fung. 8: 458. 1889.
Atractobolus scabrovillosus (W. Phillips) Kuntze, Revis. Gen. Pl. 3: 446. 1898.
Lachnellula dabaensis W.Y. Zhuang, Mycotaxon 61: 7. 1997.
四川（SC）；印度、英国、美国。
Zhuang 1997；庄文颖 2004。

斯氏粒毛盘菌原变种

Lachnum sclerotii (A.L. Sm.) J.H. Haines & Dumont, Mycotaxon 19: 17. 1984. var. **sclerotii**. **Type:** UK.
Belonidium sclerotii A.L. Sm., J. Linn. Soc., Bot. 35: 14. 1900.
Lachnum sclerotii (A.L. Sm.) J.H. Haines & Dumont, Mycotaxon 19: 17. 1984.
Dasyscyphus subcorticalis var. *wulaiensis* S.C. Liou & Z.C. Chen, Taiwania 22: 40. 1977.
陕西（SN）、江西（JX）、湖北（HB）、云南（YN）、台湾（TW）、广东（GD）、广西（GX）、海南（HI）；印度、印度尼西亚、日本、古巴、多米尼加、瓜德罗普岛（法）、英国、牙买加、马提尼克岛、墨西哥、巴拿马、波多黎各（美）、美国、巴西、哥伦比亚、厄瓜多尔、圭亚那、秘鲁、委内瑞拉、澳大利亚、新西兰、巴布亚新几内亚。
庄文颖 1989，2004；Wu et al. 1998；Zhuang 1998a；Zhuang & Wang 1998b。

斯氏粒毛盘菌小囊变种

Lachnum sclerotii (A.L. Sm.) J.H. Haines & Dumnot var. **microascum** W.Y. Zhuang, Nova Hedwigia 78: 428. 2004. **Type:** China (Hunan). W.Y. Zhuang, Y.H. Zhang & X.Z. Liu 4203, HMAS 82164.
湖南（HN）。
Zhuang 2004b。

四川粒毛盘菌

Lachnum sichuanense (M. Ye & W.Y. Zhuang) W.Y. Zhuang & M. Ye, in Zhuang, Mycotaxon 87: 470. 2003. **Type:** China (Sichuan). Z. Wang 2112, HMAS 72055.
Lachnum sclerotii var. *sichuanense* M. Ye & W.Y. Zhuang, Nova Hedwigia 76: 448. 2003.
四川（SC）。
Ye & Zhuang 2003；庄文颖 2004。

辛格粒毛盘菌

Lachnum singerianum (Dennis) W.Y. Zhuang & Zheng Wang, Mycotaxon 67: 27. 1998. **Type:** Bolivia.
Dasyscyphus singerianus Dennis, Kew Bull. 13: 465. 1959 [1958].
Dasyscyphus fimbriifer var. *singerianus* (Dennis) J.H. Haines, Mycotaxon 11: 199. 1980.
湖南（HN）、云南（YN）、广西（GX）、海南（HI）；牙买加、玻利维亚、厄瓜多尔、哥伦比亚、秘鲁、委内瑞拉。
Zhuang 1998a；Zhuang & Wang 1998a；庄文颖 2004。

叶鞘生粒毛盘菌（参照）

Lachnum cf. **stipulicola** J.H. Haines, Nova Hedwigia 54: 111. 1992.
海南（HI）。

Yu & Zhuang 2002；庄文颖 2004。

亚根粒毛盘菌

Lachnum subpygmaeum W.Y. Zhuang, Mycotaxon 69: 366. 1998. **Type:** China (Guangxi). W.Y. Zhuang 1832, HMAS 72607.

陕西（SN）、湖北（HB）、四川（SC）、广西（GX）。

Zhuang 1998a；庄文颖 2004。

台湾粒毛盘菌

Lachnum taiwanense J.H. Haines, M.L. Wu & Yei Z. Wang, in Wu, Haines & Wang, Mycotaxon 67: 350. 1998. **Type:** China (Taiwan). S.Z. Chen 294, TNM.

台湾（TW）。

Wu et al. 1998；庄文颖 2004。

邓氏粒毛盘菌

Lachnum tengii W.Y. Zhuang, Mycosystema 21: 475. 2002. **Type:** China (Jiangxi). Z. Wang & W.Y. Zhuang 1471, HMAS 82047.

江西（JX）。

Zhuang 2002；庄文颖 2004。

瘦粒毛盘菌

Lachnum tenuissimum (Quél.) Korf & W.Y. Zhuang, Mycotaxon 22: 501. 1985. **Type:** Switzerland.

Peziza tenuissima Quél., Grevillea 8: 38. 1879. [nom. illegit.]

Hymenoscyphus tenuissimus (Quél.) Kuntze, Revis. Gen. Pl. 3: 486. 1898.

Dasyscyphus tenuissimus (Quél.) Dennis, Kew Bull. 17: 370. 1963.

Erinella pudicella Quél., Compt. Rend. Assoc. Franç. Avancem. Sci. 14: 452. 1886.

Lachnum pudicellum (Quél.) J. Schröt., in Cohn, Krypt.-Fl. Schlesien 3.2 (1-2): 95. 1893.

四川（SC）；丹麦、法国、德国、卢森堡、挪威、瑞士、英国。

Korf & Zhuang 1985；庄文颖 2004。

洁白粒毛盘菌

Lachnum virgineum (Batsch) P. Karst., Bidr. Känn. Finl. Nat. Folk 19: 169. 1871. **Type:** Germany.

Peziza virginea Batsch, Elench. Fung., Cont. Prim. p 125. 1783.

Dasyscyphus virgineus (Batsch) Gray, Nat. Arr. Brit. Pl. 1: 671. 1821.

Dasyscyphus virgineus subsp. *testaceus* Sacc., Fungi Italica Autogr. Del. 1-4: 131. 1877.

Lachnella virginea (Batsch) W. Phillips, Man. Brit. Discomyc. p 248. 1887.

Atractobolus virgineus (Batsch) Kuntze, Revis. Gen. Pl. 3: 445. 1898.

Peziza carpophila Pers., Ann. Bot. 15: 27. 1795.

Peziza selecta P. Karst., Not. Sällsk. Fauna Fl. Fenn. Förh. 10: 192. 1869.

Dasyscyphus testaceus (Sacc.) Mussat, in Saccardo, Syll. Fung. 15: 111. 1900. [nom. inval.]

Crinipellis bicolor Pat. & Demange, Bull. Soc. Mycol. Fr. 26: 36. 1910.

宁夏（NX）、安徽（AH）、浙江（ZJ）、江西（JX）、湖南（HN）、四川（SC）、云南（YN）、台湾（TW）、广东（GD）、广西（GX）、海南（HI）；印度、日本、奥地利、比利时、捷克、丹麦、爱沙尼亚、芬兰、法国、德国、冰岛、爱尔兰、意大利、挪威、波兰、西班牙、瑞典、英国、美国、蒙古国、澳大利亚、新西兰、巴布亚新几内亚；中亚、北非、南美洲。

邓叔群 1963；戴芳澜 1979；Korf & Zhuang 1985；Zhuang 1998a；Zhuang & Wang 1998b；庄文颖 2004。

威氏粒毛盘菌

Lachnum willisii (G.W. Beaton) Spooner, Biblthca Mycol. 116: 510. 1987. **Type:** Australia.

Dasyscyphus willisii G.W. Beaton, Trans. Brit. Mycol. Soc. 71: 216. 1978.

北京（BJ）、广西（GX）；澳大利亚。

Zhuang 1998a；庄文颖 2004。

拟威氏粒毛盘菌

Lachnum willisiopsis W.Y. Zhuang, Mycotaxon 87: 469. 2003. **Type:** China (Hunan). W.Y. Zhuang & Y.H. Zhang 4199, HMAS 82132.

湖南（HN）。

Zhuang 2003a。

针毛盘菌属

Lasiobelonium Ellis & Everh., Bull. Torrey Bot. Club 24: 136. 1897.

广西针毛盘菌

Lasiobelonium guangxiense W.Y. Zhuang, Mycotaxon 69: 370. 1998. **Type:** China (Guangxi). W.Y. Zhuang & W.P. Wu 1915, HMAS 72628.

云南（YN）、广东（GD）、广西（GX）。

Zhuang 1998a；庄文颖 2004。

宁夏针毛盘菌

Lasiobelonium ningxiaense W.Y. Zhuang & Spooner, in Zhuang, Mycologia 92: 594. 2000. **Type:** China (Ningxia). W.Y. Zhuang & W.P. Wu 1747, HMAS 72727.

宁夏（NX）。

Zhuang 2000b；庄文颖 2004。

新毛钉菌属 [新拟]

Neodasyscypha Spooner, in Suková, Czech Mycol. 57: 168. 2005.

新毛钉菌［新拟］

Neodasyscypha cerina (Pers.) Spooner, in Suková, Czech Mycol. 57: 168. 2005. **Type:** ? Sweden.
Peziza cerina Pers., Observ. Mycol. 1: 43. 1796.
Dasyscyphus cerinus (Pers.) Fuckel, Jb. Nassau. Ver. Naturk. 23-24: 305. 1870.
Lachnella cerina (Pers.) W. Phillips, Man. Brit. Discomyc. p 233. 1887.
Atractobolus cerinus (Pers.) Kuntze, Revis. Gen. Pl. 3: 445. 1898.
Lachnum cerinum (Pers.) Morgan, J. Mycol. 8 (4): 187. 1902.
Trichodiscus cerinus (Pers.) Kirschst., Annls Mycol. 36: 398. 1939.
Perrotia cerina (Pers.) Svrček, Česká Mykol. 16: 96. 1962.
Belonidium cerinum (Pers.) Raitv., Akad. Nauk Estonskoi S. S. R., Inst. Zool. Bot., Tartu p 49. 1970.
Neodasyscypha cerina (Pers.) Spooner, Biblthca Mycol. 116: 592. 1987. [nom. illegit.]
Peziza grisea Pers., Mycol. Eur. 1: 264. 1822.
陕西（SN）、宁夏（NX）、安徽（AH）、湖北（HB）；比利时、芬兰、德国、意大利、瑞典、英国、美国、哥伦比亚；欧洲。
戴芳澜 1979；庄文颖 2004。

近蛛盘菌属

Parachnopeziza Korf, Mycotaxon 7: 468. 1978.

竹近蛛盘菌

Parachnopeziza bambusae Arendh. & R. Sharma, Mycotaxon 20: 652. 1984. **Type:** Bhutan.
云南（YN）、广东（GD）、广西（GX）；不丹、印度。
Zhuang 1999a；庄文颖 2004。

广西近蛛盘菌

Parachnopeziza guangxiensis W.Y. Zhuang & Korf, Mycotaxon 69: 371. 1998. **Type:** China (Guangxi). W.P. Wu, S.L. Chen & W.Y. Zhuang 2302, HMAS 73401.
广东（GD）、广西（GX）。
Zhuang 1998a；庄文颖 2004。

中国近蛛盘菌

Parachnopeziza sinensis W.Y. Zhuang & Korf, Mycotaxon 69: 373. 1998. **Type:** China (Guangxi). W.Y. Zhuang 2369, HMAS 72630.
广东（GD）、广西（GX）、海南（HI）。
Zhuang 1998a；庄文颖 2004。

变异近蛛盘菌

Parachnopeziza variabilis W.Y. Zhuang & K.D. Hyde, Fungal Diversity 6: 182. 2001. **Type:** China (Hong Kong). W.Y. Zhuang 2428, HKU (M) 10352.
广东（GD）、香港（HK）。
Zhuang & Hyde 2001a；庄文颖 2004。

钝囊盘菌属

Perrotia Boud., Bull. Soc. Mycol. Fr. 17: 24. 1901.

黑黄钝囊盘菌

Perrotia atrocitrina (Berk. & Broome) Dennis, Persoonia 2: 182. 1962. **Type:** Sri Lanka.
Peziza atrocitrina Berk. & Broome, J. Linn. Soc., Bot. 14 (74): 106. 1873.
Velutaria atrocitrina (Berk. & Broome) Sacc., Syll. Fung. 8: 488. 1889.
海南（HI）；斯里兰卡。
Zhuang et al. 2002；庄文颖 2004。

香港钝囊盘菌

Perrotia hongkongensis W.Y. Zhuang, in Zhuang & Hyde, Mycologia 93: 610. 2001. **Type:** China (Hong Kong). W.Y. Zhuang 2427, HKU (M) 10351.
香港（HK）。
Zhuang & Hyde 2001a；庄文颖 2004。

南靖山钝囊盘菌

Perrotia nanjenshana Y.Z. Wang & J.H. Haines, Mycotaxon 72: 461. 1999. **Type:** China (Taiwan). Wan 388, TNM.
台湾（TW）。
Wang & Haines 1999；庄文颖 2004。

毛丝钝囊盘菌

Perrotia pilifera W.Y. Zhuang & Z.H. Yu, Nova Hedwigia 73: 262. 2001. **Type:** China (Yunnan). W.Y. Zhuang & Z.H. Yu 3017, HMAS 78157.
云南（YN）。
Zhuang & Yu 2001；庄文颖 2004。

云南钝囊盘菌

Perrotia yunnanensis W.Y. Zhuang & Z.H. Yu, Nova Hedwigia 73: 263. 2001. **Type:** China (Yunnan). W.Y. Zhuang & Z.H. Yu 2999, HMAS 78158.
云南（YN）。
Zhuang & Yu 2001；庄文颖 2004。

隔毛小杯菌属

Phialina Höhn., in Weese, Mitt. Bot. Inst. Tech. Hochsch. Wien 3 (2): 61. 1926.

大明山隔毛小杯菌

Phialina damingshanica W.Y. Zhuang, Mycotaxon 72: 326. 1999. **Type:** China (Guangxi). W.Y. Zhuang 1882, HMAS 74831.
广西（GX）。
Zhuang 1999a；庄文颖 2004。

多丝盘菌属

Polydesmia Boud., Bull. Soc. Mycol. Fr. 1: 113. 1885.

多丝盘菌

Polydesmia pruinosa (Gerd. ex Berk. & Broome) Boud., Hist. Class. Discom. Eur. p 100. 1907. **Type:** ? Sri Lanka.

Cyphella pruinosa Berk. & Broome, J. Linn. Soc., Bot. 14 (74): 74. 1873.

Chaetocypha pruinosa (Berk. & Broome) Kuntze, Revis. Gen. Pl. 2: 849. 1891.

Helotium jerdonii Sacc., Syll. Fung. 8: 296. 1889. [a name change, not *Pseudohelotium pruinosa* (Wallr.) Sacc. 1889.]

台湾（TW）；日本、斯里兰卡、奥地利、比利时、丹麦、爱沙尼亚、芬兰、法国、德国、爱尔兰、荷兰、挪威、波兰、西班牙、瑞典、英国。

吴声华等 1996。

蕨叶多丝盘菌

Polydesmia pteridicola W.Y. Zhuang, Mycotaxon 72: 327. 1999. **Type:** China (Guangxi). J.Y. Zhuang & W.Y. Zhuang 1865, HMAS 74832.

广西（GX）。

Zhuang 1999a；庄文颖 2004。

直多丝盘菌

Polydesmia recta W.Y. Zhuang, Mycologia 92: 595. 2000. **Type:** China (Ningxia). W.Y. Zhuang & W.P. Wu 1672, HMAS 72728.

宁夏（NX）。

Zhuang 2000b；庄文颖 2004。

层出盘菌属

Proliferodiscus J.H. Haines & Dumont, Mycologia 75: 536. 1983.

丁氏层出盘菌

Proliferodiscus dingleyae Spooner, Biblthca Mycol. 116: 635. 1987. **Type:** New Zealand.

黑龙江（HL）；新西兰。

Zhuang et al. 2002；庄文颖 2004。

层出盘菌原变种

Proliferodiscus inspersus (Berk. & M.A. Curtis) J.H. Haines & Dumont, Mycologia 75: 538. 1983. var. **inspersus**. **Type:** Cuba.

Peziza inspersa Berk. & M.A. Curtis, in Berkeley, J. Linn. Soc., Bot. 10 (46): 368. 1868.

Dasyscyphus inspersus (Berk. & M.A. Curtis) Sacc., Syll. Fung. 8: 437. 1889.

Atractobolus inspersus (Berk. & M.A. Curtis) Kuntze, Revis. Gen. Pl. 3: 446. 1898.

Lachnellula inspersa (Berk. & M.A. Curtis) Dennis, Persoonia 2: 184. 1962.

Proliferodiscus inspersus (Berk. & M.A. Curtis) J.H. Haines & Dumont, Mycologia 75: 538. 1983.

云南（YN）、广东（GD）、广西（GX）、海南（HI）；古巴、巴拿马、美国、巴西、哥伦比亚、委内瑞拉。

Zhuang 1998a；庄文颖 2004。

层出盘菌大子囊变种

Proliferodiscus inspersus var. **magniascus** W.Y. Zhuang, Fungi and Lichens of Shennongjia p 103. 1989. **Type:** China (Hubei). H.Z. Li, HMAS 56474.

湖北（HB）。

庄文颖 1989，2004。

短毛盘菌属

Psilachnum Höhn., in Weese, Mitt. Bot. Inst. Tech. Hochsch. Wien 3 (2): 73. 1926.

金点短毛盘菌

Psilachnum chrysostigmum (Fr.) Raitv., Akad. Nauk Estonskoi S. S. R., Inst. Zool. Bot., Tartu: 104. 1970. **Type:** ? Sweden.

Peziza chrysostigma Fr., Syst. Mycol. 2: 128. 1822.

Helotium chrysostigmum (Fr.) Fr., Summa Veg. Scand., Section Post. p 355. 1849.

Calloria chrysostigma (Fr.) W. Phillips, Man. Brit. Discomyc. p 328. 1887.

Pezizella chrysostigma (Fr.) Sacc., Syll. Fung. 8: 288. 1889.

Mollisia chrysostigma (Fr.) Massee, Brit. Fung.-Fl. 4: 218. 1895.

Micropodia chrysostigma (Fr.) Boud., Hist. Class. Discom. Eur. p 128. 1907.

Phialea chrysostigma (Fr.) Höhn., in Weese, Mitt. Bot. Inst. Tech. Hochsch. Wien 3 (2): 78. 1926.

Allophylaria chrysostigma (Fr.) Nannf., Trans. Brit. Mycol. Soc. 23: 246. 1939.

Psilachnum chrysostigmum var. *chrysostigmum* (Fr.) Raitv., Akad. Nauk Estonskoi S. S. R., Inst. Zool. Bot., Tartu p 104. 1970.

Peziza versicolor Desm., Annls Sci. Nat., Bot., Sér. 3 20: 231. 1853.

Phialea versicolor Quél., Mém. Soc. Émul. Montbéliard, Sér. 2 5: 329. 1872.

Peziza aspidiicola Berk. & Broome, Ann. Mag. Nat. Hist., Ser. 2 13: 465. 1854.

Hyaloscypha pteridina Velen., Monogr. Discom. Bohem. p 282. 1934.

吉林（JL）、台湾（TW）；奥地利、捷克、丹麦、芬兰、法国、德国、爱尔兰、意大利、卢森堡、挪威、西班牙、瑞典、英国；北美洲。

Korf & Zhuang 1985；Wu & Wang 2000；庄文颖 2004。

金点短毛盘菌（参照）

Psilachnum cf. **chrysostigmum** (Fr.) Raitv., Akad. Nauk Estonskoi S. S. R., Inst. Zool. Bot., Tartu p 104. 1970.

四川（SC）。

Korf & Zhuang 1985；庄文颖 2004。

海南短毛盘菌

Psilachnum hainanense W.Y. Zhuang, Mycotaxon 81: 29. 2002. **Type:** China (Hainan). Y.H. Zhang, W.Y. Zhang & Z.H. Yu 3958, HMAS 81341.
海南（HI）。
Zhuang et al. 2002；庄文颖 2004。

小蕉孢短毛盘菌

Psilachnum microallantosporum Korf & W.Y. Zhuang, Mycotaxon 22: 494. 1985. **Type:** China (Sichuan). R.Y. Zheng & R.P. Korf, CUP-CH 2430.
四川（SC）。
Korf & Zhuang 1985；庄文颖 2004。

毛瓶菌属

Urceolella Boud., Bull. Soc. Mycol. Fr. 1: 119. 1885.

毛瓶菌

Urceolella crispula (P. Karst.) Boud., Hist. Class. Discom. Eur. p 130. 1907. **Type:** Finland.
Helotium crispulum P. Karst., Bidr. Känn. Finl. Nat. Folk 19: 161. 1871.
Trichopeziza crispula (P. Karst.) Sacc., Syll. Fung. 8: 403. 1889.
Unguicularia crispula (P. Karst.) Nannf., Svensk Bot. Tidskr. 22 (1-2): 138. 1928.
Hyalotricha crispula (P. Karst.) Dennis, Mycol. Pap. 32: 77. 1949.
Pilatia crispula (P. Karst.) Svrček, Česká Mykol. 16: 96. 1962.
Hyalopeziza crispula (P. Karst.) Raitv., Acad. Nauk Estonskoi S. S. R., Inst. Zool. Bot., Tartu p 34. 1970.
Peziza spirotricha Oudem., Hedwigia 13 (6): 91. 1874.
Urceolella spirotricha (Oudem.) Boud., Hist. Class. Discom. Eur. p 130. 1907.
宁夏（NX）；日本、奥地利、丹麦、芬兰、法国、挪威、瑞典、瑞士、英国。
Zhuang 2000b；庄文颖 2004。

锤舌菌科 Leotiaceae Corda

地胶盘菌属

Geocoryne Korf, in Korf, Singh & Tewari, Mycotaxon 7: 142. 1978.

地胶盘菌

Geocoryne variispora Korf, in Korf, Singh & Tewari, Mycotaxon 7: 146. 1978. **Type:** Spain.
西藏（XZ）；西班牙。
臧穆 1996。

锤舌菌属

Leotia Pers., Syn. Meth. Fung. 2: 611. 1801.

黑绿锤舌菌

Leotia atrovirens Pers., Mycol. Eur. 1: 202. 1822. **Type:** ? Germany.
Coryne atrovirens (Pers.) Sacc., Syll. Fung. 8: 641. 1889.
Coryne atrovirens var. *viridis* (Chaillet) Pat., Tab. Analyt. Fung. fig. 174. 1889.
Leotia lubrica f. *atrovirens* (Pers.) S. Imai, Bot. Mag. 50: 15. 1936.
安徽（AH）、贵州（GZ）、云南（YN）、西藏（XZ）、广西（GX）；比利时、德国、法国、西班牙、瑞典、英国、哥斯达黎加、美国。
戴芳澜 1979。

栗色锤舌菌

Leotia castanea Teng, Contrib. Biol. Lab. Sci. Soc. China, Bot. Ser. 7: 89. 1932. **Type:** China (Jiangsu).
江苏（JS）。
邓叔群 1963；戴芳澜 1979。

绿头锤舌菌

Leotia chlorocephala Schwein., Schr. Naturf. Ges. Leipzig 1: 114. 1822. **Type:** USA.
Leotia stevensonii Berk. & Broome, Ann. Mag. Nat. Hist., Ser. 5 3: 212. 1879.
四川（SC）、云南（YN）；日本、英国、墨西哥、美国。
臧穆 1996。

细丽锤舌菌

Leotia gracilis F.L. Tai, Lloydia 7: 161. 1944. **Type:** China (Yunnan). W.F. Chiu 7537, HMAS 3537.
云南（YN）。
戴芳澜 1979。

昆明锤舌菌

Leotia kunmingensis F.L. Tai, Lloydia 7: 160. 1944. **Type:** China (Yunnan). F.L. Tai 7452, HMAS 3452.
云南（YN）。
戴芳澜 1979。

润滑锤舌菌

Leotia lubrica (Scop.) Pers., Comm. Fung. Clav. p 31. 1797. **Type:** Slovenia.
Helvella lubrica Scop., Fl. Carniol., Edn 2 2: 477. 1772.
Leotia lubrica f. *aurantipes* S. Imai, Bot. Mag., Tokyo 50: 13. 1936.
Leotia gelatinosa Hill, Gen. Nat. Hist. p 49. 1771. [nom. inval.]
Leotia viscosa Fr., Syst. Mycol. 2: 30. 1822.
Leotia aurantipes (S. Imai) F.L. Tai, Lloydia 7: 157. 1944.
Leotia portentosa (S. Imai & Minakata) F.L. Tai, Lloydia 7: 160. 1944.
吉林（JL）、北京（BJ）、陕西（SN）、甘肃（GS）、安徽（AH）、江苏（JS）、浙江（ZJ）、江西（JX）、湖北（HB）、四川（SC）、

云南（YN）、西藏（XZ）、台湾（TW）、广东（GD）、广西（GX）；印度、日本、韩国、菲律宾、奥地利、比利时、丹麦、爱沙尼亚、芬兰、法国、德国、爱尔兰、意大利、卢森堡、挪威、葡萄牙、罗马尼亚、俄罗斯、斯洛伐克、斯洛文尼亚、西班牙、瑞典、英国、摩洛哥、加拿大、哥斯达黎加、墨西哥、美国、智利、澳大利亚、新西兰。

戴芳澜 1979；王云章和臧穆 1983；Korf & Zhuang 1985。

凋萎锤舌菌

Leotia marcida Pers., Comm. Fung. Clav. p 32. 1797. **Type:** Denmark.

西藏（XZ）；丹麦、法国。

邓叔群 1963；王云章和臧穆 1983；Zhuang & Wang 1998a。

胶鞘盘菌属

Pezoloma Clem., Gen. Fung. p 86. 1909.

毛缘胶鞘盘菌

Pezoloma ciliifera (P. Karst.) Korf, Phytologia 21: 205. 1971. **Type:** Finland. (HMAS 馆藏标本).

Peziza ciliifera P. Karst., Not. Sällsk. Fauna Fl. Fenn. Förh. 10: 153. 1869.

Ombrophila ciliifera (P. Karst.) P. Karst., Bidr. Känn. Finl. Nat. Folk 19: 91. 1871.

Hyaloscypha ciliifera (P. Karst.) Boud., Hist. Class. Discom. Eur. p 127. 1907.

Sphagnicola ciliifera (P. Karst.) Velen., Monogr. Discom. Bohem. p 111. 1934.

Pseudodiscinella ciliifera (P. Karst.) Dennis, Kew Bull. 10: 567. 1956 [1955].

Ciliatula ciliifera (P. Karst.) Pouzar, Čas. Slezsk. Mus. Opavě, A 21: 156. 1972.

四川（SC）；捷克、丹麦、芬兰、瑞典、英国。

星裂盘菌科 Phacidiaceae Fr.

顶裂盘菌属

Lophophacidium Lagerb., Svensk Bot. Tidskr. 43: 436. 1949.

顶裂盘菌

Lophophacidium hyperboreum Lagerb., Svensk Bot. Tidskr. 43: 436. 1949.

新疆（XJ）；瑞典、加拿大、美国、苏联；中亚、欧洲、北美洲。

刘振坤等 1992。

蜡盘菌科 Rutstroemiaceae Holst-Jensen, L.M. Kohn & T. Schumach.

二头孢盘菌属

Dicephalospora Spooner, Biblthca Mycol. 116: 267. 1987.

二头孢盘菌

Dicephalospora calochroa (Syd.) Spooner, Biblthca Mycol. 116: 269. 1987. **Type:** Papua New Guinea.

Orbilia calochroa Syd. & P. Syd., Bot. Jb. 54: 258. 1917.

台湾（TW）；巴布亚新几内亚。

吴声华等 1996。

大明山二头孢盘菌

Dicephalospora damingshanica W.Y. Zhuang, Fungal Diversity 3: 190. 1999. **Type:** China (Guangxi). W.P. Wu & W.Y. Zhuang 1860, HMAS 74893.

广西（GX）。

Zhuang 1999b。

平龙山二头孢盘菌

Dicephalospora pinglongshanica W.Y. Zhuang, Fungal Diversity 3: 190. 1999. **Type:** China (Guangxi). S.L. Chen, W.P. Wu & W.Y. Zhuang 2363, HMAS 74894.

广西（GX）。

Zhuang 1999b。

橙红二头孢盘菌

Dicephalospora rufocornea (Berk. & Broome) Spooner, Biblthca Mycol. 116: 272. 1987. **Type:** Sri Lanka.

Helotium subserotinum Henn. & E. Nyman, in Warburg, Monsunia 1: 33. 1899 [1900].

Helotium rufocorneum Berk. & Broome, J. Linn. Soc., Bot. 14 (74): 108. 1873.

Hymenoscyphus rufocorneus (Berk. & Broome) Dennis, Persoonia 3: 62. 1964.

Lanzia rufocornea (Berk. & Broome) Dumont, Mycotaxon 12: 272. 1980.

河北（HEB）、陕西（SN）、安徽（AH）、江苏（JS）、江西（JX）、四川（SC）、重庆（CQ）、贵州（GZ）、云南（YN）、福建（FJ）、广西（GX）、海南（HI）；印度尼西亚、日本、菲律宾、斯里兰卡、哥斯达黎加、多米尼加、牙买加、墨西哥、巴拿马、波多黎各（美）、巴西、哥伦比亚、厄瓜多尔、委内瑞拉、澳大利亚、新西兰、巴布亚新几内亚。

邓叔群 1963；戴芳澜 1979；Korf & Zhuang 1985；Zhuang 1991，1995c；庄文颖 1998；Zhuang & Wang 1998a，1998b。

杜蒙盘菌属

Dumontinia L.M. Kohn, Mycotaxon 9: 432. 1979.

杜蒙盘菌

Dumontinia tuberosa (Hedw.) L.M. Kohn [as "Bull."], Mycotaxon 9: 432. 1979. **Type:** ? Germany.

Octospora tuberosa Hedw., Descr. Micr.-Anal. Musc. Frond. 2: 34. 1789.

Peziza tuberosa (Hedw.) Dicks., Fasc. Pl. Crypt. Brit. 2: 25. 1790.

Peziza tuberosa (Hedw.) Fr., Syst. Mycol. 2: 58. 1822.
Sclerotinia tuberosa (Hedw.) Fuckel, Jb. Nassau. Ver. Naturk. 23-24: 331. 1870.
Whetzelinia tuberosa (Hedw.) Korf & Dumont, Mycologia 64: 250. 1972.
Peziza tuberosa Bull., Herb. Fr. p 485. 1790.
Rutstroemia tuberosa P. Karst., Bidr. Känn. Finl. Nat. Folk 19: 105. 1871.
Hymenoscyphus tuberosus (Bull.) W. Phillips, Man. Brit. Discomyc. p 113. 1887.
黑龙江（HL）；比利时、法国、德国、意大利、英国。
Zhuang 1996a；庄文颖 1998。

兰伯盘菌属

Lambertella Höhn., Sber. Akad. Wiss. Wien, Math.-Naturw. Kl., Abt. 1 127: 375. 1918.

橙色兰伯盘菌

Lambertella aurantiaca V.P. Tewari & D.C. Pant, Mycologia 59: 120. 1967. **Type:** India.
云南（YN）；印度、菲律宾、牙买加。
Zhuang 1996b；Zhuang & Wang 1998b；庄文颖 1998。

布氏兰伯盘菌

Lambertella buchwaldii V.P. Tewari & Ram N. Singh, Mycologia 64: 130. 1972. **Type:** India.
四川（SC）；印度。
Korf & Zhuang 1985；Zhuang 1996b；庄文颖 1998。

尾孢兰伯盘菌

Lambertella caudatoides W.Y. Zhuang, Fungal Diversity 3: 192. 1999. **Type:** China (Guangxi). W.Y. Zhuang 1841, HMAS 74895.
广西（GX）。
Zhuang 1999b。

黄连生兰伯盘菌

Lambertella copticola Korf & V.P. Tewari, Mycologia 55: 598. 1963. **Type:** Canada.
四川（SC）；加拿大。
Korf & Zhuang 1985；Zhuang 1996b；Zhuang & Wang 1998b；庄文颖 1998。

兰伯盘菌

Lambertella corni-maris Höhn., Sber. Akad. Wiss. Wien, Math.-Naturw. Kl., Abt. 1 127: 375. 1918. **Type:** Austria.
Lambertella corni-maris f. *pyrina* Höhn., Verh. Zool.-Bot. Ges. Wien 73: 245. 1924 [1923].
四川（SC）、云南（YN）；日本、奥地利、西班牙、瑞士、牙买加、美国、澳大利亚、南斯拉夫。
Korf & Zhuang 1985；Zhuang 1996b；庄文颖 1998。

实生兰伯盘菌

Lambertella fructicola Dumont, Mem. N.Y. Bot. Gdn 22: 61. 1971. **Type:** India.
北京（BJ）；印度。
Zhuang 1991，1996b；庄文颖 1998。

贵州兰伯盘菌

Lambertella guizhouensis W.Y. Zhuang & Korf, Mycotaxon 29: 309. 1987. **Type:** China (Guizhou). S.Y. Cheo 718, FH.
贵州（GZ）。
Zhuang & Korf 1987；Zhuang 1996b；庄文颖 1998。

喜马兰伯盘菌

Lambertella himalayensis V.P. Tewari & D.C. Pant, Mycologia 59: 117. 1967. **Type:** India.
吉林（JL）；印度。
Zhuang 1995a；庄文颖 1998。

茉莉兰伯盘菌

Lambertella jasmini Seaver, Whetzel & Dumont, Mem. N.Y. Bot. Gdn 22: 75. 1971. **Type:** Bermuda (UK).
Lambertella jasmini Seaver & Whetzel, Lloydia 6: 37. 1943.
云南（YN）；百慕大群岛（英）、加拿大、美国。
Zhuang 1990b，1996a；Zhuang & Wang 1998b；庄文颖 1998。

柯夫兰伯盘菌

Lambertella korfii W.Y. Zhuang, Mycotaxon 39: 480. 1990. **Type:** China (Yunnan). R.P. Korf, M. Zang, K.K. Chen & W.Y. Zhuang 250, HMAS 58732.
云南（YN）。
Zhuang 1990b，1996a；Zhuang & Wang 1998b；庄文颖 1998。

悬钩子兰伯盘菌

Lambertella rubi Korf & W.Y. Zhuang, Mycotaxon 24: 366. 1985. **Type:** China (Sichuan). R.Y. Zheng & R.P. Korf, CUP-CH 2346.
四川（SC）。
Korf & Zhuang 1985；Zhuang 1996b；庄文颖 1998。

邓氏兰伯盘菌

Lambertella tengii W.Y. Zhuang, Mycosystema 21: 476. 2002. **Type:** China (Jiangxi). Z. Wang & W.Y. Zhuang 1471, HMAS 82047.
江西（JX）。
Zhuang 2002。

台氏兰伯盘菌

Lambertella tewarii K.P. Dumont, Mem. N.Y. Bot. Gdn 22: 146. 1971. **Type:** India.
湖北（HB）、云南（YN）；印度。
庄文颖 1989，1998；Zhuang 1990a，1996a；Zhuang & Wang 1998b。

环孢兰伯盘菌

Lambertella torquata W.Y. Zhuang, Mycotaxon 56: 41. 1995.

Type: China (Anhui). Y.R. Lin, S.M. Yu, B. Deng, H.Y. Xing, W.B. Li & B.X. Liu, HMAS 68286.
安徽（AH）。
Zhuang 1995b，1996a；庄文颖 1998。

疣孢兰伯盘菌

Lambertella verrucosispora W.Y. Zhuang, Mycotaxon 39: 483. 1990. **Type:** China (Yunnan). R.P. Korf, M. Zang, K.K. Chen & W.Y. Zhuang 212, HMAS 58744.
云南（YN）。
Zhuang 1990b，1996a；Zhuang & Wang 1998b；庄文颖 1998。

西双版纳兰伯盘菌

Lambertella xishuangbanna W.Y. Zhuang, Mycotaxon 39: 484. 1990. **Type:** China (Yunnan). R.P. Korf, M. Zang, K.K. Chen & W.Y. Zhuang 210, HMAS 58746.
云南（YN）。
Zhuang 1990b，1996a；Zhuang & Wang 1998b；庄文颖 1998。

云南兰伯盘菌

Lambertella yunnanensis (S.H. Ou) W.Y. Zhuang & Y.H. Zhang, Taxon 51: 769. 2002. **Type:** China (Yunnan). Y. Tsiang 641, HMAS 09017.
Helotium yunnanense S.H. Ou, Sinensia 7: 674. 1936.
四川（SC）、云南（YN）。
邓叔群 1963；戴芳澜 1979；王云章和臧穆 1983；Zhuang & Zhang 2002。

锡兰兰伯盘菌

Lambertella zeylanica K.P. Dumont, Mem. N.Y. Bot. Gdn 22: 167. 1971. **Type:** Sri Lanka.
四川（SC）、云南（YN）；斯里兰卡。
Korf & Zhuang 1985；Zhuang 1996b；庄文颖 1998。

兰斯盘菌属

Lanzia Sacc., Bot. Zbl. 18: 218. 1884.

橙色兰斯盘菌

Lanzia aurantiaca (W.Y. Zhuang) W.Y. Zhuang, in Zhuang & Liu, Mycotaxon 99: 127. 2007. **Type:** China (Anhui). Y.R. Lin, Y. Wang & W.Y. Zhuang 1149, HMAS 61847.
Lanzia huangshanica f. *aurantiaca* W.Y. Zhuang, Mycosystema 7: 14. 1995.
安徽（AH）。
Zhuang 1995c，1998a；Zhuang & Liu 2007。

栎实兰斯盘菌灯台树变种

Lanzia glandicola var. **cornicola** W.Y. Zhuang, Mycotaxon 59: 337. 1996. **Type:** China (Sichuan). R.Y. Zheng & R.P. Korf, CUP-CH 2356.
四川（SC）；日本。
Zhuang 1996a，1996b；庄文颖 1998。

广西兰斯盘菌

Lanzia guangxiensis W.Y. Zhuang, Mycotaxon 72: 328. 1999. **Type:** China (Guangxi). W.P. Wu & W.Y. Zhuang 2365, HMAS 74834.
广西（GX）。
Zhuang 1999a。

黄山兰斯盘菌

Lanzia huangshanica W.Y. Zhuang, Mycosystema 7: 13. 1995 [1994]. **Type:** China (Anhui). Y.R. Lin, Y. Wang & W.Y. Zhuang 1150, HMAS 61846.
Lanzia huangshanica W.Y. Zhuang & Korf, in Zhuang, Mycosystema 7: 13. 1995 [1994]. f. *huangshanica*.
安徽（AH）、湖南（HN）、四川（SC）、台湾（TW）；日本。
Zhuang 1995c，1996a；庄文颖 1998。

暗丝兰斯盘菌

Lanzia phaeoparaphysis W.Y. Zhuang, Mycotaxon 56: 31. 1995. **Type:** China (Jilin). X.Q. Zhang & W.Y. Zhuang 735, HMAS 61867.
吉林（JL）。
Zhuang 1995a，1996a。

中国兰斯盘菌

Lanzia sinensis W.Y. Zhuang, Mycotaxon 72: 330. 1999. **Type:** China (Guangxi). W.P. Wu, S.L. Chen & W.Y. Zhuang 2878, HMAS 74898.
广西（GX）。
Zhuang 1999a。

迈勒盘菌属

Moellerodiscus Henn., Hedwigia 41: 33. 1902.

迈勒盘菌

Moellerodiscus lentus (Berk. & Broome) K.P. Dumont, Mycologia 68: 245. 1976. **Type:** Sri Lanka.
Helotium lentum Berk. & Broome, J. Linn. Soc., Bot. 14 (74): 108. 1873.
Calycina lenta (Berk. & Broome) Kuntze, Revis. Gen. Pl. 3: 448. 1898.
Ciboriopsis lenta (Berk. & Broome) Dennis, Kew Bull. 16: 319. 1962.
Peziza simulata Ellis, Bull. Torrey Bot. Club 8: 72. 1881.
陕西（SN）、云南（YN）；斯里兰卡、英国、多米尼加、瓜德罗普岛（法）、牙买加、墨西哥、巴拿马、波多黎各（美）、美国、巴西、委内瑞拉。
Zhuang 1991；Zhuang & Wang 1998b；庄文颖 1998。

蜡盘菌属

Rutstroemia P. Karst., Bidr. Känn. Finl. Nat. Folk 19: 12, 105.

1871.

同形蜡盘菌

Rutstroemia conformata (P. Karst.) Nannf., Fungi Exsiccati Suecici no. 1174. 1942. **Type:** Finland.

Peziza conformata P. Karst., Not. Sällsk. Fauna Fl. Fenn. Förh. 10: 149. 1869.

Calycina conformata (P. Karst.) Kuntze, Revis. Gen. Pl. 3: 448. 1898.

Ombrophila conformata (P. Karst.) Boud., Hist. Class. Discom. Eur. p 92. 1907.

Ciboria conformata (P. Karst.) Svrček, Česká Mykol. 36: 152. 1982.

Sclerotinia nervisequa J. Schröt., in Cohn, Krypt.-Fl. Schlesien 3.2 (1-2): 65. 1893.

浙江（ZJ）、广东（GD）；丹麦、芬兰、荷兰、英国。

戴芳澜 1979；Zhuang & Wang 1998a。

大巴蜡盘菌

Rutstroemia dabaensis W.Y. Zhuang, Mycotaxon 61: 10. 1997. **Type:** China (Sichuan). X.Q. Zhang 1912, HMAS 69640.

四川（SC）。

Zhuang 1997；庄文颖 1998。

赛氏蜡盘菌

Rutstroemia sydowiana (Rehm) W.L. White, Lloydia 4: 200. 1941. **Type:** Germany.

Ombrophila sydowiana Rehm, in Sydow, Mycotheca Marchia 7: no. 666. 1884.

Ciboria sydowiana Rehm, Hedwigia 24: 226. 1885.

Poculum sydowianum (Rehm) Dumont, Mycologia 68: 872. 1976.

陕西（SN）、甘肃（GS）；奥地利、捷克、德国、西班牙、英国、美国。

戴芳澜 1979；Zhuang 1995c；庄文颖 1998。

核地杖菌属

Scleromitrula S. Imai, J. Fac. Agric., Hokkaido Imp. Univ., Sapporo 55: 176. 1941.

核地杖菌

Scleromitrula shiraiana (Henn.) S. Imai, J. Coll. Agric., Hokkaido Imp. Univ. 45: 177. 1941. **Type:** Japan.

Microglossum shiraianum Henn., Bot. Jb. 32: 44. 1902.

Mitrula shiraiana (P. Henn.) S. Ito & S. Imai, Proc. Jap. Assoc. Adv. Sci. 7: 147. 1932.

Scleroglossum shiraianum (Henn.) Hara, Byogaichu-Hoten (Manual of Pests and Diseases) p 158. 1948.

陕西（SN）、四川（SC）；日本；欧洲。

戴芳澜 1979；庄文颖 1998。

小托雷盘菌属

Torrendiella Boud. & Torrend, Bull. Soc. Mycol. Fr. 27: 133. 1911.

桉小托雷盘菌

Torrendiella eucalypti (Berk.) Spooner, Biblthca Mycol. 116: 322. 1987. **Type:** Australia.

Peziza eucalypti Berk., in Hooker, Bot. Antarct. Voy., III, Fl. Tasman. 2: 274. 1860 [1859].

Dasyscyphus eucalypti (Berk.) Sacc., Syll. Fung. 8: 462. 1889.

Atractobolus eucalypti (Berk.) Kuntze, Revis. Gen. Pl. 3: 445. 1898.

Zoellneria eucalypti (Berk.) Dennis, Kew Bull. 13: 324. 1958 [1957].

四川（SC）；印度尼西亚、英国、美国、阿根廷、澳大利亚、新西兰。

Zhuang & Wang 1997a；庄文颖 1998。

广西小托雷盘菌

Torrendiella guangxiensis W.Y. Zhuang, Mycotaxon 72: 331. 1999. **Type:** China (Guangxi). W.Y. Zhuang & W.P. Wu 1885, HMAS 74841.

广西（GX）。

Zhuang 1999a。

核盘菌科 Sclerotiniaceae Whetzel

葡萄孢盘菌属

Botryotinia Whetzel, Mycologia 37: 679. 1945.

落花生葡萄孢盘菌

Botryotinia arachidis (Hanz.) W. Yamam., Trans. Mycol. Soc. Japan 2 (2): 4. 1959. **Type:** Japan.

Sclerotinia arachidis Hanzawa, Miyabe Festschrift p 215. 1911.

吉林（JL）、甘肃（GS）、新疆（XJ）、四川（SC）、云南（YN）、台湾（TW）、广西（GX）；日本。

戴芳澜 1979；Zhuang 1998c。

德雷顿葡萄孢盘菌

Botryotinia draytonii (Buddin & Wakef.) Seaver, North American Cup-Fungi (Inoperculates) p 62. 1951. **Type:** UK.

Sclerotinia draytonii Buddin & Wakef., in Dennis & Wakefield, Trans. Brit. Mycol. Soc. 29: 150. 1946.

Botrytis gladiolorum Timmerm., Meded. Lab. Bloembollenonderz. Lisse 67: 15. 1941.

吉林（JL）、辽宁（LN）、贵州（GZ）、云南（YN）、台湾（TW）、广东（GD）、香港（HK）；德国、意大利、荷兰、英国、加拿大、新西兰。

Leather & Hor 1969；Zhuang 2003c。

蚕豆葡萄孢盘菌

Botryotinia fabae J.Y. Lu & T.H. Wu, in Wu & Lu, Acta Mycol. Sin. 10: 27. 1991. **Type:** China (Jiangsu). T.H. Wu, NAU-Cup 8901.

Botrytis fabae Sardiña, Mém. R. Soc. Española Hist. Nat. 15: 291. 1929.

江苏（JS）；塞浦路斯、印度、日本、捷克、德国、挪威、意大利、斯洛伐克、西班牙、英国、埃塞俄比亚、阿根廷、哥伦比亚、澳大利亚、新西兰、苏联。

吴铁航和陆家云 1991；庄文颖 1998。

伊贝母葡萄孢盘菌

Botryotinia fritillarii-pallidiflori Q.T. Chen & J.L. Li, Acta Mycol. Sin. 6: 15. 1987. **Type:** China (Shaanxi). J.L. Li 755, Northwest Univ. Dept. Biol. (WNU 84).

陕西（SN）。

李静丽和陈庆涛 1987；庄文颖 1998。

富克葡萄孢盘菌

Botryotinia fuckeliana (de Bary) Whetzel, Mycologia 37: 679. 1945. **Type:** ? Germany.

Peziza fuckeliana de Bary, Morphol. Phys. Pilze, Flecht. Myxomyc. p 30. 1866.

Sclerotinia fuckeliana (de Bary) Fuckel, Jb. Nassau. Ver. Naturk. 23-24: 330. 1870.

Botrytis fuckeliana N.F. Buchw., K. VetHojsk. Aarsskr. 32: 147. 1949.

Haplaria grisea Link, Mag. Gesell. Naturf. Freunde, Berlin 3 (1-2): 11. 1809.

Polyactis vulgaris Link, Mag. Gesell. Naturf. Freunde, Berlin 3 (1-2): 16. 1809.

Phymatotrichum gemellum Bonord., Handb. Allgem. Mykol. p 116. 1851.

吉林（JL）；日本、比利时、德国、意大利、西班牙、瑞典、英国、加拿大、阿根廷、新西兰。

戴芳澜 1979；庄文颖 1998。

桑生葡萄孢盘菌

Botryotinia moricola (I. Hino) W. Yamam., Trans. Mycol. Soc. Japan 2 (2): 5. 1959. **Type:** Japan.

Sclerotinia moricola I. Hino, Bull. Miyazaki Coll. Agric. Forest. 1: 77. 1929.

广西（GX）；日本。

戴芳澜 1979；Zhuang 1998c。

鳞状葡萄孢盘菌

Botryotinia squamosa Vienn.-Bourg., Ann. Inst. Rech. Agron., Ser. C. (Ann. Epiphyt.) 4: 38. 1953. **Type:** France.

Botrytis squamosa J.C. Walker, Phytopathology 15: 710. 1925.

Sclerotinia squamosa (Vienn.-Bourg.) Dennis, Mycol. Pap. 62: 157. 1956.

香港（HK）；比利时、法国、英国、美国。

Leather & Hor 1969；Zhuang 2003c。

杯盘菌属

Ciboria Fuckel, Jb. Nassau. Ver. Naturk. 23-24: 311. 1870.

葇荑花杯盘菌

Ciboria amentacea (Balb.) Fuckel, Jb. Nassau. Ver. Naturk. 23-24: 311. 1870. **Type:** Germany.

Peziza amentacea Balb., Miscell. Bot. p 79. 1804.

Rutstroemia amentacea (Balb.) P. Karst., Bidr. Känn. Finl. Nat. Folk 19: 106. 1871.

Hymenoscyphus amentaceus (Balb.) W. Phillips, Man. Brit. Discomyc. p 120. 1887.

陕西（SN）；韩国、奥地利、捷克、芬兰、法国、德国、意大利、波兰、西班牙、瑞典、英国、加拿大、美国。

庄文颖 1994，1998。

美洲杯盘菌

Ciboria americana E.J. Durand, Bull. Torrey Bot. Club 29: 461. 1902. **Type:** USA.

Rutstroemia americana (E.J. Durand) W.L. White, Lloydia 4: 188. 1941.

Poculum americanum (E.J. Durand) M.P. Sharma & K.S. Thind, in Thind, Sharma & Singh, Biblthca Mycol. 91: 273. 1983.

云南（YN）；印度、奥地利、斯洛伐克、西班牙、英国、加拿大、美国。

庄文颖 1994，1998。

栎杯盘菌

Ciboria batschiana (Zopf) N.F. Buchw., Friesia 3: 255. 1947. **Type:** ? Germany.

Sclerotinia batschiana Zopf, in Sydow, Mycotheca Marchia no. 50. 1880.

Ciboria pseudotuberosa Rehm, Ascomyceten no. 106. 1870.

Hymenoscyphus pseudotuberosa (Rehm) W. Phillips, Man. Brit. Discomyc. p 119. 1887.

Stromatinia pseudotuberosa (Rehm) Boud., Hist. Class. Discom. Eur. p 108. 1907.

陕西（SN）、甘肃（GS）、安徽（AH）；法国、德国、英国、美国。

邓叔群 1963；戴芳澜 1979；Zhuang 1995a；庄文颖 1998。

桦杯盘菌（参照）

Ciboria cf. **betulae** (Woronin ex Navashin) W.L. White, Lloydia 4: 171. 1941.

内蒙古（NM）。

Zhuang 1995a；庄文颖 1998。

保拉杯盘菌

Ciboria bolaris (Batsch) Fuckel, Jb. Nassau. Ver. Naturk. 23-24: 311. 1870. **Type:** Germany.

Peziza bolaris Batsch, Elench. Fung., Cont. Prim. p 221. 1786.

Phialea bolaris (Batsch) Quél., Enchir. Fung. p 300. 1886.

Hymenoscyphus bolaris (Batsch) W. Phillips, Man. Brit. Discomyc. p 124. 1887.

Rutstroemia bolaris (Batsch) Rehm, in Winter, Rabenh.

Krypt.-Fl., Edn 2 1.3 (lief. 39) p 765. 1893.
Calycina bolaris (Batsch) Seaver, Mycologia 26: 346. 1934.
Peziza explanata Holmsk., Beata Ruris Otia Fungus Danicis 2: 35. 1799.
陕西（SN）；奥地利、捷克、丹麦、爱沙尼亚、芬兰、法国、德国、匈牙利、意大利、挪威、罗马尼亚、西班牙、瑞典、英国、加拿大、美国。
Zhuang 1995a；庄文颖 1998。

肉阜状杯盘菌

Ciboria carunculoides (Siegl. & Jenkins) Whetzel, Mycologia 37: 484. 1945. **Type:** USA.
Sclerotinia carunculoides Siegler & Jenkins, J. Agric. Res., Washington 23: 835. 1923.
浙江（ZJ）；美国。
戴芳澜 1979；庄文颖 1994，1998。

贵州杯盘菌

Ciboria guizhouensis W.Y. Zhuang, Acta Mycol. Sin. 13: 16. 1994. **Type:** China (Guizhou). M.H. Liu 1205, HMAS 61192.
贵州（GZ）。
庄文颖 1994，1998。

佩克杯盘菌

Ciboria peckiana (Cooke) Korf, Phytologia 21: 203. 1971. **Type:** USA.
Helotium macrosporum Peck, Ann. Rep. N.Y. St. Mus. Nat. Hist. 26: 82. 1874 [1873].
Calycina macrospore (Peck) Cooke, Revis. Gen. Pl. 3 (2): 448. 1898.
Rutstroemia macrospora (Peck) Kanouse, in Wehmeyer, Canad. J. Res., Sect. C 18: 547. 1940.
陕西（SN）、安徽（AH）、湖北（HB）、四川（SC）、贵州（GZ）、云南（YN）、广西（GX）；日本、捷克、加拿大、瓜德罗普岛（法）、美国、澳大利亚、新西兰。
Korf & Zhuang 1985；庄文颖 1994，1998；Zhuang & Wang 1998a，1998b。

桑实杯盘菌（曾用名：白井杯盘菌）

Ciboria shiraiana (P. Henn.) Whetzel, in Whetzel & Wolf, Mycologia 37: 489. 1945. **Type:** Japan.
Sclerotinia shiraiana Henn., Bot. Jb. 28: 278. 1900.
浙江（ZJ）、四川（SC）、台湾（TW）；日本。
邓叔群 1963；戴芳澜 1979；庄文颖 1998。

叶杯菌属

Ciborinia Whetzel, Mycologia 37: 667. 1945.

葱叶杯菌

Ciborinia allii (Sawada) L.M. Kohn, Phytopathology 69: 885. 1979. **Type:** China (Taiwan). K. Sawada.
Sclerotinia allii Sawada, Spec. Bull. Agric. Exp. Station Formosa 19: 206. 1919.
Botryotinia allii (Sawada) W. Yamam., in Yamamoto, Oyasu & Iwasaki, Sci. Rep. Hyogo Univ. Agric., Ser. 2, Agr. Biol. 2: 20. 1956.
吉林（JL）、新疆（XJ）、江西（JX）、台湾（TW）、广西（GX）；日本。
Kohn 1979；戴芳澜 1979；庄文颖 1998。

半球叶杯菌

Ciborinia hemisphaerica W.Y. Zhuang & Zheng Wang, Mycosystema 16: 161. 1997. **Type:** China (Jiangxi). W.Y. Zhuang & Z. Wang 1571, HMAS 71901.
江西（JX）。
Zhuang & Wang 1997b。

井冈叶杯菌

Ciborinia jinggangensis W.Y. Zhuang & Zheng Wang, Mycosystema 16: 163. 1997. **Type:** China (Jiangxi). W.Y. Zhuang & Z. Wang 1485, HMAS 71902.
江西（JX）。
Zhuang & Wang 1997b。

链核盘菌属

Monilinia Honey, Mycologia 20: 153. 1928.

花楸链核盘菌

Monilinia ariae (Schellenb.) Whetzel, Mycologia 37: 672. 1945. **Type:** Switzerland.
Sclerotinia ariae Schellenb., Zentbl. Bakt. Parasit Kde, Abt. II 12: 735. 1904.
Stromatinia ariae (Schellenb.) Boud., Hist. Class. Discom. Eur. p 109. 1907.
Monilia ariae L.R. Batra, Mycol. Mem. 16: 152. 1991.
湖南（HN）；瑞士。
邓叔群 1963；戴芳澜 1979；庄文颖 1998。

寄生链核盘菌

Monilinia fructigena Honey, in Whetzel, Mycologia 37: 672. 1945. **Type:** ? Germany.
Torula fructigena Pers., Ann. Bot. 15: 26. 1794.
Monilia fructigena (Pers.) Pers., Syn. Meth. Fung. 2: 693. 1801.
Acrosporium fructigenum (Pers.) Pers., Mycol. Eur. 1: 24. 1822.
Oidium fructigenum (Pers.) Fr., Syst. Mycol. 3: 430. 1832.
Sclerotinia fructigena (Pers.) J. Schröt., Krypt.-Fl. Schlesien 3.2 (1-2): 67. 1893.
Monilia fructigena Schumach., Syn. Meth. Fung. 2: 693. 1803. [nom. illegit.] non *Monilia fructigena* (Pers.) Pers. 1801.
Sclerotinia fructigena Aderh., Arb. K. Biol. Aust. (Aust.-Reichsanst.) Berl. 4: 430. 1905. [nom. illegit.] non *Sclerotinia fructigena* (Pers.) J. Schröt. 1893, nor *Sclerotinia fructigena* (J. Schröt.) Norton 1902.
Stromatinia fructigena (J. Schröt.) Boud., Hist. Class. Discom.

Eur. p 109. 1907.
吉林（JL）、辽宁（LN）、山西（SX）、山东（SD）、河南（HEN）、甘肃（GS）、浙江（ZJ）、四川（SC）、重庆（CQ）、云南（YN）、台湾（TW）；伊朗、以色列、日本、韩国、土耳其、奥地利、比利时、丹麦、法国、德国、荷兰、挪威、波兰、西班牙、瑞典、英国、摩洛哥、美国、苏联。
戚佩坤等 1966；戴芳澜 1979；庄文颖 1998。

约翰逊链核盘菌

Monilinia johnsonii (Ellis & Everh.) Honey, Am. J. Bot. 23: 105. 1936. **Type:** USA.
Ciboria johnsonii Ellis & Everh., Proc. Acad. Nat. Sci. Philad. 46: 348. 1894.
Sclerotinia johnsonii (Ellis & Everh.) Rehm, Annls Mycol. 4: 338. 1906.
Monilia crataegi Died., Annls Mycol. 2: 529. 1904.
Sclerotinia crataegi Magnus, Ber. Dt. Bot. Ges. 23: 197. 1905.
辽宁（LN）；奥地利、丹麦、德国、英国、美国、南斯拉夫；亚洲。
景学福等 1982；庄文颖 1998。

核果链核盘菌

Monilinia laxa (Aderh. & Ruhland) Honey, in Whetzel, Mycologia 37: 672. 1945. **Type:** Germany.
Sclerotinia laxa Aderh. & Ruhland, Arbeit Bid. Abt. fur Landtu Forswirthsch. am Kais. Gesundheitsamte p 427. 1905.
Oidium laxum Ehrenb., Sylv. Mycol. Berol. p 22. 1818.
Monilia cinerea Bonord., Handb. Allgem. Mykol. p 76. 1851.
辽宁（LN）、河北（HEB）、山东（SD）、河南（HEN）、安徽（AH）、江苏（JS）、浙江（ZJ）、江西（JX）、湖北（HB）、四川（SC）、贵州（GZ）、云南（YN）、西藏（XZ）、广东（GD）、广西（GX）；日本、比利时、丹麦、德国、爱尔兰、意大利、荷兰、挪威、西班牙、瑞典、英国、美国、阿根廷、澳大利亚、新西兰；世界广布。
戴芳澜 1979；臧穆 1996。

苹果链核盘菌

Monilinia mali (Takah.) Whetzel, Mycologia 37: 673. 1945. **Type:** Japan.
Sclerotinia mali Takah., Bot. Mag., Tokyo 29: 217. 1915.
黑龙江（HL）、吉林（JL）、辽宁（LN）、北京（BJ）、山东（SD）、陕西（SN）、新疆（XJ）、云南（YN）、西藏（XZ）；日本。
戴芳澜 1979；王云章和臧穆 1983；庄文颖 1998。

酸果蔓链核盘菌

Monilinia oxycocci (Woronin) Honey, Am. J. Bot. 23: 105. 1936. **Type:** Finland.
Sclerotinia oxycocci Woronin, Mém. Acad. Imp. Sci. St.-Pétersb. 36 (6): 1-49. 1888.
Stromatinia oxycocci (Woronin) Boud., Hist. Class. Discom. Eur. p 109. 1907.
Monilia oxycocci L.R. Batra, Mycol. Mem. 16: 180. 1991.
黑龙江（HL）；丹麦、芬兰、德国、挪威、俄罗斯、瑞典。
邓叔群 1963；戴芳澜 1979；Zhuang 1996a。

核盘菌属

Sclerotinia Fuckel, Jb. Nassau. Ver. Naturk. 23-24: 330. 1870.

细辛核盘菌

Sclerotinia asari Y. Wu & C.R. Wang, in Wang & Wu, Acta Phytopath. Sin. 13 (2): 10. 1983. **Type:** China (Liaoning). Y.S. Wu & C.R. Wang S_1 (1).
辽宁（LN）；德国。
王崇仁和吴友三 1983；庄文颖 1998。

人参核盘菌

Sclerotinia ginseng C.R. Wang, C.F. Chen & J. Chen, in Wang, Chen, Chen & Fu, Acta Mycol. Sin. 14: 187. 1995. **Type:** China (Liaoning). C.R. Wang 800719.
辽宁（LN）。
王崇仁等 1995；庄文颖 1998。

禾核盘菌

Sclerotinia graminearum Elenev ex Solkina, Plant Protection, Leningr. 18: 107. 1939. **Type:** U. S. S. R.
新疆（XJ）；苏联。
戴芳澜 1979。

小核盘菌

Sclerotinia minor Jagger, J. Agric. Res. 20: 333. 1920. **Type:** USA.
Sclerotinia intermedia Ramsey, Phytopathology 14: 324. 1924.
江苏（JS）、四川（SC）；日本、法国、德国、意大利、罗马尼亚、西班牙、瑞士、美国、阿根廷、澳大利亚、新西兰。
邓叔群 1963；戴芳澜 1979；庄文颖 1998。

宫部核盘菌

Sclerotinia miyabeana Hanzawa, Miyabe Festschrift p 213. 1911. **Type:** Japan.
吉林（JL）、山西（SX）、河南（HEN）；日本。
戴芳澜 1979。

烟草核盘菌

Sclerotinia nicotianae Oudem. & Jos. König, Verh. K. Akad. Wet., Tweede Sect. p 48. 1903. **Type:** Netherlands.
四川（SC）；荷兰。
戴芳澜 1979。

核盘菌

Sclerotinia sclerotiorum (Lib.) de Bary, Vergl. Morph. Biol. Pilze p 56. 1884. **Type:** Belgium.
Peziza sclerotiorum Lib., Pl. Crypt. Arduenna, Fasc. 4: no. 326. 1837.

Phialea sclerotiorum (Lib.) Gillet, Champignons de France, Discom. (4) p 98. 1881.
Hymenoscyphus sclerotiorum (Lib.) W. Phillips, Man. Brit. Discomyc. p 115. 1887.
Whetzelinia sclerotiorum (Lib.) Korf & Dumont, Mycologia 64: 250. 1972.
Sclerotinia sclerotiorum f. *sclerotiorum* (Lib.) de Bary, Vergl. Morph. Biol. Pilze p 56. 1884.
Sclerotium varium Pers., Syn. Meth. Fung. 1: 122. 1801.
Sclerotinia libertiana Fuckel, Jb. Nassau. Ver. Naturk. 23-24: 331. 1870.
Sclerotinia opuntiarum Speg., Anal. Soc. Cient. Argent. 47 (6): 184. 1899.
Sclerotinia sclerotiorum f. *orobanches* Naras. & Thirum., Phytopath. Z. 22: 426. 1954.
Sclerotinia sclerotiorum var. *opuntiarum* (Speg.) Alippi 1960.
黑龙江（HL）、吉林（JL）、北京（BJ）、河南（HEN）、陕西（SN）、甘肃（GS）、青海（QH）、新疆（XJ）、江苏（JS）、浙江（ZJ）、江西（JX）、湖南（HN）、湖北（HB）、四川（SC）、贵州（GZ）、云南（YN）、福建（FJ）、台湾（TW）、广东（GD）、广西（GX）；捷克、芬兰、法国、德国、意大利、波兰、斯洛伐克、西班牙、瑞典、瑞士、英国、百慕大群岛（英）、加拿大、美国、阿根廷、巴西、澳大利亚、？比利时。
邓叔群 1963；戴芳澜 1979；庄文颖 1998。

三叶草核盘菌

Sclerotinia trifoliorum Erikss., K. Landtbraksakoemiens handlingar och tidskrift 19: 28. 1880. **Type:** Germany.
Sclerotinia ciborioides Rehm, Ascomyceten no. 107. 1872.
Sclerotinia trifoliorum var. *minor* Alcock, Trans. Bot. Soc. Edinb. 30 (1): 13. 1928.
陕西（SN）、江苏（JS）、浙江（ZJ）、江西（JX）；日本、丹麦、德国、挪威、西班牙、瑞典、瑞士、英国、加拿大、美国、澳大利亚、新西兰。
戴芳澜 1979；王崇仁等 1992。

座盘菌属

Stromatinia (Boud.) Boud., Hist. Class. Discom. Eur. p 108. 1907.

菖蒲座盘菌

Stromatinia gladioli (Drayton) Whetzel, Mycologia 37: 672. 1945. **Type:** USA.
Sclerotinia gladioli Drayton, Phytopathology 24: 397. 1934.
Sclerotium gladioli Massey, Phytopathology 18: 521. 1928.
香港（HK）；美国。
Leather & Hor 1969。

座盘菌

Stromatinia rapulum (Bull.) Boud., Hist. Class. Discom. Eur. p 108. 1907. **Type:** France.
Peziza rapula Bull., Herb. Fr. Champ., Hist. Champ. Fr. 1: 265. 1791.
Geopyxis rapulum (Bull.) Sacc., Syll. Fung. 8: 64. 1889.
Tarzetta rapulum (Bull.) Rehm, in Winter, Rabenh. Krypt.-Fl., Edn 2 1.3 (lief. 43) p 1021. 1894.
Hymenoscyphus rapaeformis Gray, Nat. Arr. Brit. Pl. 1: 673. 1821.
吉林（JL）；奥地利、丹麦、法国、德国、荷兰、挪威、英国；北美洲。
戚佩坤等 1966；戴芳澜 1979。

水盘菌科 Vibrisseaceae Korf

水盘菌属

Vibrissea Fr., Syst. Mycol. 2: 4. 1822.

旋孢水盘菌（参照）

Vibrissea cf. **sporogyra** (Ingold) A. Sánchez, in Sánchez & Korf, Mycologia 58: 734. 1966.
Apostemidium sporogyrum Ingold, Trans. Brit. Mycol. Soc. 37: 13. 1954.
海南（HI）。
Zhuang et al. 2002。

水盘菌

Vibrissea truncorum (Alb. & Schwein.) Fr., Syst. Mycol. 2: 51. 1822. **Type:** Germany.
Leotia truncorum Alb. & Schwein., Consp. Fung. p 297. 1805.
贵州（GZ）；韩国、奥地利、比利时、丹麦、芬兰、法国、德国、挪威、西班牙、瑞典、英国、加拿大、美国。
何绍昌 1988。

厚顶盘菌目 Ostropales Nannf.

点盘菌科 Stictidaceae Fr.

点盘菌属

Stictis Pers., Observ. Mycol. 2: 73. 1800 [1799].

银边点盘菌

Stictis albomarginata S.H. Ou, Sinensia 7: 668. 1936. **Type:** China (Yunnan).
云南（YN）。
戴芳澜 1979。

肉色点盘菌

Stictis carnea Seaver & Waterston, Mycologia 33: 311. 1941. **Type:** USA.
香港（HK）；美国。
Whitton et al. 1999。

八仙花点盘菌

Stictis hydrangeae Schwein., Syn. Fung. Amer. Bor. p 179.

1832. **Type:** USA.
四川（SC）；美国。
Korf & Zhuang 1985。

点盘菌

Stictis radiata (L.) Pers., Observ. Mycol. 2: 73. 1800 [1799]. **Type:** Germany.
Lycoperdon radiatum L., Sp. Pl. 2: 1184. 1753.
Lichen excavatus Hoffm., Enum. Lich. p 47. 1784.
Peziza aecidioides Nees, Syst. Pilze p 256. 1816-1817 [1816].
Stictis aecidioides (Nees) S.F. Gray, Nat. Arr. Brit. Pl. 1: 663. 1821.
Stictis hyssopi Schwein., Trans. Am. phil. Soc., Ser. 2 4 (2): 180. 1832.
Schmitzomia carestiae de Not., Comm. Soc. Crittog. Ital. 1: 362. 1864 [1863].
Stictis annulata Cooke & W. Phillips, Grevillea 9: 7. 1880.
Stictis bengalensis U.P. Singh & Pavgi, Sydowai 19: 224. 1966 [1965].
四川（SC）；印度、印度尼西亚、日本、巴基斯坦、奥地利、丹麦、法国、德国、意大利、卢森堡、挪威、波兰、西班牙、瑞典、英国、摩洛哥、南非、哥斯达黎加、牙买加、美国、阿根廷、巴西、哥伦比亚、澳大利亚、新西兰。
Korf & Zhuang 1985。

星状点盘菌

Stictis stellata Wallr., Fl. Crypt. Germ. 2: 444. 1833. **Type:** Germany.
云南（YN）、台湾（TW）；菲律宾、丹麦、芬兰、法国、德国、意大利、西班牙、瑞典、英国、塞舌尔、澳大利亚。
吴声华等 1996；Zhuang & Wang 1998b。

斑痣盘菌目 Rhytismatales M.E. Barr ex Minter

异盘菌科 **Ascodichaenaceae** D. Hawksw. & Sherwood

异盘菌属

Ascodichaena Butin, Trans. Brit. Mycol. Soc. 69: 249. 1977.

异盘菌

Ascodichaena rugosa Butin, Trans. Brit. Mycol. Soc. 69: 249. 1977. **Type:** France.
Lichen rugosus L., Sp. Pl. 2: 1140. 1753.
Verrucaria rugosa F.H. Wigg., Prim. Fl. Holsat. p 86. 1780.
Dichaena rugosa (L.) Fr., Summa Veg. Scand., Section Post. p 402. 1849.
Hysterium rugosum var. *quercinum* (Pers.) Fr., Elench. Fung. 2: 143. 1828.
Opegrapha faginea Pers., Ann. Bot. 7: 31. 1794.
Opegrapha quercina Pers., Ann. Bot. 7: 155. 1794.
Lichen macularis Ach., Lich. Puec. Prodr. p 21. 1798.
安徽（AH）；丹麦、法国、德国、希腊、爱尔兰、意大利、乌克兰、英国、加拿大、智利。
陈莉等 2009。

斑痣盘菌科 **Rhytismataceae** Chevall.

小双梭孢盘菌属

Bifusella Höhn., Annls Mycol. 15: 318. 1917.

异常小双梭孢盘菌

Bifusella anomala Y.R. Lin, Mycosystema 7: 19. 1995 [1994]. **Type:** China (Fujian).
福建（FJ）。
Lin 1995；林英任 2012。

茶小双梭孢盘菌

Bifusella camelliae C.L. Hou, Mycosystema 19: 7. 2000. **Type:** China (Anhui). C.L. Hou 0210, AAUFP 90085.
安徽（AH）。
侯成林 2000；林英任 2012。

杉生小双梭孢盘菌

Bifusella cunninghamiicola Korf & Ogimi, Phytologia 23: 159. 1972. **Type:** Japan.
Soleella cunninghamiicola (Korf & Ogimi) Saho & Zinno, J. Jap. For. Soc. 57: 165. 1975.
山东（SD）、贵州（GZ）；日本。
林英任等 1993a，1995a；林英任 2012。

铁杉小双梭孢盘菌

Bifusella tsugae H.S. Cao & C.L. Hou, Acta Mycol. Sin. 15: 1. 1996. **Type:** China (Anhui). H.S. Cao & C.L. Hou 90080, ACAFP 36768.
安徽（AH）。
曹恒生等 1996；林英任 2012。

齿裂菌属

Coccomyces de Not., G. Bot. Ital. 2 (7-8): 38. 1847.

卷丝齿裂菌

Coccomyces circinatus Y.R. Lin & C.T. Xiang, in Lin, Li, Liu & Xiang, Mycosystema 19: 157. 2000. **Type:** China (Anhui). S.M. Yu & Y.R. Lin L1561, AAUFP 67669.
安徽（AH）。
林英任等 2000a；林英任 2012。

杯状齿裂菌

Coccomyces crateriformis Y.R. Lin & Z.Z. Li, in Lin, Li, Liu & Xiang, Mycosystema 19: 159. 2000. **Type:** China (Guangdong). Y.R. Lin L0516b, AAUFP 66624b.

广东（GD）。
林英任等 2000a；林英任 2012。

青冈齿裂菌

Coccomyces cyclobalanopsis Y.R. Lin & Z.Z. Li, in Lin, Li, Huang & Xiang, Mycosystema 19: 297. 2000. **Type:** China (Anhui). Y.R. Lin & S.M. Yu L1560b, AAUFP 67668b.
安徽（AH）。
林英任等 2000b；林英任 2012。

三角形齿裂菌

Coccomyces delta (Kunze) Sacc., Bolm Soc. Broteriana, Coimbra, sér. 1 11: 13. 1893. **Type:** Portugal.
Phacidium delta Kunze ex Fr., Linnaea 5: 551. 1830.
Lophodermium delta (Kunze) de Not., G. Bot. Ital. 2 (7-8): 43. 1847.
Phacidium quercinum Desm., Pl. Crypt. Nord France, Edn 1: 1644. 1847.
Helostroma quercinum Pat., Bull. Soc. Mycol. Fr. 18 (2): 52. 1902.
安徽（AH）、湖南（HN）、四川（SC）、福建（FJ）、广东（GD）；法国、希腊、意大利、葡萄牙、西班牙、巴西。
戴芳澜 1979；林英任等 2000b；Zheng et al. 2011；林英任 2012。

齿裂菌

Coccomyces dentatus (J.C. Schmidt) Sacc., Michelia 1 (1): 59. 1877. **Type:** USA.
Phacidium dentatum J.C. Schmidt, in Kunze & Schmidt, Mykologische Hefte 1: 41. 1817.
Lophodermium dentatum (J.C. Schmidt) de Not., G. Bot. Ital. 2 (7-8): 43. 1847.
Coccomyces dentatus f. *castaneae* Sacc., Syll. Fung. 3: 628. 1884.
Leptostroma quercinum Lasch, in Rabenhorst, Klotzschii Herb. Viv. Mycol. p 1075. 1845.
Coccomyces bromeliacearum Theiss., Beih. Bot. Zbl., Abt. 2 27: 407. 1910.
Coccomyces filicicola Speg., Boln Acad. nac. Cienc. Córdoba 23: 514. 1919.
Coccomyces pentagonus Kirschst., Annls Mycol. 34: 208. 1936.
黑龙江（HL）、江苏（JS）、浙江（ZJ）、湖南（HN）、福建（FJ）、台湾（TW）；日本、丹麦、芬兰、法国、德国、希腊、意大利、西班牙、乌克兰、英国、摩洛哥、加拿大、巴拿马、美国、阿根廷、巴西、哥伦比亚、委内瑞拉、捷克斯洛伐克。
戴芳澜 1979；林英任等 2000b；林英任 2012。

异囊齿裂菌

Coccomyces dimorphus S.W. Liang, X.Y. Tang & Y.R. Lin, in Liang, Wang, Tang & Lin, Mycosystema 19: 3. 2000. **Type:** China (Gansu). Y.R. Lin L1240, AAUFP.
安徽（AH）、甘肃（GS）。
梁师文等 2000；林英任 2012。

叶齿裂菌

Coccomyces foliicola (Dennis & Spooner) Sherwood, Occ. Pap. Farlow Herb. Crypt. Bot. 15: 55. 1980. **Type:** Portugal.
Coccomyces boydii f. *foliicola* Dennis & Spooner, Kew Bull. 32: 111. 1977.
台湾（TW）；葡萄牙。
Wu & Wang 2000。

福建齿裂菌

Coccomyces fujianensis Y.R. Lin & C.T. Xiang, in Lin, Li, Huang & Xiang, Mycosystema 19: 299. 2000. **Type:** China (Fujian). Y.R. Lin L0650b, AAUFP 66758b.
福建（FJ）。
林英任等 2000b；林英任 2012。

贵州齿裂菌

Coccomyces guizhouensis Y.R. Lin & B.F. Hu, in Lin, Liu, Tang & Hu, Acta Mycol. Sin. 13: 8. 1994. **Type:** China (Guizhou). B.F. Hu 16393, ACAFP 66501.
贵州（GZ）。
林英任等 1994；林英任 2012。

黄山齿裂菌

Coccomyces huangshanensis Y.R. Lin & Z.Z. Li, in Lin, Li, Xie & Liang, Mycosystema 19: 449. 2000. **Type:** China (Anhui). Y.R. Lin et al. L1511a, AAUFP 67619a.
安徽（AH）。
林英任等 2000c；Zheng et al. 2011；林英任 2012。

湖北齿裂菌

Coccomyces hubeiensis Y.R. Lin & M.S. Yang, in Yang, Lin, Zhang & Wang, Mycotaxon 122: 250. 2013 [2012]. **Type:** China (Hubei). Y.R. Lin, J.L. Chen & Q. Zheng 2385, AAUF 68493.
湖北（HB）。
Yang et al. 2013。

八角生齿裂菌

Coccomyces illiciicola H.Y. Liu, Y.R. Lin & C.T. Xiang, Journal of Anhui Agricultural University 26: 135. 1999. **Type:** China (Anhui). S.M. Yu & Y.R. Lin L1591, AAUFP 67699.
安徽（AH）。
刘和云等 1999；林英任 2012。

油杉齿裂菌

Coccomyces keteleeriae Y.R. Lin, in Lin, Liu, Tang & Hu, Acta Mycol. Sin. 13: 10. 1994. **Type:** China (Fujian). Y.R. Lin 15641, ACAFP 66749.
福建（FJ）。
林英任等 1994；林英任 2012。

小齿裂菌

Coccomyces leptideus (Fr.) B. Erikss., Symb. Bot. Upsal. 19 (4): 13. 1970. **Type:** Europe.

Phacidium leptideum Fr., Syst. Mycol. 2: 576. 1823.

Phacidium quadratum J.C. Schmidt & Kunze, in Kunze & Schmidt, Mykologische Hefte 1: 32. 1817.

Coccomyces quadratus (J.C. Schmidt & Kunze) P. Karst., Bidr. Känn. Finl. Nat. Folk 19: 255. 1871.

吉林（JL）、安徽（AH）；比利时、爱沙尼亚、芬兰、法国、德国、匈牙利、挪威、瑞典、巴拿马、波多黎各（美）、巴西、哥伦比亚、秘鲁、委内瑞拉；欧洲其他地区。

林英任等 2000c；林英任 2012。

丽江齿裂菌

Coccomyces lijiangensis C.L. Hou & M. Piepenbr., Mycotaxon 102: 166. 2007. **Type:** China (Yunnan). C.L. Hou, M. Piepenbring, R. Kirschner & Z.L. Yang 151, AAUFP 90042.

云南（YN）。

Hou & Piepenbring 2007；林英任 2012。

显缘齿裂菌

Coccomyces limitatus (Berk. & M.A. Curtis) Sacc., Syll. Fung. 8: 747. 1889. **Type:** Cuba.

Phacidium limitatum Berk. & M.A. Curtis, in Berkeley, J. Linn. Soc., Bot. 10: 371. 1869 [1868].

Coccomyces limitatus (Berk. & M.A. Curtis) Pat., in Duss, Enum. Champ. Guadeloupe p 68. 1903.

安徽（AH）；印度尼西亚、古巴、墨西哥、巴拿马、哥伦比亚、委内瑞拉、澳大利亚、新西兰。

林英任等 2000c；林英任 2012。

大齿裂菌

Coccomyces magnus Y.R. Lin & Z.Z. Li, in Lin, Li, Xie & Liang, Mycosystema 19: 451. 2000. **Type:** China (Anhui). S.W. Liang & Y.R. Lin L1515, AAUFP 67623.

安徽（AH）。

林英任等 2000b；林英任 2012。

类尖丝齿裂菌

Coccomyces mucronatoides Y.R. Lin, Q. Zheng & S.M. Yu, in Zheng, Lin, Yu & Chen, Mycotaxon 118: 315. 2011.

安徽（AH）。

Zheng et al. 2011。

尖丝齿裂菌

Coccomyces mucronatus Korf & W.Y. Zhuang, Mycotaxon 22: 487. 1985. **Type:** China (Sichuan). W.Y. Zhuang, HMAS 45058.

安徽（AH）、四川（SC）。

Korf & Zhuang 1985；Zheng et al. 2011；林英任 2012。

多角齿裂菌

Coccomyces multangularis Y.R. Lin & Z.Z. Li, in Lin, Li, Xu, Wang & Yu, Mycosystema 20: 1. 2001. **Type:** China (Anhui). Y.R. Lin et al. L1621a, AAUFP 67729a.

安徽（AH）、台湾（TW）。

林英任等 2001a；Hou et al. 2006a；林英任 2012。

隐齿裂菌

Coccomyces occultus Y.R. Lin & Z.Z. Li, Journal of Anhui Agricultural University 26: 37. 1999. **Type:** China (Anhui). Y.R. Lin, H.W. Xing, B. Deng et al. L1563b, AAUFP 67671b.

安徽（AH）、福建（FJ）。

林英任等 1999a；林英任 2012。

辐射状齿裂菌

Coccomyces radiatus Sherwood, Occ. Pap. Farlow Herb. Crypt. Bot. 15: 84. 1980. **Type:** USA.

浙江（ZJ）、福建（FJ）、台湾（TW）、广东（GD）；日本、美国、哥伦比亚、委内瑞拉、澳大利亚、新西兰。

林英任等 2001a；林英任 2012。

四川齿裂菌

Coccomyces sichuanensis Korf & W.Y. Zhuang, Mycotaxon 22: 489. 1985. **Type:** China (Sichuan). W.Y. Zhuang, HMAS 45059.

四川（SC）。

Korf & Zhuang 1985；林英任 2012。

中国齿裂菌

Coccomyces sinensis Y.R. Lin & Z.Z. Li, in Lin, Li, Xu, Wang & Yu, Mycosystema 20: 3. 2001. **Type:** China (Hunan). Y.R. Lin L0521b, AAUFP 66629b.

安徽（AH）、浙江（ZJ）、江西（JX）、湖南（HN）、福建（FJ）、广东（GD）、海南（HI）。

林英任等 2001a；林英任 2012。

山矾齿裂菌

Coccomyces symploci Y.R. Lin & Z.Z. Li, in Lin, Li, Xu, Wang & Yu, Mycosystema 20: 5. 2001. **Type:** China (Anhui). Y.R. Lin & S.M. Yu L1590b, AAUFP 67698b.

安徽（AH）。

林英任等 2001a；林英任 2012。

台湾齿裂菌

Coccomyces taiwanensis C.L. Hou, R. Kirschner & Chee J. Chen, Mycotaxon 95: 74. 2006. **Type:** China (Taiwan). R. Kirschner & C.J. Chen 662, TNM.

台湾（TW）。

Hou et al. 2006a；林英任 2012。

弯壳菌属

Colpoma Wallr., Fl. Crypt. Germ. 2: 422. 1833.

居间弯壳菌

Colpoma intermedium C.L. Hou & M. Piepenbr., For. Path. 35: 360. 2005.

云南（YN）。
Hou & Piepenbring 2005a；林英任 2012。

栎弯壳菌

Colpoma quercinum (Pers.) Wallr., Fl. Crypt. Germ. 2: 423. 1833. **Type:** Germany.
Hysterium quercinum Pers., Observ. Mycol. 1: 100. 1796.
Cenangium quercinum (Pers.) Fr., Syst. Mycol. 2: 189. 1822.
Triblidium quercinum (Pers.) Pers., Mycol. Eur. 1: 333. 1822.
Clithris quercina (Pers.) P. Karst., Not. Sällsk. Fauna Fl. Fenn. Förh. 11: 260. 1871.
Variolaria corrugata Bull., Hist. Champ. France 1: 187, tab. 432. 1791.
Hysterium nigrum Tode, Fung. Mecklenb. Sel. 2: 5. 1791.
Hypoderma quercinum DC., in Lamarck & de Candolle, Fl. Franç., Edn 3 2: 306. 1805.
Cenangium quercinum Hazsl., Verh. Zool.-Bot. Ges. Wien 37: 157. 1887. [nom. illegit.]
Dendrophoma didyma Fautrey & Roum., Revue Mycol., Toulouse 14: 9. 1892.
安徽（AH）；印度、日本、巴基斯坦、奥地利、比利时、芬兰、法国、德国、意大利、瑞典、英国、加拿大、美国。
林英任 2012。

蔷薇弯壳菌

Colpoma rosae (Teng) Teng, Fungi of China p 759. 1963. **Type:** China (Hunan). C.L Shen 390.
Lophodermium rosae Teng, Sinensia 4: 138. 1933.
Clithris rosae (Teng) Tehon, Mycologia 31: 677. 1939.
浙江（ZJ）、湖南（HN）、广西（GX）。
戴芳澜 1979；林英任 2012。

中国弯壳菌

Colpoma sinense C.L. Hou & M. Piepenbr., For. Path. 35: 362. 2005. **Type:** China (Yunnan). C.L. Hou, M. Piepenbring, R. Kirschner & Z.L. Yang 156, HMAS.
云南（YN）。
Hou & Piepenbring 2005a；林英任 2012。

环绵盘菌属

Cyclaneusma DiCosmo, Peredo & Minter, Eur. J. For. Path. 12: 208. 1983.

小环绵盘菌

Cyclaneusma minus (Butin) DiCosmo, Peredo & Minter, Eur. J. For. Path. 13: 208. 1983. **Type:** Chile.
Naemacyclus minor Butin, Eur. J. For. Path. 3: 160. 1973.
黑龙江（HL）、吉林（JL）、辽宁（LN）、河南（HEN）、陕西（SN）、甘肃（GS）、安徽（AH）；印度、巴基斯坦、奥地利、比利时、保加利亚、捷克、丹麦、法国、德国、冰岛、爱尔兰、挪威、斯洛伐克、西班牙、瑞士、乌克兰、英国、肯尼亚、马拉维、摩洛哥、南非、坦桑尼亚、乌干达、加拿大、美国、智利、哥伦比亚、厄瓜多尔、澳大利亚、新西兰。
林英任等 1995b；林英任 2012。

雪白环绵盘菌

Cyclaneusma niveum (Pers.) DiCosmo, Peredo & Minter, Eur. J. For. Path. 13: 210. 1983. **Type:** Europe.
Stictis nivea Pers., Mycol. Eur. 1: 339. 1822.
Propolis nivea (Pers.) Fr., Summa Veg. Scand., Section Post. p 372. 1849.
Schmitzomia nivea (Pers.) de Not., Comm. Soc. Crittog. Ital. 2: 562. 1867.
Naemacyclus niveus (Pers.) Fuckel ex Sacc., Bot. Zbl. 18: 251. 1884.
Lophodermium gilvum Rostr., Tidsskr. Skogbr. 6: 283. 1883.
黑龙江（HL）、山西（SX）；比利时、德国、希腊、意大利、斯洛文尼亚、西班牙、瑞士、乌克兰、英国、肯尼亚、加拿大、澳大利亚、新西兰；欧洲广布。
林英任等 1995b；林英任 2012。

戴维斯盘菌属

Davisomycella Darker, Can. J. Bot. 45: 1423. 1967.

居间戴维斯盘菌

Davisomycella intermedia C.L. Hou, J. Gao & M. Piepenbr., Nova Hedwigia 83: 512. 2006. **Type:** China (Yunnan). C.L. Hou, M. Piepenbring, R. Kirschner & Z.L. Yang 159, AAUF.
云南（YN）。
Hou et al. 2006b；林英任 2012。

皮下盘菌属

Hypoderma de Not., G. Bot. Ital. 2 (7-8): 13. 1847.

小檗皮下盘菌

Hypoderma berberidis C.L. Hou & M. Piepenbr., Nova Hedwigia 82: 93. 2006. **Type:** China (Yunnan). C.L. Hou, M. Piepenbring, R. Kirschner & Z.L. Yang 120, HMAS.
云南（YN）。
Hou & Piepenbring 2006a；林英任 2012。

苔草皮下盘菌

Hypoderma caricis S.J. Wang, L. Chen & Y.R. Lin, in Wang, Liu, Chen, Liu & Lin, Mycosystema 26: 161. 2007. **Type:** China (Anhui). S.J. Wang, Y.R. Lin et al. L1828, AAUFP 67936.
安徽（AH）。
王士娟等 2007；林英任 2012。

皮下盘菌

Hypoderma commune (Fr.) Duby, Mém. Soc. Phys. Hist. Nat. Genève 16: 53. 1862 [1861]. **Type:** Europe.
Hysterium commune Fr., Syst. Mycol. 2: 589. 1823.
Hypodermopsis commune (Fr.) Kuntze, Revis. Gen. Pl. 3: 487. 1898.
Epidermella communis (Fr.) Tehon, Illinois Biol. Monogr. 13:

119. 1935.
Leptostroma vulgare Fr., Syst. Mycol. 2: 599. 1823.
Hypoderma virgultorum f. *erigerontis* Rehm, Hedwigia 27: 169. 1888.
安徽（AH）、湖南（HN）；奥地利、比利时、丹麦、芬兰、德国、意大利、挪威、葡萄牙、俄罗斯、瑞典、英国、阿尔及利亚、美国；欧洲广布。
戴芳澜 1979；林英任 2012。

骤尖皮下盘菌

Hypoderma cuspidatum C.L. Hou & M. Piepenbr., Nova Hedwigia 82: 95. 2006. **Type:** China (Yunnan). C.L. Hou, M. Piepenbring, R. Kirschner & Z.L.Yang 150a, HMAS.
云南（YN）。
Hou & Piepenbring 2006a；林英任 2012。

刺柏生皮下盘菌

Hypoderma junipericola C.L. Hou, Y.R. Lin & M. Piepenbr., Can. J. Bot. 83: 37. 2005. **Type:** China (Anhui). C.L. Hou & Y.R. Lin 324, AAUF 56432.
安徽（AH）。
Hou et al. 2005；林英任 2012。

山胡椒皮下盘菌

Hypoderma linderae C.L. Hou & M. Piepenbr., Nova Hedwigia 82: 97. 2006. **Type:** China (Anhui). C.L. Hou 222, HMAS.
安徽（AH）。
Hou & Piepenbring 2006a；林英任 2012。

秦岭皮下盘菌

Hypoderma qinlingense Y.M. Liang & C.M. Tian, in Liang, Tian, Cao, Yang & Kakishima, Mycotaxon 93: 310. 2005. **Type:** China (Shaanxi). J.X. Yang HMNWFC-86TB094, HMNWFC.
陕西（SN）。
Liang et al. 2005；林英任 2012。

满山红皮下盘菌

Hypoderma rhododendri-mariesii R.Y. Lin & S.J. Wang, in Lin, Wang, He & Ye, Mycosystema 23: 11. 2004. **Type:** China (Anhui). Y.R. Lin & S.M. Yu L1690, AAUFP 67798.
安徽（AH）。
林英任等 2004a；林英任 2012。

悬钩子皮下盘菌

Hypoderma rubi (Pers.) DC., in Lamarck & de Candolle, Fl. Franç., Edn 3 2: 304. 1805. **Type:** ? Germany.
Hysterium rubi Pers., Observ. Mycol. 1: 84. 1796.
Lophoderma rubi (Pers.) Chevall., J. Phys. Chim. Hist. Nat. Arts 94: 31. 1822.
Lophodermium rubi (Pers.) Chevall., Fl. Gén. Env. Paris 1: 436. 1826.
Hypodermopsis rubi (Pers.) Kuntze, Revis. Gen. Pl. 3: 487. 1898.
Hypoderma virgultorum f. *rubi* (Pers.) Rehm, in Winter, Rabenh. Krypt.-Fl., Edn 2 1.3 (lief. 28) p 33. 1887.
Hypoderma commune f. *rubi* (Pers.) Schröt., in Cohn, Krypt.-Fl. Schlesien 3.2 (1-2): 175. 1893.
Hypoderma virgultorum DC., in de Candolle & Lamarck, Fl. Franç., Edn 3 5-6: 165. 1815.
Sphaeria rubi Duby, Bot. Gall., Edn 2 2: 712. 1830.
Leptostroma virgultorum Sacc., Michelia 2: 353. 1881.
Hypoderma ericae Tubeuf, Bot. Zbl. 21: 188. 1885.
Hypoderma kerriae Lambotte & Fautrey, Bull. Soc. Mycol. Fr. 15: 154. 1899.
Hypoderma apocyni Tehon, Mycologia 31: 679. 1939.
Hypoderma caryae Tehon, Mycologia 31: 680. 1939.
Hypoderma eupatorii Tehon, Mycologia 31: 683. 1939.
Hypoderma longissimum Tehon, Mycologia 31: 685. 1939.
Hypoderma pacificensis Tehon, Mycologia 31: 686. 1939.
安徽（AH）；印度、马来西亚、奥地利、比利时、丹麦、法国、德国、爱尔兰、挪威、葡萄牙、俄罗斯、西班牙、瑞典、乌克兰、英国、马拉维、智利、新西兰；北美洲。
Hou et al. 2007。

世骐皮下盘菌

Hypoderma shiqii C.L. Hou & M. Piepenbr., Nova Hedwigia 82: 99. 2006. **Type:** China (Yunnan). C.L. Hou, M. Piepenbring, R. Kirschner & Z.L.Yang 150b, HMAS.
云南（YN）。
Hou & Piepenbring 2006a；林英任 2012。

菝葜生皮下盘菌

Hypoderma smilacicola C.L. Hou & M. Piepenbr., Nova Hedwigia 82: 101. 2006. **Type:** China (Yunnan). C.L. Hou, M. Piepenbring, R. Kirschner & Z.L.Yang 170, HMAS.
云南（YN）。
Hou & Piepenbring 2006a；林英任 2012。

野珠兰皮下盘菌

Hypoderma stephanandrae R.Y. Lin, Y.F. He & G.B. Ye, in Lin, Wang, He & Ye, Mycosystema 23: 12. 2004. **Type:** China (Anhui). Y.R. Lin L1525, AAUFP 67633.
安徽（AH）。
林英任等 2004a；林英任 2012。

坛状皮下盘菌

Hypoderma urniforme C.L. Hou & M. Piepenbr., in Hou, Liu & Piepenbring, Nova Hedwigia 84: 488. 2007. **Type:** China (Yunnan). C.L. Hou, M. Piepenbring, R. Kirschner & Z.L. Yang 147a, HMAS.
云南（YN）。
Hou et al. 2007；林英任 2012。

小皮下盘菌属

Hypodermella Tubeuf, Bot. Zbl. 61: 48. 1895.

落叶松小皮下盘菌

Hypodermella laricis Tubeuf, Bot. Zbl. 61: 49. 1895. **Type:** Austria.
Leptothyrella laricis Dearn., Mycologia 20: 241. 1928.
内蒙古（NM）、新疆（XJ）；奥地利、德国、俄罗斯、加拿大、美国。
戴芳澜 1979；林英任等 1995a；林英任 2012。

湿皮盘菌属

Hypohelion P.R. Johnst., Mycotaxon 39: 221. 1990.

硬湿皮盘菌

Hypohelion durum Y.R. Lin, C.L. Hou & S.J. Wang, in Lin, Wang & Hou, Mycosystema 23: 169. 2004. **Type:** China (Anhui). C.L. Hou et al. H0014, AAUFP.
安徽（AH）。
林英任等 2004b；林英任 2012。

小沟盘菌属

Lirula Darker, Can. J. Bot. 45: 1420. 1967.

线孢小沟盘菌

Lirula filiformis (Darker) Y.R. Lin & S.J. Wang, in Lin, Wang & Hou, Mycosystema 23: 171. 2004. **Type:** Canada.
Lophodermium filiforme Darker, Contr. Arnold Arbor. 1: 85. 1932.
Dermascia filiformis (Darker) Tehon, Illinois Biol. Monogr. 13 (4): 66. 1935.
山西（SX）、四川（SC）；捷克、德国、瑞士、加拿大、美国。
戴芳澜 1979；林英任等 2004b；林英任 2012。

大孢小沟盘菌

Lirula macrospora (R. Hartig) Darker, Can. J. Bot. 45: 1422. 1967. **Type:** ? Switzerland.
Hypoderma macrospora R. Hartig, Krankh. Waldb. p 100. 1874.
Lophodermium macrosporum (R. Hartig) Rehm, in Winter, Rabenh. Krypt.-Fl., Edn 2 1.3 (lief. 28) p 45. 1887.
Hypodermopsis macrospora (R. Hartig) Kuntze, Revis. Gen. Pl. 3: 487. 1898.
Hypodermella macrospora (R. Hartig) Lagerb., Meddn St. SkogsförsAnst. 7: 113. 1910.
Lophodermellina macrospora (R. Hartig) Tehon, Illinois Biol. Monogr. 13 (4): 76. 1935.
Hysterium macrosporum Peck, Ann. Rep. N.Y. St. Mus. Nat. Hist. 26: 83. 1874 [1873].
Hypodermina hartigii Hilitzer, Věd. Spisy čsl. Akad. Zeměd. 3: 57. 1929.
黑龙江（HL）、吉林（JL）、山西（SX）、陕西（SN）、甘肃（GS）、新疆（XJ）、四川（SC）；捷克、丹麦、法国、德国、挪威、波兰、斯洛文尼亚、瑞典、瑞士。
戴芳澜 1979；林英任等 1993a，1995b；林英任 2012。

脉生小沟盘菌

Lirula nervisequa (DC.) Darker, Can. J. Bot. 45: 1420. 1967. **Type:** UK.
Hysterium nervisequum DC., in de Candolle & Lamarck, Fl. Franç., Edn 3 6: 167. 1815.
Lophoderma nervisequum (DC.) Chevall., J. Phys. Chim. Hist. Nat. Arts 94: 31. 1822.
Lophodermium nervisequum (DC.) Chevall., Fl. Gén. Env. Paris 1: 435. 1826.
Schizoderma nervisequum (DC.) Duby, Bot. Gall., Edn 2 2: 885. 1830.
Hypoderma nervisequum (DC.) Fr., in Duby, Mém. Soc. Phys. Hist. Nat. Genève 16: 54. 1861.
Hypodermopsis nervisequa (DC.) Kuntze, Revis. Gen. Pl. 3: 487. 1898.
Hypodermella nervisequa (DC.) Lagerb., Meddn St. Skogsförs Anst. 7: 148. 1910.
Hypodermella lirelliformis Darker, Contr. Arnold Arbor. 1: 45. 1932.
吉林（JL）、陕西（SN）、四川（SC）、西藏（XZ）；奥地利、捷克、丹麦、法国、德国、匈牙利、意大利、瑞典、瑞士、英国。
戴芳澜 1979；林英任等 1993a，1995b；林英任 2012。

小散斑壳属

Lophodermella Höhn., Ber. Dt. Bot. Ges. 35: 247. 1917.

沟小散斑壳

Lophodermella sulcigena (Link) Höhn., Ber. Dt. Bot. Ges. 35: 247. 1917. **Type:** ? France.
Hypodermium sulcigenum Link, in Willdenow, Willd., Sp. Pl., Edn 4 6: 89. 1824.
Schizoderma sulcigenum (Link) Duby, Bot. Gall., Edn 2 2: 885. 1830.
Hypoderma sulcigenum Rostr., Tidsskr. Skogbr. 6: 284. 1883.
Hypoderma pinicola Brunch., Bergens Mus. Årbok 8: 6. 1893.
Hypodermella sulcigena (Link) Tubeuf, Bot. Zbl. 61: 49. 1895.
Lophodermium sulcigenum (Link) Rostr. ex Sacc., Syll. Fung. 11: 385. 1895.
黑龙江（HL）、内蒙古（NM）；捷克、丹麦、芬兰、法国、德国、意大利、挪威、瑞典、瑞士、英国、苏联、南斯拉夫。
何秉章等 1992；林英任 2012。

散斑壳属

Lophodermium Chevall., Fl. Gén. Env. Paris 1: 435. 1826.

贝壳杉散斑壳

Lophodermium agathidis Minter & Hettige, N.Z. Jl Bot. 21: 39. 1983. **Type:** New Zealand.

安徽（AH）、广东（GD）；马来西亚、新西兰。
林英任等 2005；Zheng et al. 2011；林英任 2012。

苇散斑壳

Lophodermium arundinaceum (Schrad.) Chevall., Fl. Gén. Env. Paris 1: 435. 1826. **Type:** ? UK.
Hysterium arundinaceum Schrad., J. Bot. 2: 68. 1799.
Hypoderma arundinaceum (Schrad.) DC., in Lamarck & de Candolle, Fl. Franç., Edn 3 2: 305. 1805.
Xyloma arundinis Rebent., Prodr. Fl. Neomarch. p 342. 1804.
Leptostroma hysterioides f. *graminicola* de Not., Micr. Ital., Dec. 3: fig. 6. 1849.
Niptera vulgaris Fuckel, Jb. Nassau. Ver. Naturk. 27-28: 59. 1874.
Lophodermium phragmitis (Sacc.) Mussat, Syll. Fung. 15: 199. 1900.
安徽（AH）、云南（YN）；菲律宾、奥地利、捷克、丹麦、芬兰、法国、德国、冰岛、意大利、波兰、罗马尼亚、瑞典、瑞士、英国、加拿大、美国、巴西。
戴芳澜 1979；林英任 2012。

南方散斑壳

Lophodermium australe Dearn., Mycologia 18: 242. 1926. **Type:** USA.
Leptostroma durissimum Cooke, Grevillea 7: 32. 1878.
安徽（AH）、江苏（JS）、湖南（HN）、湖北（HB）、贵州（GZ）、云南（YN）、福建（FJ）、广西（GX）、海南（HI）；印度、马来西亚、菲律宾、赞比亚、洪都拉斯、牙买加、墨西哥、美国、巴西、澳大利亚、斐济。
林英任等 1992；林英任 2012。

茶生散斑壳

Lophodermium camelliicola Minter, in Minter & Sharma, Mycologia 74: 709. 1982. **Type:** India.
安徽（AH）、广西（GX）；印度。
林英任 2012。

银杉散斑壳

Lophodermium cathayae Y.R. Lin, H.Y. Huang & C.L. Hou, in Gao, Lin, Huang & Hou, Mycological Progress 12: 145. 2013. **Type:** China (Guangxi). H.Y. Huang, H. Liu & Z.W. Yang 2363, AAUF 68471.
广西（GX）。
Gao et al. 2013。

雪松散斑壳

Lophodermium cedrinum Maire, Bull. Soc. Hist. Nat. Afr. N. 8: 174. 1917. **Type:** Algeria.
Labrella cedrina Durieu & Mont., in Durieu, Expl. Sci. Alg. 1: tab. 27: 7. 1849.
山东（SD）、河南（HEN）、陕西（SN）；巴基斯坦、阿尔及利亚、毛里塔尼亚；北非。
林英任等 1995a；林英任 2012。

三尖杉散斑壳

Lophodermium cephalotaxi S.J. Wang, Y.B. Liu & Y.R. Lin, in Wang, Liu, Chen, Liu & Lin, Mycosystema 26: 162. 2007. **Type:** China (Anhui). Y.R. Lin, S.J. Wang, Y.B. Liu et al., No. L1968, AAUFP 68076.
安徽（AH）。
王士娟等 2007；林英任 2012。

连合散斑壳

Lophodermium confluens Y.R. Lin, C.L. Hou & W.F. Zheng, in Lin, Hou, Cheng & Liu, Acta Mycol. Sin. 14: 93. 1995. **Type:** China (Shaanxi). W.F. Zheng 18199, ACAFP 67307.
陕西（SN）、云南（YN）。
林英任等 1995b；林英任 2012。

针叶树散斑壳

Lophodermium conigenum (Brunaud) Hilitzer, Věd. Spisy čsl. Akad. Zemĕd. 3: 76. 1929. **Type:** Czech.
Lophodermina conigena (Brunaud) Tehon, Illinois Biol. Monogr. 13 (4): 92. 1935.
Lophodermium pinastri f. *conigenum* Brunaud, Act. Soc. Linn. Bordeaux, Trois. Sér. 42: 95. 1888.
Leptostroma pinorum Sacc., Michelia 2: 632. 1882.
黑龙江（HL）、吉林（JL）、辽宁（LN）、山东（SD）、河南（HEN）、陕西（SN）、甘肃（GS）、新疆（XJ）、安徽（AH）、江苏（JS）、浙江（ZJ）、湖南（HN）、四川（SC）、贵州（GZ）、云南（YN）、台湾（TW）、广西（GX）、海南（HI）；奥地利、比利时、捷克、丹麦、法国、德国、希腊、意大利、荷兰、波兰、葡萄牙、瑞典、亚速尔群岛（葡）、加拿大、美国、新西兰、南斯拉夫。
林英任和唐燕平 1988；林英任等 1992，1995a；Hou et al. 2006a；林英任 2012。

芒萁散斑壳

Lophodermium dicranopteris Y.R. Lin, H.Y. Liu & Z. Li, Journal of Anhui Agricultural University 22: 230. 1995. **Type:** China (Guangdong). Y.R. Lin 15479, ACAFP 66587.
广东（GD）。
刘和云等 1995；林英任 2012。

淡色散斑壳

Lophodermium dilutum C.L. Hou, & Y.R. Lin, in Luo, Lin, Shi & Hou, Mycol. Progress 9: 236. 2010. **Type:** China (Yunnan). C.L. Hou 348, BJTC.
云南（YN）。
Luo et al. 2010。

椭圆散斑壳

Lophodermium ellipticum Y.R. Lin, Acta Mycol. Sin. 11: 279. 1992. **Type:** China (Yunnan). Y.R. Lin 15319, ACAFP 66427.

云南（YN）。
林英任等 1992；林英任 2012。

二郎山散斑壳

Lophodermium erlangshanense Y.G. Liu, in Liu, Pan, Yang, Luo & Ye, Mycosystema 28: 473. 2009. **Type:** China (Sichuan). Y.G. Liu et al., FMSAU 200501.
四川（SC）。
刘应高等 2009。

柃木散斑壳

Lophodermium euryae Y.R. Lin & Y.F. He, Mycosystema 24: 2. 2005. **Type:** China (Anhui). Y.R. Lin L1570, AAUFP 67678.
安徽（AH）。
林英任等 2005；林英任 2012。

灰散斑壳

Lophodermium griseum Y.R. Lin, Z.S. Xu & G.B. Ye, in Lin, Xu, Yie & Wang, Mycosystema 23: 14. 2004. [nom. illegit.] non *Lophodermium griseum* (Schwein.) Petr. 1979. **Type:** China (Guizhou). B.F. Hu L0376, AAUFP 66484.
贵州（GZ）。
林英任等 2004c；林英任 2012。

广西散斑壳

Lophodermium guangxiense Y.R. Lin, in Lin, Liu & Tang, Acta Mycol. Sin. 12: 5. 1993. **Type:** China (Guangxi). J.D. Cao 16450, ACAFP 66558.
广西（GX）。
林英任等 1993b；林英任 2012。

哈尔滨散斑壳

Lophodermium harbinense Y.R. Lin, in Lin, Li, Liang & Yu, Acta Mycol. Sin. 14: 179. 1995. **Type:** China (Heilongjiang). Y.R. Lin 15929, ACAFP 67037.
黑龙江（HL）、吉林（JL）；欧洲。
林英任等 1995a；林英任 2012。

喜马拉雅散斑壳

Lophodermium himalayense P.F. Cannon & Minter, Mycol. Pap. 155: 64. 1986. **Type:** India.
安徽（AH）、浙江（ZJ）、西藏（XZ）、广西（GX）；印度。
林英任等 1992；林英任 2012。

纠丝散斑壳

Lophodermium implicatum Y.R. Lin & Z.S. Xu, Mycosystema 20: 457. 2001. **Type:** China (Anhui). Y.R. Lin L1521a, AAUFP 67629a.
安徽（AH）。
林英任等 2001b；林英任 2012。

印度散斑壳

Lophodermium indianum Suj. Singh & Minter, in Minter, Mycol. Pap. 147: 27. 1981. **Type:** India.
四川（SC）、福建（FJ）、广西（GX）；印度、巴基斯坦、墨西哥。
林英任等 1992；林英任 2012。

剑川散斑壳

Lophodermium jianchuanense C.L. Hou & M. Piepenbr., in Hou, Lin & Piepenbring, Can. J. Bot. 83: 40. 2005. **Type:** China (Yunnan). C.L. Hou, M. Piepenbring, Z.L. Yang, & R. Kirschner 104, HMAS, AAUF HPY, K136.
云南（YN）。
Hou et al. 2005；林英任 2012。

江南散斑壳

Lophodermium jiangnanense Y.R. Lin & S.J. Wang, in Lin, Xu, Yie & Wang, Mycosystema 23: 15. 2004. **Type:** China (Hunan). Y.R. Lin L0512a, AAUFP 66629a.
安徽（AH）、湖南（HN）、广东（GD）。
林英任等 2004c；林英任 2012。

刺柏散斑壳

Lophodermium juniperinum (Fr.) de Not., G. Bot. Ital. 2 (7-8): 46. 1847. **Type:** ? Germany.
Hysterium juniperinum Fr., Observ. Mycol. 2: 355. 1818.
Hypoderma juniperinum (Fr.) Kuntze, Revis. Gen. Pl. 3: 487. 1898.
Lophodermina juniperina (Fr.) Tehon, Illinois Biol. Monogr. 13 (4): 96. 1935.
Hysterium juniperi Grev., Scott. Crypt. Fl. 1 (1-12): tab. 26. 1823.
Lophodermium juniperi (Grev.) Darker, Can. J. Bot. 45: 1431. 1967.
新疆（XJ）、安徽（AH）、浙江（ZJ）、云南（YN）；奥地利、比利时、捷克、丹麦、芬兰、法国、德国、冰岛、爱尔兰、意大利、挪威、波兰、罗马尼亚、斯洛伐克、西班牙、瑞典、瑞士、英国、摩洛哥、加拿大、美国。
戴芳澜 1979；林英任等 1993a，1995b；林英任 2012。

库曼散斑壳

Lophodermium kumaunicum Minter & M.P. Sharma, Mycologia 74: 702. 1982. **Type:** India.
吉林（JL）、山东（SD）、甘肃（GS）、安徽（AH）、云南（YN）、西藏（XZ）；印度、菲律宾。
林英任等 1992，1995a；林英任 2012。

落叶松散斑壳

Lophodermium laricinum Duby, Mém. Soc. Phys. Hist. Nat. Genève 16: 58. 1861 [1862].
Hypoderma laricinum (Duby) Kuntze, Revis. Gen. Pl. 3: 487. 1898.
Lophodermina laricina (Duby) Tehon, Illinois Biol. Monogr. 13 (4): 98. 1935.
黑龙江（HL）、四川（SC）、云南（YN）；日本、奥地

利、德国、意大利、西班牙、瑞士、英国、加拿大。
林英任等 1993a，1995b；Luo et al. 2010；林英任 2012。

芒果散斑壳

Lophodermium mangiferae Koord., Verh. K. Akad. Wet., Tweede Sect. 13: 163. 1907. **Type:** Indonesia.
福建（FJ）、台湾（TW）；印度、印度尼西亚。
王也珍等 1999；林英任 2012。

大散斑壳

Lophodermium maximum B.Z. He & D.Q. Yang, in He, Yang & Qi, Acta Mycol. Sin. 5: 71. 1986. **Type:** China (Liaoning). X.H. Guo, HNEFC 82030.
吉林（JL）、辽宁（LN）。
何秉章等 1986；林英任等 1995b；林英任 2012。

小散斑壳

Lophodermium minus (Tehon) P.R. Johnst., Sydowia 41: 174. 1989. **Type:** USA (Puerto Rico).
Clithris minor Tehon, Bot. Gaz. 65: 554. 1918.
Terriera minor (Tehon) P.R. Johnst., in Ortiz-García, Gernandt, Stone, Johnston, Chapela, Salas-Lizana & Alvarez-Buylla, Mycologia 95: 848. 2003.
安徽（AH）、浙江（ZJ）、福建（FJ）、广东（GD）；巴拿马、美国、智利、哥伦比亚、委内瑞拉、新西兰。
林英任等 2005；林英任 2012。

奇异散斑壳

Lophodermium mirabile Y.R. Lin, in Lin & Tang, Acta Mycol. Sin. 7: 132. 1988. **Type:** China (Anhui). Y.R. Lin 15124. ACAFP 66163.
吉林（JL）、北京（BJ）、山东（SD）、陕西（SN）、甘肃（GS）、安徽（AH）、湖南（HN）。
林英任和唐燕平 1988；林英任等 1992，1995a；林英任 2012。

研磨散斑壳

Lophodermium molitoris Minter, Can. J. Bot. 58: 908. 1980. **Type:** Canada.
陕西（SN）；加拿大、美国。
曹支敏等 1990。

内纳克散斑壳

Lophodermium nanakii P.F. Cannon & Minter, Mycol. Pap. 155: 76. 1986. **Type:** India.
Lophodermium piceae auct. non (Fuckel) Hohn., in Tai, Syll. Fung. Sin. p 195. 1979.
Lophodermium pinastri auct. non (Schrad.) Chevall., in Tai, Syll. Fung. Sin. p 195. 1979.
黑龙江（HL）、吉林（JL）、陕西（SN）、甘肃（GS）、四川（SC）；印度、丹麦、德国、英国、加拿大、美国。
戴芳澜 1979；林英任 2012。

光亮散斑壳

Lophodermium nitens Darker, Contr. Arnold Arbor. 1: 74. 1932. **Type:** ? Canada.
Lophodermina nitens (Darker) Tehon, Illinois Biol. Monogr. 13 (4): 102. 1935.
Lophodermium anhuiense Y.R. Lin, in Lin & Tang, Acta Mycol. Sin. 7: 130. 1988.
Lophodermium pini-sibiricae C.L. Hou & S.Q. Liu, Acta Mycol. Sin. 11: 195. 1992.
黑龙江（HL）、吉林（JL）、辽宁（LN）、山东（SD）、陕西（SN）、甘肃（GS）、安徽（AH）、云南（YN）；日本、加拿大、美国。
何秉章等 1986；林英任和唐燕平 1988；侯成林和刘世骐 1992；林英任等 1995b；Luo et al. 2010；林英任 2012。

木犀散斑壳

Lophodermium osmanthi Y.R. Lin, Z.S. Xu & K. Li, in Anhui Soc. Pl. Path. et al., Tact. Future Integrated Pest Management p 148. 2002. **Type:** China (Gansu). AAUF 67349.
甘肃（GS）。
林英任等 2002；林英任 2012。

厚唇散斑壳

Lophodermium pachychilum Y.R. Lin & Z.S. Xu, in Xu, Li, Lin & Xie, Journal of Anhui Agricultural University 28: 358. 2001. **Type:** China (Anhui). M.Yu, B. Deng et al. L1551b, AAUF 67659b.
安徽（AH）。
许早时等 2001；林英任 2012。

寄生散斑壳

Lophodermium parasiticum B.Z. He & D.Q. Yang, in He, Yang & Qi, Acta Mycol. Sin. 5: 72. 1986. **Type:** China (Heilongjiang). B.Z. He & D.Q. Yang, HNEFC 81031.
黑龙江（HL）、贵州（GZ）。
何秉章等 1986；林英任等 1992。

佩特拉克散斑壳

Lophodermium petrakii Durrieu, Beih. Sydowia 1: 356. 1957 [1956]. **Type:** France.
河南（HEN）、陕西（SN）、安徽（AH）、江苏（JS）、江西（JX）、湖南（HN）、四川（SC）、贵州（GZ）、云南（YN）、福建（FJ）、台湾（TW）、广西（GX）；法国。
林英任等 1993b，1995b；Hou et al. 2006a；林英任 2012。

云杉散斑壳

Lophodermium piceae (Fuckel) Hohn., Sber. Akad. Wiss. Wien, Math.-Naturw. Kl., Abt. 1 126 (4-5): 296. 1917. **Type:** Germany.
Phacidium piceae Fuckel, Jb. Nassau. Ver. Naturk. 27-28: 51. 1874.

Coccomyces piceae (Fuckel) Sacc., Syll. Fung. 8: 746. 1889.
黑龙江（HL）、吉林（JL）、陕西（SN）、甘肃（GS）、新疆（XJ）、四川（SC）、云南（YN）；奥地利、丹麦、德国、卢森堡、挪威、波兰、俄罗斯、斯洛文尼亚、西班牙、瑞典、英国、加拿大、美国。
戴芳澜 1979；林英任等 1993a，1995b；林英任 2012。

马醉木散斑壳

Lophodermium pieridis Keissl., Öst. Bot. Z. 73 (4-6): 125. 1924. **Type:** China (Yunnan).
云南（YN）。
戴芳澜 1979；林英任 2012。

松针散斑壳

Lophodermium pinastri (Schrad.) Chevall., Fl. Gén. Env. Paris 1: 436. 1826. **Type:** France.
Hysterium pinastri Schrad., J. Bot. 2: 69. 1799.
Hypoderma pinastri (Schrad.) DC., in Lamarck & de Candolle, Fl. Franç., Edn 3 2: 305. 1805.
Lophodermellina pinastri (Schrad.) Höhn., Annls Mycol. 15: 311. 1917.
Hysterium limitatum Wiebel, Primit. Fl. Werthem. p 329. 1799.
Lophiostoma pinastri Niessl, Hedwigia 16: 13. 1877.
Hysterium thujae (Roberge) House, Bull. N.Y. St. Mus. p 21. 1921.
Lophodermium laricis Dearn., Mycologia 18: 243. 1926.
Lophodermium pinicola Tehon, Illinois Biol. Monogr. 13 (4): 55. 1935.
黑龙江（HL）、吉林（JL）、辽宁（LN）、河北（HEB）、山西（SX）、山东（SD）、河南（HEN）、陕西（SN）、甘肃（GS）、安徽（AH）、江苏（JS）、上海（SH）、浙江（ZJ）、江西（JX）、湖南（HN）、湖北（HB）、四川（SC）、贵州（GZ）、云南（YN）、西藏（XZ）、福建（FJ）、台湾（TW）、广西（GX）；日本、奥地利、比利时、捷克、丹麦、芬兰、法国、德国、希腊、冰岛、爱尔兰、意大利、卢森堡、荷兰、挪威、波兰、罗马尼亚、斯洛文尼亚、西班牙、瑞典、瑞士、英国、摩洛哥、加拿大、美国、阿根廷、澳大利亚、新西兰、苏联。
邓叔群 1963；戴芳澜 1979；林英任和唐燕平 1988；林英任等 1993b，1995a；林英任 2012。

白皮松散斑壳

Lophodermium pini-bungeanae Y.R. Lin, in Lin & Tang, Acta Mycol. Sin. 7: 131. 1988. **Type:** China (Anhui). H.X. Ge & Y.R. Lin 15121, ACAFP 66150.
北京（BJ）、山东（SD）、河南（HEN）、甘肃（GS）、安徽（AH）、浙江（ZJ）、云南（YN）。
林英任和唐燕平 1988；林英任等 1993b，1995a；林英任 2012。

乔松散斑壳

Lophodermium pini-excelsae S. Ahmad, in Petrak & Ahmad, Sydowia 8: 172. 1954. **Type:** Pakistan.
黑龙江（HL）、吉林（JL）、辽宁（LN）、北京（BJ）、新疆（XJ）、安徽（AH）、江苏（JS）、上海（SH）、浙江（ZJ）、江西（JX）、湖南（HN）、贵州（GZ）、云南（YN）、福建（FJ）、广东（GD）、广西（GX）；日本、巴基斯坦、比利时、爱尔兰、英国、加拿大。
何秉章等 1986；林英任和唐燕平 1988；林英任等 1993b，1995a；林英任 2012。

偃松散斑壳

Lophodermium pini-pumilae Sawada, Bull. Govt. Forest Exp. Stn. Meguro 53: 151. 1952. **Type:** Japan.
黑龙江（HL）、吉林（JL）、辽宁（LN）、山东（SD）、湖南（HN）、四川（SC）；日本。
何秉章等 1986；林英任等 1993b，1995a；林英任 2012。

红褐散斑壳

Lophodermium rufum Y.R. Lin & K. Li, J. Anhui Agric. Univ. 28: 359. 2001. **Type:** China (Anhui). Y.R. Lin et H.W. Xing, L1553a, AAUFP 67661a.
安徽（AH）。
许早时等 2001；林英任 2012。

人心果散斑壳

Lophodermium sapotae Chuan F. Zhang & P.K. Chi, Journal of South China Agricultural University 15 (4): 35. 1994. **Type:** China (Guangdong). C.F. Zhang 1503.
广东（GD）。
张传飞和戚佩坤 1994；林英任 2012。

扰乱散斑壳

Lophodermium seditiosum Minter, Staley & Millar, Trans. Brit. Mycol. Soc. 71: 300. 1978. **Type:** USA.
Leptostroma austriacum Oudem., Proc. K. Ned. Akad. Wet., Ser. C, Biol. Med. Sci. p 208. 1904.
Leptostroma rostrupii Minter, Can. J. Bot. 58: 912. 1980.
黑龙江（HL）、云南（YN）；奥地利、捷克、丹麦、芬兰、德国、希腊、匈牙利、爱尔兰、荷兰、挪威、波兰、斯洛伐克、瑞典、瑞士、英国、美国、苏联、南斯拉夫。
何秉章等 1985；林英任等 1993b，1995a；师光开等 2010；林英任 2012。

四川散斑壳

Lophodermium sichuanense D.X. Qiu & Y.G. Liu, in Liu & Qiu, Acta Mycol. Sin. 14: 101. 1995. **Type:** China (Sichuan). Y.G. Liu SCAFP89001.
四川（SC）。
刘应高和邱德勋 1995；林英任 2012。

斯塔雷散斑壳

Lophodermium staleyi Minter, Mycol. Pap. 147: 22. 1981. **Type:** USA.
黑龙江（HL）；美国。
林英任等 1995b；林英任 2012。

铁杉散斑壳

Lophodermium tsugae J.T. Luo, C.L. Hou & Y.R. Lin, in Luo, Lin, Shi & Hou, Mycol. Progr. 9: 236. 2010. [nom. inval.] **Type:** China (Yunnan). C.L. Hou.
云南（YN）。
Luo et al. 2010。

杉叶散斑壳

Lophodermium uncinatum Darker, Contr. Arnold Arbor. 1: 76. 1932. **Type:** USA.
Lophodermina uncinata (Darker) Tehon, Illinois Biol. Monogr. 13: 110. 1935.
江苏（JS）、浙江（ZJ）、湖南（HN）、四川（SC）、福建（FJ）、广西（GX）；美国。
邓叔群 1963；戴芳澜 1979。

坛状散斑壳

Lophodermium urniforme S.J. Wang & Y.R. Lin, in Wang, Xu, Tang, Li & Ren, Mycosystema 33: 769. 2014. **Type:** China (Anhui). S.J. Wang and Y.R. Lin, L2174, AAUF 68282.
安徽（AH）。
Wang et al. 2014。

强壮散斑壳

Lophodermium validum Y.R. Lin, Z.S. Xu & K. Le, Mycosystema 20: 458. 2001. **Type:** China (Anhui). Y.R. Lin & H.W. Xing L1553c, AAUFP 67661c.
安徽（AH）。
林英任等 2001b；林英任 2012。

皖南散斑壳

Lophodermium wannanense C.L. Hou, in Hou and Wang, Forest Research 8: 426. 1995. **Type:** China (Anhui). C.L. Hou & Y.Z. Wang 1032, ACAFP 9008.
安徽（AH）。
侯成林和王有智 1995；林英任 2012。

杨氏散斑壳

Lophodermium yangii Y.R. Lin & C.L. Hou, Tact. Future Integrated Pest Management p 147. 2002. **Type:** China (Anhui). AAUFP 67733b.
安徽（AH）。
林英任等 2002；林英任 2012。

杨陵散斑壳

Lophodermium yanglingense Z.M. Cao & C.M. Tian, in Cao, Yang & Tian, Acta Mycol. Sin. 13: 246. 1994. **Type:** China (Shaanxi). Z.M. Cao 89212, NWFC.
陕西（SN）。
曹支敏等 1994；林英任 2012。

岳西散斑壳

Lophodermium yuexiense C.L. Hou, H.S. Cao & Y.R. Lin, Forest Research 9: 64. 1996. **Type:** China (Anhui). C.L. Hou 1030, ACAFP 9007.
安徽（AH）。
侯成林等 1996；林英任 2012。

隔孢缝壳属

Lophomerum Ouell. & Magasi, Mycologia 58: 275. 1966.

秋隔孢缝壳

Lophomerum autumnale (Darker) Magasi, Mycologia 58 (2): 275. 1966. **Type:** Canada.
Lophodermium autumnale Darker, Contr. Arnold Arbor. 1: 77. 1932.
Lophodermina autumnalis (Darker) Tehon, Illinois Biol. Monogr. 13: 89. 1935.
陕西（SN）、云南（YN）；加拿大、美国。
林英任等 1995a；Luo et al. 2010；林英任 2012。

杜鹃隔孢缝壳

Lophomerum rhododendri (Ces. ex Rehm) Remler, Biblthca Mycol. 68: 179. 1980 [1979]. **Type:** Austria.
Lophodermium rhododendri Ces. ex Rehm, Ber. Naturhist. Augsburg 26: 34. 1881.
Hypoderma rhododendri Butin, Phytopath. Z. 68: 64. 1970.
Hysterium sphaeroides var. *rhododendri* (Ces. ex Rehm) Cooke ex Sacc., Syll. Fung. 2: 793. 1883.
四川（SC）、云南（YN）；奥地利、德国、意大利、英国。
邓叔群 1963；戴芳澜 1979。

黑皮盘菌属

Meloderma Darker, Can. J. Bot. 45: 1429. 1967.

德斯马泽黑皮盘菌

Meloderma desmazieri (Duby) Darker, Can. J. Bot. 45: 1429. 1967. **Type:** USA.
Hypoderma desmazieri Duby, Mém. Soc. Phys. Hist. Nat. Genève 16: 54. 1861 [1862].
Hypodermopsis desmazieri (Duby) Kuntze, Revis. Gen. Pl. 3: 487. 1898.
Lophodermium brachysporum Rostr., Tidsskr. Skogbr. 6: 281. 1883.
Hypoderma brachysporum Speg., Boln Acad. Nac. Cienc. Córdoba 9: 116. 1895.
Hypoderma strobicola Tubeuf, Diseases Plants Induced Cryptog. Paras. p 233. 1897.
Lophodermium lineatum A.L. Sm. & Ramsb., Trans. Brit. Mycol. Soc. 6: 365. 1920.
Leptostroma strobicola Hilitzer, Věd. Spisy čsl. Akad. Zeměd.

3: 149, 1929.
浙江（ZJ）、江西（JX）、湖南（HN）、贵州（GZ）、福建（FJ）、广东（GD）、广西（GX）；印度、丹麦、法国、德国、爱尔兰、英国、加拿大、墨西哥、美国、苏联、南斯拉夫。
戴芳澜 1979；胡炳福 1983；林英任 1991；林英任等 1993a。

多星裂盘菌属

Myriophacidium Sherwood, Mycologia 66: 691. 1974.

叉丝多星裂盘菌

Myriophacidium ramosum C.L. Hou & M. Piepenbr., Mycologia 101: 383. 2009. **Type:** China (Yunnan). C.L. Hou, M. Piepenbring, Z.L. Yang & R. Kirschner 147a, AAUFP 900067.
云南（YN）。
Hou & Piepenbring 2009。

丝环盘菌属

Naemacyclus Fuckel, Jb. Nassau. Ver. Naturk. 27-28: 49. 1874.

流苏状丝环盘菌

Naemacyclus fimbriatus (Schwein.) DiCosmo, Peredo & Minter, Eur. J. For. Path. 13: 207. 1983. **Type:** USA.
Stictis fimbriata Schwein., Trans. Am. Phil. Soc. 4: 179. 1834.
Lasiostictis fimbriata (Schwein.) Bäumler, in Zahlbruckner, Annln naturh. Mus. Wien, Ser. B, Bot. Zool. 16: 69. 1901.
Propolis pinastri Lacroix, in Desmazières, Pl. Crypt. Nord France, Edn 2 p 791. 1861.
Stictis conigena Sacc. & Berl., Atti Ist. Veneto Sci. Lett. ed Arti, Sér. 3 3: 734. 1885.
安徽（AH）；奥地利、法国、瑞典、加拿大、美国。
Hou et al. 2006b；林英任 2012。

毛齿裂菌属

Nematococcomyces C.L. Hou, M. Piepenbr. & Oberw., Mycologia 96: 1381. 2004.

杜鹃毛齿裂菌

Nematococcomyces rhododendri C.L. Hou, M. Piepenbr. & Oberw., Mycologia 96: 1381. 2004. **Type:** China (Yunnan). C.L. Hou, M. Piepenbring, Z.L. Yang & R. Kirschner 112, HMAS.
云南（YN）。
Hou et al. 2004；林英任 2012。

新齿裂菌属

Neococcomyces Y.R. Lin, C.T. Xiang & Z.Z. Li, in Lin, Li, Xiang, Liang & Yu, Mycosystema 18: 357. 1999.

爆裂新齿裂菌

Neococcomyces erumpens C.L. Hou & M. Piepenbr., Mycologia 101: 385. 2009. **Type:** China (Sichuan). C.L. Hou 375, AAUFP 900074.
四川（SC）。
Hou & Piepenbring 2009。

新齿裂菌

Neococcomyces rhododendri Y.R. Lin, C.T. Xiang & Z.Z. Li, in Lin, Li, Xiang, Liang & Yu, Mycosystema 18: 359. 1999. **Type:** China (Anhui). B. Deng, H.W. Xing & Y.R. Lin L1522a, AAUFP 67660a.
安徽（AH）。
林英任等 1999b；林英任 2012。

云南新齿裂菌

Neococcomyces yunnanensis C.L. Hou & J. Gao, in Gao & Hou, Nova Hedwigia 82: 124. 2006. **Type:** China (Yunnan). C.L. Hou 115, HMAS.
云南（YN）。
Gao & Hou 2006；林英任 2012。

舟皮盘菌属

Ploioderma Darker, Can. J. Bot. 45: 1424. 1967.

毁坏舟皮盘菌

Ploioderma destruens Y.R. Lin & C.L. Hou, Acta Mycol. Sin. 14: 175. 1995. **Type:** China (Anhui). C.L. Hou 17377, ACAFP 67485.
安徽（AH）。
林英任和侯成林 1995；林英任 2012。

汉德尔舟皮盘菌

Ploioderma handelii (Petr.) Y.R. Lin & C.L. Hou, Acta Mycol. Sin. 13: 178. 1994. **Type:** ? China.
Hypoderma handelii Petr., Sydowia 1: 371. 1947.
Hypoderma strobicola f. *cunninghamiae* Keissl., Acad. Wiss. Wien Anzeiger, Math.-Naturwiss. Kl. 61: 13. 1924.
Hypoderma cunninghamiae Teng, Sinensia 7: 261. 1936. [as "(Keissl.) Teng"] [nom. inval.]
山东（SD）、河南（HEN）、安徽（AH）、江苏（JS）、湖南（HN）、贵州（GZ）、云南（YN）、福建（FJ）、广西（GX）。
邓叔群 1963；戴芳澜 1979；林英任和侯成林 1994；林英任等 1995a；林英任 2012。

华山松舟皮盘菌

Ploioderma pini-armandii C.L. Hou & S.Q. Liu, Acta Mycol. Sin. 12: 99. 1993. **Type:** China (Shaanxi). W.H. Li 0158, AAUF 90003.
陕西（SN）、云南（YN）。
侯成林和刘世骐 1993；林英任等 1995b；Hou et al. 2006b；林英任 2012。

玉龙舟皮盘菌

Ploioderma yulongense C.L. Hou, G.K. Shi & J.T. Luo, in Shi,

Luo & Hou, Mycosystema 29: 160. 2010. **Type:** China (Yunnan). C.L. Hou, G.K. Shi & J.T. Luo 580, AAUF 90061.
云南（YN）。
师光开等 2010。

斑痣盘菌属

Rhytisma Fr., K. Svenska Vetensk-Akad. Handl. 39: 104. 1818.

槭斑痣盘菌

Rhytisma acerinum (Pers.) Fr., K. Svenska Vetensk-Akad. Handl. 40: 104. 1819. **Type:** Germany.
Xyloma acerinum Pers., Neues Mag. Bot. 1: 85. 1794.
Polystigma acerinum (Pers.) Link, Handbuck zur Erkennung der Nutzbarsten und am Häufigsten Vorkommenden Gewächse 3: 391. 1833.
Melasmia acerina Lév., Annls Sci. Nat., Bot., Sér. 3 5: 276. 1846.
Melanosorus acerinus (Pers.) de Not., G. Bot. Ital. 2 (7-8): 49. 1847.
Xyloma gyrans Wallr., Fl. Crypt. Germ. 2: 410. 1833.
Xyloma lacrymans Wallr., Fl. Crypt. Germ. 2: 410. 1833.
Rhytisma pseudoplatani Müll. Berol., Zentbl. Bakt. Parasit Kde, Abt. II 36: 67. 1913.
山西（SX）、山东（SD）、河南（HEN）、陕西（SN）、安徽（AH）、江苏（JS）、浙江（ZJ）、湖南（HN）、湖北（HB）、四川（SC）、福建（FJ）；印度、日本、尼泊尔、巴基斯坦、奥地利、比利时、丹麦、芬兰、法国、德国、爱尔兰、意大利、挪威、波兰、罗马尼亚、俄罗斯、瑞典、英国、摩洛哥、加拿大、美国、新西兰。
戴芳澜 1979；林英任 2012。

安徽斑痣盘菌

Rhytisma anhuiense C.L. Hou & M. Piepenbr., Mycopathologia 159: 299. 2005. **Type:** China (Anhui). C.L. Hou 350, HMAS.
安徽（AH）、浙江（ZJ）、广东（GD）。
Hou & Piepenbring 2005b；林英任 2012。

喜马斑痣盘菌

Rhytisma himalense Syd., P. Syd. & E.J. Butler, Annls Mycol. 9: 377. 1911. **Type:** India.
安徽（AH）、浙江（ZJ）、西藏（XZ）、福建（FJ）、广东（GD）；印度、巴基斯坦。
王云章和臧穆 1983；林英任 2012。

黄山斑痣盘菌

Rhytisma huangshanense C.L. Hou & M.M. Wang, in Wang, Jin, Jiang & Hou, Mycotaxon 108: 76. 2009. **Type:** China (Anhui). C.L. Hou, M.M. Wang & L. Zhang 564, AAUF.
安徽（AH）。
Wang et al. 2009。

忍冬生斑痣盘菌

Rhytisma lonicericola Henn., Bot. Jb. 32: 43. 1903. **Type:** Japan.
吉林（JL）、河北（HEB）、河南（HEN）、陕西（SN）、安徽（AH）、江西（JX）、四川（SC）、云南（YN）；日本。
戴芳澜 1979；林英任 2012。

点斑痣盘菌

Rhytisma punctatum (Pers.) Fr., Syst. Mycol. 2: 569. 1823. **Type:** Europe.
Xyloma punctatum Pers., Observ. Mycol. 2: 100. 1800 [1799].
Melasmia punctata Sacc. & Roum., Michelia 2: 632. 1882.
Sphaeria subconfluens Schwein., Syn. Fung. Amer. Bor. no. 1273. 1832.
Diatrype subconfluens Cooke, Grevillea 14: 16. 1885.
黑龙江（HL）、吉林（JL）、辽宁（LN）、甘肃（GS）、安徽（AH）、江苏（JS）、浙江（ZJ）、江西（JX）、湖南（HN）、湖北（HB）、四川（SC）；印度、日本、巴基斯坦、奥地利、比利时、丹麦、法国、德国、意大利、罗马尼亚、俄罗斯、瑞典、英国、摩洛哥、加拿大、美国；欧洲广布。
戴芳澜 1979；林英任 2012。

直丝斑痣盘菌

Rhytisma rhododendri-oldhamii Sawada, Report of the Department of Agriculture, Government Research Institute of Formosa 86: 4. 1943. [nom. illegit.] **Type:** China (Taiwan).
台湾（TW）。
戴芳澜 1979；林英任 2012。

柳斑痣盘菌

Rhytisma salicinum (Pers.) Fr., Syst. Mycol. 2: 568. 1823. **Type:** Europe.
Xyloma salicinum Pers., Neues Mag. Bot. 1: 85. 1794.
Xyloma leucocreas DC., in Lamarck & de Candolle, Fl. Franç., Edn 3 2: 303. 1805.
Melasmia salicina Lév., in Tulasne, Select. Fung. Carpol. 3: 119. 1865.
吉林（JL）、辽宁（LN）、河北（HEB）、山西（SX）、河南（HEN）、新疆（XJ）、四川（SC）、云南（YN）、西藏（XZ）；印度、日本、巴基斯坦、奥地利、比利时、丹麦、芬兰、法国、德国、冰岛、爱尔兰、意大利、挪威、罗马尼亚、俄罗斯、斯洛伐克、西班牙、瑞典、瑞士、英国、加拿大、美国；欧洲广布。
戴芳澜 1979；林英任 2012。

脐突斑痣盘菌

Rhytisma umbonatum Hoppe, in Rabenhorst, Deutschl. Krypt.-Fl. 1: 162. 1844. **Type:** ? Germany.
Xyloma amphigenum Wallr., Fl. Crypt. Germ. 2: 411. 1833.
Rhytisma amphigenum (Wallr.) Magnus, R. & B.B. p 9. 1951.
Xyloma umbonatum Hoppe ex Wallr., Fl. Crypt. Germ. 2: 411.

1833.
Rhytisma autumnale J. Schröt., in Cohn, Krypt.-Fl. Schlesien 3.2 (1-2): 173. 1893.
Rhytisma symmetricum Jul. Müll., Jb. Wiss. Bot. 25: 622. 1893.
吉林（JL）、海南（HI）；印度、捷克、德国、瑞典。
王士娟等 2006；林英任 2012。

岳西斑痣盘菌

Rhytisma yuexiense C.L. Hou & M. Piepenbr., Mycopathologia 159: 305. 2005. **Type:** China (Anhui). C.L. Hou 325. HMAS.
安徽（AH）。
Hou & Piepenbring 2005b；林英任 2012。

小鞋孢盘菌属

Soleella Darker, Can. J. Bot. 45: 1427. 1967.

中华小鞋孢盘菌

Soleella chinensis Y.R. Lin, Z. Li & S.M. Yu, Forest Research 8: 422. 1995. **Type:** China (Anhui). Y.R. Lin & S.M. Yu 17531, ACAFP 67639.
安徽（AH）。
林英任等 1995c；林英任 2012。

杉木小鞋孢盘菌

Soleella cunninghamiae Saho & Zinno, J. Jap. For. Soc. 54: 349. 1972. **Type:** Japan.
山东（SD）、河南（HEN）、安徽（AH）、贵州（GZ）、云南（YN）、广东（GD）、广西（GX）；日本。
林英任和唐燕平 1991；林英任等 1993a，1995b；林英任 2012。

黄山小鞋孢盘菌

Soleella huangshanensis C.L. Hou & H.S. Cao, Mycosystema 16: 14. 1997. **Type:** China (Anhui). H.S. Cao, C.L. Hou & Z.C. Wang 0171, ACAFP 90018.
安徽（AH）。
侯成林等 1997；林英任 2012。

刺柏生小鞋孢盘菌

Soleella junipericola C.L. Hou & M. Piepenbr., in Hou, Lin & Piepenbring, Can. J. Bot. 83: 42. 2005. **Type:** China (Yunnan). C.L. Hou & Y.R. Lin 324, HMAS.
云南（YN）。
Hou et al. 2005；林英任 2012。

松生小鞋孢盘菌

Soleella pinicola Y.R. Lin & W. Ren, Acta Mycol. Sin. 11: 210. 1992. **Type:** China (Yunnan). J.W. Chen 16346. AAUF 66454.
云南（YN）。
林英任和任玮 1992；Hou et al. 2006b；林英任 2012。

扁盘菌属

Terriera B. Erikss., Symb. Bot. Upsal. 19 (4): 58. 1970.

角状扁盘菌［新拟］

Terriera angularis Y.R. Lin, F. Zhou & X.Y. Wang, in Zhou, Wang, Zhang & Lin, Mycotaxon 122: 356. 2013. **Type:** China (Hubei). G.J. Jia & Y.R. Lin 2511, AAUF 68619.
湖北（HB）。
Zhou et al. 2013。

短扁盘菌

Terriera brevis (Berk.) P.R. Johnst., Mycol. Pap. 176: 98. 2001. **Type:** New Zealand.
Hysterium breve Berk., in Hooker, Bot. Antarct. Voy. Erebus Terror 1839-1843 p 174. 1845.
Lophodermium breve (Berk.) de Not., G. Bot. Ital. 2 (7-8): 47. 1847.
Hypoderma breve (Berk.) Kuntze, Revis. Gen. Pl. 3: 487. 1898.
香港（HK）；意大利、新西兰。
Fröhlich & Hyde 2000。

山茶扁盘菌

Terriera camelliae (Teng) Y.R. Lin & J.L. Chen, in Chen, Lin, Hou & Wang, Mycotaxon 118: 227. 2011. **Type:** China (Fujian). S.C. Teng 1904.
Lophodermium camelliae Teng, Sinensia 4: 138. 1933.
Clithris camelliae (Teng) Tehon, Mycologia 31: 675. 1939.
Colpoma camelliae (Teng) Teng, Fungi of China p 759. 1963.
福建（FJ）。
Chen et al. 2011；林英任 2012。

聚生扁盘菌［新拟］

Terriera coacervata Y.R. Lin & Q. Zheng, in Zheng, Lin, Yu & Chen, Mycotaxon 118: 318. 2011. **Type:** China (Anhui). S.J. Wang & Y.R. Lin 2244a, AAUF 68352a.
安徽（AH）。
Zheng et al. 2011。

黄山扁盘菌

Terriera huangshanensis Z.Z. Yang, Y.R. Lin & C.L. Hou, Mycotaxon 117: 368. 2011. **Type:** China (Anhui). Y.R. Lin et al. L2217, AAUF68325.
安徽（AH）。
Yang et al. 2011。

八角生扁盘菌

Terriera illiciicola (S.J. Wang, Y.F. He & Y.R. Lin) Q. Zheng & Y.R. Lin, in Zheng, Lin, Yu & Chen, Mycotaxon 118: 321. 2011. **Type:** China (Anhui). Y.R. Lin 1912, AAUF 67683.
Lophodermium illiciicola S.J. Wang, Y.F. He & Y.R. Lin, Mycosystema 25: 1. 2006.
安徽（AH）。

王士娟等 2006；Zheng et al. 2011；林英任 2012。

皮氏扁盘菌

Terriera petrakii C.L. Hou, in Song, Liu, Li & Hou, Mycotaxon 119: 332. 2011. **Type:** China (Yunnan). Y.R. Lin 1912, AAUF 67683.

云南（YN）。

Song et al. 2012。

圆形扁盘菌［新拟］

Terriera rotundata C.L. Hou, in Song, Liu, Li & Hou, Mycotaxon 119: 330. 2012. **Type:** China (Yunnan). C.L. Hou et al. 172, BJTC 201102. (Song et al. 2012)

云南（YN）。

Song et al. 2012。

简单扁盘菌

Terriera simplex Y.L. Lin, X.M. Gao & C.T. Zheng, in Gao, Zheng & Lin, Mycotaxon 120: 210. 2012. **Type:** China (Anhui). S.J. Wang & Y.R. Lin 2020, AAUF 68128.

安徽（AH）。

Gao et al. 2012。

特里盘菌属

Therrya Sacc., Michelia 2: 604. 1882.

冷杉生特里盘菌

Therrya abieticola C.L. Hou & M. Piepenbr., Mycotaxon 102: 168. 2007. **Type:** China (Yunnan). C.L. Hou, M. Piepenbring, R. Kirschner & Z.L. Yang 103, AAUFP 90036.

云南（YN）。

Hou & Piepenbring 2007。

符氏盘菌属

Vladracula P.F. Cannon, Minter & Kamal, in Cannon & Minter, Mycol. Pap. 155: 117. 1986.

环状符氏盘菌

Vladracula annuliformis (Syd., P. Syd. & E.J. Butler) P.F. Cannon, Minter & Kamal, in Cannon & Minter, Mycol. Pap. 155: 117. 1986. **Type:** India.

Schizothyrium annuliforme Syd., P. Syd. & E.J. Butler, Annls mycol. 9: 376. 1911.

山东（SD）、河南（HEN）、安徽（AH）、江苏（JS）、湖北（HB）；印度。

侯成林 1995；林英任 2012。

寡囊盘菌目［新拟］Thelebolales P.F. Cannon

寡囊盘菌科［新拟］**Thelebolaceae** Eckblad

粪裸盘菌属

Coprotus Korf & Kimbr., Am. J. Bot. 54: 21. 1967.

晨粪裸盘菌

Coprotus aurora (P. Crouan & H. Crouan) K.S. Thind & Waraitch, Res. Bull. Punjab Univ., N.S. 21: 145. 1971 [1970]. **Type:** France.

Peziza aurora P. Crouan & H. Crouan, Florule Finistère p 53. 1867.

Ascophanus aurora (P. Crouan & H. Crouan) Boud., Annls Sci. Nat., Bot., Sér. 5 10: 248. 1869.

云南（YN）；法国、英国。

Wang Z & Wang YZ 2000。

小圆粪裸盘菌

Coprotus disculus Kimbr., Luck-Allen & Cain, Can. J. Bot. 50: 962. 1972. **Type:** USA.

台湾（TW）；加拿大、美国。

Wang 1993。

光粪裸盘菌

Coprotus glaucellus (Rehm) Kimbr., in Kimbrough & Korf, Am. J. Bot. 54: 22. 1967. **Type:** Germany.

Ascophanus glaucellus Rehm, in Winter, Rabenh. Krypt.-Fl., Edn 2 1.3 (lief. 44) p 1086. 1895 [1896].

台湾（TW）；德国。

Wang 1996a；吴声华等 1996。

颗粒状粪裸盘菌

Coprotus granuliformis (H. Crouan & P. Crouan) Kimbr., in Kimbrough & Korf, Am. J. Bot. 54: 22. 1967. **Type:** France.

Ascobolus granuliformis P. Crouan & H. Crouan, Annls Sci. Nat., Bot., Sér. 4 10: 195. 1858.

Ascophanus granuliformis (P. Crouan & H. Crouan) Boud., Annls Sci. Nat., Bot., Sér. 5 10: 245. 1869.

四川（SC）；法国。

Wang Z & Wang YZ 2000。

乳粪裸盘菌

Coprotus lacteus (Cooke & W. Phillips) Kimbr., Luck-Allen & Cain, Can. J. Bot. 50: 965. 1972. **Type:** UK.

Ascobolus lacteus Cooke & W. Phillips, Grevillea 5: 119. 1877.

Ascophanus lacteus (Cooke & W. Phillips) W. Phillips, Man. Brit. Discomyc. p 306. 1887.

Helotium lacteum (Cooke & W. Phillips) Massee, Brit. Fung.-Fl. 4: 269. 1895.

云南（YN）；英国。

Zhuang & Wang 1998b。

亮杯粪裸盘菌

Coprotus leucopocillum Kimbr., Luck-Allen & Cain, Can. J. Bot. 50: 965. 1972. **Type:** Bermuda (UK).

四川（SC）、台湾（TW）；百慕大群岛（英）、加拿大、美国。

Liou & Chen 1977b；Wang & Wang 2000。

大粪裸盘菌

Coprotus marginatus Kimbr., Luck-Allen & Cain, Can. J. Bot. 50: 967. 1972. **Type:** Costa Rica.

台湾（TW）；哥斯达黎加。

吴声华等 1996；Wang 1999。

雪白粪裸盘菌

Coprotus niveus (Fuckel) Kimbr., Luck-Allen & Cain, Can. J. Bot. 50: 967. 1972. **Type:** Germany.

Ascobolus niveus Fuckel, Hedwigia 5: 1. 1866.

Ryparobius niveus (Fuckel) Sacc., Syll. Fung. 8: 544. 1889.

Ascozonus niveus (Fuckel) Boud., Hist. Class. Discom. Eur. p 79. 1907.

台湾（TW）；德国、意大利、加拿大、墨西哥、美国。

Wang 1993。

黄粪裸盘菌

Coprotus ochraceus (P. Crouan & H. Crouan) Kar. Larsen, Bot. Tidsskr. 66 (1-2): 21. 1971. **Type:** France.

Ascobolus ochrraceus P. Crouan & H. Crouan, Florule Finistère p 57. 1867.

Ascophanus ochraceus (P. Crouan & H. Crouan) Boud., Annls Sci. Nat., Bot., Sér. 5 10: 247. 1869.

台湾（TW）；比利时、法国、意大利、英国。

Wang 1993。

十六孢粪裸盘菌

Coprotus sexdecimsporus (P. Crouan & H. Crouan) Kimbr. & Korf, Am. J. Bot. 54: 22. 1967. **Type:** France.

Ascobolus sexdecimsporus P. Crouan & H. Crouan, Annls Sci. Nat., Bot., Sér. 4 10: 195. 1858.

Ascophanus sexdecimsporus (P. Crouan & H. Crouan) Boud., Annls Sci. Nat., Bot., Sér. 5 10: 247. 1869.

Ryparobius sexdecimsporus (P. Crouan & H. Crouan) Sacc., Syll. Fung. 8: 541. 1889.

台湾（TW）；法国。

Wang 1995。

钩粪裸盘菌

Coprotus uncinatus Yei Z. Wang, Mycotaxon 52: 84. 1994. **Type:** China (Taiwan). Y.Z. Wang, TNM F0740.

台湾（TW）。

Wang 1994。

瘦盘菌属

Leptokalpion Brumm., Kew Bull. 31: 617. 1977.

白瘦盘菌

Leptokalpion albicans Brumm., Kew Bull. 31: 617. 1977. **Type:** Thailand.

台湾（TW）；泰国。

Wang 1996a。

假子盘菌属

Pseudascozonus Brumm., Proc. Indian Acad. Sci., Pl. Sci. 94 (2-3): 363. 1985.

总孢假子盘菌

Pseudascozonus racemosporus Brumm., Proc. Indian Acad. Sci., Pl. Sci. 94 (2-3): 363. 1985. **Type:** France.

台湾（TW）；法国。

Wang 2000，2006。

寡囊盘菌属

Thelebolus Tode, Fung. Mecklenb. Sel. 1: 41. 1790.

寡囊盘菌

Thelebolus stercoreus Tode, Fung. Mecklenb. Sel. 1: 41. 1790. **Type:** USA.

台湾（TW）；奥地利、丹麦、法国、爱尔兰、挪威、英国、乌干达、加拿大、美国、委内瑞拉。

吴声华等 1996；Wang 1999。

无丝盘菌纲［新拟］Neolectomycetes O.E. Erikss. & Winka

无丝盘菌目［新拟］Neolectales Landvik, O.E. Erikss., Gargas & P. Gust.

无丝盘菌科［新拟］ **Neolectaceae** Redhead

无丝盘菌属

Neolecta Speg., Anal. Soc. Cient. Argent. 12: 218. 1881.

畸果无丝盘菌

Neolecta irregularis (Peck) Korf & J.K. Rogers, Phytologia 21: 204. 1971. **Type:** USA.

Geoglossum irregulare Peck, Bull. N.Y. St. Mus. Nat. Hist. 1 (2): 28. 1887.

Mitrula vitellina subsp. *irregularis* (Peck) Sacc., Syll. Fung. 8: 36. 1889.

Mitrula irregularis (Peck) E.J. Durand, Annls Mycol. 6: 398. 1908.

Ascocorynium irregulare (Peck) S. Ito & S. Imai, Trans. Sapporo Nat. Hist. Soc. 13: 170. 1934.

Spragueola irregularis (Peck) Nannf., Ark. Bot. 30A: 572. 1942.

吉林（JL）；日本、加拿大、美国。

陈今朝和图力古尔 2009。

圆盘菌纲 **Orbiliomycetes** O.E. Erikss. & Baral

圆盘菌目 Orbiliales Baral, O.E. Erikss., G. Marson & E. Weber

圆盘菌科 **Orbiliaceae** Nannf.

晶圆盘菌属

Hyalorbilia Baral & G. Marson, Micologia 2000: 44. 2000.

弧孢晶圆盘菌

Hyalorbilia arcuata H.O. Baral, M.L. Wu & Y.C. Su, in Wu, Su, Baral & Liang, Fungal Diversity 25: 235. 2007. **Type:** China (Taiwan). Y.C. Su, TNM F20072.

云南（YN）、台湾（TW）。

Wu et al. 2007。

小檗晶圆盘菌

Hyalorbilia berberidis (Vel.) Baral, Micologia 2000: 44. 2000. **Type:** Czech.

Orbilia berberidis Velen., Monogr. Discom. Bohem. p 99. 1934.

云南（YN）；捷克。

Guo et al. 2007。

双油滴晶圆盘菌 ［新拟］

Hyalorbilia biguttulata H.O. Baral, M.L. Wu & Y.C. Su, in Wu, Su, Baral & Liang, Fungal Diversity 25: 239. 2007. **Type:** China (Taiwan). Y.C. Su, TNM F20071.

台湾（TW）。

Wu et al. 2007。

短梗晶圆盘菌

Hyalorbilia brevistipitata B. Liu, Xing Z. Liu & W.Y. Zhuang, Nova Hedwigia 81: 147. 2005. **Type:** China (Beijing). B. Liu 6167, HMAS 85341.

北京（BJ）。

Liu et al. 2005a。

红晶圆盘菌

Hyalorbilia erythrostigma (W. Phillips) Baral & G. Marson, Micologia 2000: 44. 2000. **Type:** UK.

Lachnella erythrostigma W. Phillips, Man. Brit. Discomyc. p 254. 1887.

Dasyscyphus erythrostigma (W. Phillips) Sacc., Syll. Fung. 8: 453. 1889.

Atractobolus erythrostigma (W. Phillips) Kuntze, Revis. Gen. Pl. 3: 445. 1898.

Pithyella erythrostigma (W. Phillips) Boud., Hist. Class. Discom. Eur. p 125. 1907.

Peziza erythrostigma Berk. & Broome, Ann. Mag. Nat. Hist., Ser. 3 18: 126. 1866. [nom. illegit.] non *Peziza erythrostigma* Mont. 1842.

江西（JX）、福建（FJ）；英国。

刘斌等 2007a。

梭孢晶圆盘菌

Hyalorbilia fusispora (Velen.) Baral & G. Marson, Micologia 2000: 44. 2000. **Type:** Czech.

Orbilia fusispora Velen., Monogr. Discom. Bohem. p 96. 1934.

北京（BJ）、河南（HEN）、江苏（JS）、江西（JX）、湖南（HN）、湖北（HB）；捷克。

刘斌等 2007a。

肿丝晶圆盘菌

Hyalorbilia inflatula (P. Karst.) Baral & G. Marson, Micologia 2000: 44. 2000. **Type:** Finland.

Peziza inflatula P. Karst., Not. Sällsk. Fauna Fl. Fenn. Förh. 10: 175. 1869.

Orbilia inflatula (P. Karst.) P. Karst., Bidr. Känn. Finl. Nat. Folk 19: 108. 1871.

Calloria inflatula (P. Karst.) W. Phillips, Man. Brit. Discomyc. p 335. 1887.

Hyalinia inflatula (P. Karst.) Boud., Hist. Class. Discom. Eur. p 104. 1907.

黑龙江（HL）、吉林（JL）、辽宁（LN）、北京（BJ）、河南（HEN）、新疆（XJ）、浙江（ZJ）、江西（JX）、湖南（HN）、湖北（HB）、西藏（XZ）、福建（FJ）、台湾（TW）、广西（GX）、海南（HI）；奥地利、芬兰、英国。

庄文颖 1989；Wu 1998b；Zhuang & Wang 1998a，1998b。

软晶圆盘菌

Hyalorbilia juliae (Velen.) Baral, Priou & G. Marson, Bull. Mens. Soc. Linn. Lyon 74: 55. 2005. **Type:** Czech.

Orbilia juliae Velen., Monogr. Discom. Bohem. p 95. 1934.

北京（BJ）、浙江（ZJ）；捷克。

刘斌等 2007a。

结突晶圆盘菌 ［新拟］

Hyalorbilia nodulosa Baral, Hong Y. Su & X.J. Su, in Su, Zhang, Baral, Yang, Mo, Cao, Chen & Yu, Mycol. Progr. 10: 380. 2011. **Type:** China (Yunnan). R.X. Bi, X.M. Gao & H.Y. Su.

云南（YN）。

Su et al. 2011。

圆盘菌属

Orbilia Fr., Fl. Scan. p 343. 1836.

针孢圆盘菌［新拟］

Orbilia acicularis Baral & Hong Y. Su, in Su, Zhang, Baral, Yang, Mo, Cao, Chen & Yu, Mycol. Progr. 10: 374. 2011. **Type:** China (Yunnan). H.Y. Su, X.J. Su & X.M. Gao, Herbarium, College of Biology & Chemistry, Dali University [nom. inval.]

云南（YN）。

Su et al. 2011。

弓孢圆盘菌［新拟］

Orbilia arcospora Hong Y. Su, Y. Zhang bis & Baral, in Su, Zhang, Baral, Yang, Mo, Cao, Chen & Yu, Mycol. Progr. 10: 377. 2011. **Type:** China (Yunnan). R.X. Bi, J. Liu & H.Y. Su. Herbarium, College of Biology & Chemistry, Dali University.

云南（YN）。

Su et al. 2011。

金色圆盘菌

Orbilia auricolor (A. Bloxam) Sacc., Syll. Fung. 8: 625. 1889. **Type:** UK.

Peziza auricolor A. Bloxam, in Berkeley & Broome, Ann. Mag. Nat. Hist., Ser. 3 15: 445. 1865.

Calloria auricolor (A. Bloxam) W. Phillips, Man. Brit. Discomyc. p 334. 1887.

Hyalinia auricolor (A. Bloxam) Boud., Hist. Class. Discom. Eur. p 104. 1907.

四川（SC）、西藏（XZ）、台湾（TW）、香港（HK）；奥地利、丹麦、芬兰、法国、德国、爱尔兰、挪威、西班牙、瑞典、英国；非洲、北美洲、大洋洲。

Korf & Zhuang 1985；Wu 1998b；Zhuang & Wang 1998b。

波密圆盘菌

Orbilia bomiensis B. Liu, Xing Z. Liu & W.Y. Zhuang, in Liu, Liu, Zhuang & Baral, Fungal Diversity 22: 109. 2006. **Type:** China (Tibet). B. Liu & X.Z. Liu, HMAS 96790.

西藏（XZ）。

Liu et al. 2006。

旋卷圆盘菌［新拟］

Orbilia circinella (Pat.) Sacc., Syll. fung. 8: 628. 1889. **Type:** China (Yunnan).

Calloria circinella Pat., Revue mycol. 8: 179. 1886.

云南（YN）。

Patouillard 1886。

球孢圆盘菌

Orbilia coccinella Fr., Summa Veg. Scand., Section Post. p 357. 1849. **Type:** ? Sweden.

Mollisia coccinella (Fr.) Gillet, Champignons de France, Discom. 5: 129. 1882.

Calloria coccinella (Fr.) W. Phillips, Man. Brit. Discomyc. p 329. 1887.

Peziza coccinella Sommerf., Suppl. Fl. Lapp. p 276. 1826.

西藏（XZ）；芬兰、德国、意大利、瑞典。

Liu et al. 2006。

玻璃圆盘菌

Orbilia crystallina (Quél.) Baral, Syst. Ascom. 13: 120. 1994. **Type:** France. [nom. illegit.] non *Helotium crystallinum* Quél., Bull. Soc. Bot. Fr. 24: 329. 1878.

Orbilia crystallina Rodway [as 'crystslina'], Pap. Proc. R. Soc. Tasm. p 114. 1920 [1919].

云南（YN）；法国。

刘斌等 2007b。

弯孢圆盘菌

Orbilia curvatispora Boud., Bull. Soc. Mycol. Fr. 4: 80. 1888. **Type:** France.

福建（FJ）；法国。

Zhuang & Korf 1989。

肾孢圆盘菌

Orbilia delicatula (P. Karst.) P. Karst., Not. Sällsk. Fauna Fl. Fenn. Förh. 11: 248. 1870. **Type:** Finland.

Peziza delicatula P. Karst., Not. Sällsk. Fauna Fl. Fenn. Förh. 10: 173. 1869.

Orbilia coccinella subsp. *delicatula* (P. Karst.) P. Karst., Bidr. Känn. Finl. Nat. Folk 19: 98. 1871.

Orbilia coccinella var. *delicatula* (P. Karst.) Boud., Hist. Class. Discom. Eur. p 102. 1907.

北京（BJ）、西藏（XZ）、台湾（TW）；奥地利、丹麦、芬兰、法国、德国、爱尔兰、卢森堡、荷兰、挪威、西班牙、瑞典、英国、哥斯达黎加、阿根廷、新西兰。

Wu 1998b；Wang & Pei 2001。

粪生圆盘菌（参照）

Orbilia cf. **fimicola** Jeng & J.C. Krug, Mycologia 69: 832. 1977.

海南（HI）。

Zhuang & Wang 1998a。

类粪生圆盘菌

Orbilia fimicoloides J. Webster & Spooner, in Webster, Henrici & Spooner, Mycol. Res. 102: 99. 1998. **Type:** UK.

河南（HEN）；英国。

刘斌等 2007b。

耶地圆盘菌

Orbilia juruensis Henn., Hedwigia 43: 270. 1904. **Type:** ? Brazil.

台湾（TW）；？巴西。

Wu 1998b；Wang 2002b。

柠檬孢圆盘菌［新拟］

Orbilia limoniformis Baral, Hong Y. Su & X.J. Su, in Su, Zhang, Baral, Yang, Mo, Cao, Chen & Yu, Mycol. Progr. 10: 378. 2011. **Type:** China (Yunnan). R.X. Bi, J. Liu & H.Y. Su, Herbarium, College of Biology & Chemistry, Dali University.

云南（YN）。

Su et al. 2011。

黄红圆盘菌

Orbilia luteorubella (Nyl.) P. Karst., Not. Sällsk. Fauna Fl. Fenn. Förh. 11: 248. 1870. **Type:** Finland.

Peziza luteorubella Nyl., Obs. Pez. Fenn. p 15. 1868.

Calloria luteorubella (Nyl.) Sacc., Michelia 2: 614. 1882.

Helicoön sessile Morgan, J. Cincinnati Soc. Nat. Hist. 15: 50. 1892.

香港（HK）；奥地利、丹麦、芬兰、法国、德国、卢森堡、挪威、西班牙、瑞典、英国、摩洛哥、加拿大、哥斯达黎加、美国。

Tsui et al. 2000。

米林圆盘菌

Orbilia milinana Bin Liu, Xing Z. Liu, W.Y. Zhuang & Baral, Fungal Diversity 22: 113. 2006. **Type:** China (Tibet). B. Liu & X.Z. Liu 21, HMAS 96813.

西藏（XZ）。

Liu et al. 2006。

栎圆盘菌

Orbilia quercus Bin Liu, Xing Z. Liu & W.Y. Zhuang, FEMS Microbiol. Lett. 245 (1): 99. 2005. **Type:** China (Beijing). B. Liu 6175, HMAS 88781.

Dactylellina querci B Liu, Xing Z. Liu & W.Y. Zhuang, FEMS Microbiol. Lett. 245: 99. 2005.

北京（BJ）。

Liu et al. 2005b。

直孢圆盘菌

Orbilia rectispora (Boud.) Baral, in Liu, Liu, Zhuang & Baral, Fungal Diversity 22: 117. 2006. **Type:** France.

Hyalinia rectispora Boud., Hist. Class. Discom. Eur. p 104. 1907.

Pezizella rectispora (Boud.) Sacc. & Traverso, Syll. Fung. 20: 321. 1911.

Orbilia cardui Velen., Monogr. Discom. Bohem. p 98. 1934.

西藏（XZ）、海南（HI）；捷克、丹麦、法国。

Liu et al. 2006；刘斌等 2007b。

萨拉圆盘菌

Orbilia sarraziniana Boud., Revue Mycol., Toulouse 7: 221. 1885. **Type:** ? France.

西藏（XZ）、香港（HK）；日本、奥地利、丹麦、法国、德国、爱尔兰、挪威、西班牙、瑞典、英国。

Zhuang & Hyde 2001b。

蠕孢圆盘菌

Orbilia scolecospora (G.W. Beaton) Baral, in Liu, Liu, Zhuang & Baral, Fungal Diversity 22: 117. 2006. **Type:** USA.

Hyalinia scolecospora G.W. Beaton, Trans. Brit. Mycol. Soc. 70: 77. 1978.

西藏（XZ）；美国。

Liu et al. 2006。

波缘圆盘菌

Orbilia sinuosa Penz. & Sacc., Malpighia 15: 219. 1902 [1901]. **Type:** Indonesia.

浙江（ZJ）；印度尼西亚。

邓叔群 1963；戴芳澜 1979。

细圆盘菌

Orbilia tenuissima Speg., Anal. Soc. Cient. Argent. 26: 59. 1888. **Type:** Argentina.

海南（HI）；阿根廷。

刘斌等 2007b。

蠕虫孢圆盘菌

Orbilia vermiformis Baral, Z.F. Yu & K.Q. Zhang, in Yu, Qiao, Zhang, Baral & Zhang, Mycotaxon 99: 272. 2007. **Type:** China (Yunnan). M. Qiao, YMFT 1.01842.

Dactylella vermiformis Z.F. Yu, Ying Zhang & K.Q. Zhang, in Yu, Qiao, Zhang, Baral & Zhang, Mycotaxon 99: 275. 2007.

云南（YN）。

Yu et al. 2007。

黄色圆盘菌

Orbilia xanthostigma (Fr.) Fr., Summa Veg. Scand., Section Post. p 357. 1849. **Type:** Poland.

Peziza xanthostigma Fr., Observ. Mycol. 1: 166. 1815.

Calloria xanthostigma (Fr.) W. Phillips, Man. Brit. Discomyc. p 329. 1887.

四川（SC）；奥地利、丹麦、芬兰、法国、德国、爱尔兰、卢森堡、挪威、波兰、西班牙、瑞典、英国、摩洛哥、加拿大、哥斯达黎加、美国。

Korf & Zhuang 1985。

假圆盘菌属［新拟］

Pseudorbilia Y. Zhang bis, Z.F. Yu, Baral & K.Q. Zhang, in Zhang, Yu, Baral, Qiao & Zhang, Fungal Diversity 26: 306. 2007.

假圆盘菌［新拟］

Pseudorbilia bipolaris Y. Zhang bis, Z.F. Yu, Baral & K.Q. Zhang, in Zhang, Yu, Baral, Qiao & Zhang, Fungal Diversity 26: 307. 2007. **Type:** China (Yunnan). Y. Zhang, Herbarium Baral 8310.

云南（YN）。

Zhang et al. 2007。

盘菌纲 **Pezizomycetes** O.E. Erikss. & Winka

盘菌目 Pezizales J. Schröt.

粪盘菌科 **Ascobolaceae** Boud. ex Sacc.

粪盘菌属

Ascobolus Pers., Systema Naturae, Edn 13 2: 1461. 1792.

喜粪盘菌

Ascobolus amoenus Oudem., Hedwigia 21: 11. 1882. **Type:** Netherlands.
Ascobolus americanus (Cooke & Ellis) Seaver, North American Cup-Fungi (Operculates) p 85. 1928.
Ascobolus leveillei var. *americanus* Cooke & Ellis, Grevillea 5: 50, pl. 80, fig. 20. 1876.
台湾（TW）；荷兰、加拿大、美国、阿根廷、秘鲁、委内瑞拉。
Wang 1999。

阿氏粪盘菌

Ascobolus archeri Berk., in Hooker, Bot. Antarct. Voy., III, Fl. Tasman. 2: 276. 1860 [1859]. **Type:** Australia.
台湾（TW）；澳大利亚。
吴声华等 1996。

炭色粪盘菌

Ascobolus carbonarius P. Karst., Not. Sällsk. Fauna Fl. Fenn. Förh. 11: 202. 1870. **Type:** Finland.
Ascobolus atrofuscus W. Phillips & Plowr., Grevillea 2: 186. 1874.
Ascobolus atrofuscus var. *pruinosus* Boud., Bull. Soc. Bot. Fr. 24: 310. 1877.
甘肃（GS）、台湾（TW）；印度、奥地利、比利时、芬兰、法国、德国、冰岛、爱尔兰、意大利、卢森堡、荷兰、挪威、波兰、西班牙、瑞典、瑞士、英国、乌干达、加拿大、哥斯达黎加、美国、阿根廷、捷克斯洛伐克、苏联。
邓叔群 1963；戴芳澜 1979；Wang 1999。

栗粪盘菌

Ascobolus castaneus Teng, Sinensia 11: 109. 1940. **Type:** China (Sichuan). S.C. Teng 3345.
四川（SC）。
邓叔群 1963；戴芳澜 1979。

黄褐粪盘菌

Ascobolus cervinus Berk. & Broome, J. Linn. Soc., Bot. 15: 85. 1877 [1876]. **Type:** UK.
陕西（SN）、云南（YN）；挪威、瑞典、英国。
Zhuang 1996a；Zhuang & Wang 1998b。

细齿粪盘菌

Ascobolus crenulatus P. Karst., Fungi Fenniae Exsiccati, Fasc. 8: 763. 1868. **Type:** Finland.
Ascobolus viridulus W. Phillips & Plowr., Grevillea 8: 103. 1880.
陕西（SN）、福建（FJ）、台湾（TW）；比利时、芬兰、荷兰、西班牙、瑞典、英国、乌干达、加拿大、美国、阿根廷、澳大利亚、新西兰、巴布亚新几内亚、捷克斯洛伐克。
戴芳澜 1979；Liou & Chen 1977b；吴声华等 1996。

光粪盘菌

Ascobolus denudatus Fr., Syst. Mycol. 2: 162. 1822. **Type:** Sweden.
Ascobolus denudatus var. *lindavianus* Henn., Verh. Bot. Ver. Prov. Brandenb. 40: 150. 1898.
台湾（TW）、海南（HI）；印度、巴基斯坦、比利时、丹麦、芬兰、法国、德国、意大利、荷兰、波兰、葡萄牙、瑞典、英国、摩洛哥、美国、澳大利亚、捷克斯洛伐克。
Wang 1993；Zhuang & Wang 1998a。

福山粪盘菌

Ascobolus fushanus Yei Z. Wang & Brumm., Mycotaxon 65: 443. 1997. **Type:** China (Taiwan). Y.Z. Wang 9646, TNM.
台湾（TW）。
Wang & Brummelen 1997。

埋粪盘菌

Ascobolus immersus Pers., Neues Mag. Bot. 1: 115. 1794. **Type:** Germany.
Ascobolus immersus var. *brevisporus* Oudem., Ned. Kruidk. Archf, Sér. 2 4: 262. 1885.
Dasyobolus immersus (Pers.) Sacc., Syll. Fung. 11: 421. 1895.
Ascobolus immersus var. *macrosporus* (Crouan) Rehm, Rabenh. Krypt.-Fl., Edn 2 1.3 (lief. 53) p 1128. 1895.
Ascobolus immersus var. *andinus* Speg., Anal. Mus. Nac. B. Aires, Ser. 3 12: 452. 1909.
Ascobolus gigasporus De Not., Comm. Soc. Critt. Ital. I (fasc. 5): 360. 1864.
Seliniella macrospora Arx & Müll., Acta Bot. Neerl. 4: 119. 1955.
福建（FJ）、台湾（TW）；日本、巴基斯坦、奥地利、比利

时、丹麦、芬兰、法国、德国、希腊、冰岛、爱尔兰、意大利、卢森堡、荷兰、挪威、波兰、罗马尼亚、西班牙、瑞典、瑞士、英国、百慕大群岛（英）、加拿大、波多黎各（美）、特立尼达和多巴哥、美国、阿根廷、巴西、智利、澳大利亚、巴布亚新几内亚、捷克斯洛伐克、苏联。

Wang 1993；吴声华等 1996。

木生粪盘菌

Ascobolus lignatilis Alb. & Schwein., Consp. Fung. p 347. 1805. **Type:** Germany.

Ascobolus lignatilis var. *fagisedus* Velen., Monogr. Discom. Bohem. p 366. 1934.

台湾（TW）；奥地利、比利时、法国、德国、荷兰、挪威、波兰、英国、美国、捷克斯洛伐克。

Liou & Chen 1977b。

细纹粪盘菌

Ascobolus lineolatus Brumm., Persoonia, Suppl. 1: 120. 1967. **Type:** Malaysia.

台湾（TW）；马来西亚、坦桑尼亚、百慕大群岛（英）、安的列斯群岛。

Liou & Chen 1977b。

矮粪盘菌

Ascobolus mancus (Rehm) Brumm., Persoonia, Suppl. 1: 84. 1967. **Type:** Germany.

Ascobolus winteri var. *mancus* Rehm, in Winter, Rabenh. Krypt.-Fl., Edn 2 1.3 (lief. 53) p 1124. 1895.

台湾（TW）；法国、德国、加拿大、美国。

Wang 1993。

米氏粪盘菌

Ascobolus michaudii Boud., Hist. Class. Discom. Eur. p 71. 1907. **Type:** France.

Ascobolus citrinus Chevall., Fl. Gén. Env. 1: 31. 1826.

福建（FJ）、台湾（TW）；比利时、法国、荷兰、挪威、波兰、瑞典、加拿大、马尔维纳斯群岛、捷克斯洛伐克。

Liou & Chen 1977b；吴声华等 1996。

网粪盘菌

Ascobolus reticulatus Brumm., Persoonia, Suppl. 1: 153. 1967. **Type:** Germany.

福建（FJ）、台湾（TW）；德国。

Wang 1993；吴声华等 1996。

糖粪盘菌

Ascobolus sacchariferus Brumm., Persoonia, Suppl. 1: 122. 1967. **Type:** Netherlands.

Ascobolus sacchariferus f. *roseogriseus* J. Moravec, Česká Mykol. 24: 140. 1970.

台湾（TW）；芬兰、法国、卢森堡、荷兰、挪威、瑞典。

吴声华等 1996。

寡纹粪盘菌

Ascobolus scatigenus (Berk. & M.A. Curtis) Brumm., Persoonia, Suppl. 1: 159. 1967. **Type:** Cuba.

Peziza scatigena Berk. & M.A. Curtis, in Berkeley, J. Linn. Soc. Bot. 10: 366. 1868.

Humaria scatigena (Berk. & M.A. Curtis) Sacc., Syll. Fung. 8: 147. 1889.

Ascobolus magnificus B.O. Dodge, Mycologia 4: 218. 1912.

Aleurina nigrodisca Sawada, Report of the Department of Agriculture, Government Research Institute of Formosa 51: 30. 1931.

吉林（JL）、安徽（AH）、江苏（JS）、云南（YN）、福建（FJ）、台湾（TW）、广东（GD）、海南（HI）；印度、印度尼西亚、巴基斯坦、菲律宾、斯里兰卡、马达加斯加、赞比亚、百慕大群岛（英）、古巴、多米尼加、牙买加、波多黎各（美）、特立尼达和多巴哥、美国、阿根廷、玻利维亚、巴西、哥伦比亚、澳大利亚、东南加里曼丹岛。

邓叔群 1963；Liou & Chen 1977b；戴芳澜 1979；吴声华等 1996；Zhuang & Wang 1998a，1998c。

牛粪盘菌

Ascobolus stercorarius (Bull.) J. Schröt., in Cohn, Krypt.-Fl. Schlesien 3.2: 56. 1893. **Type:** France.

Peziza stercoraria Bull., Herb. Fr. 8: tab. 376. 1788.

Peziza stercoraria var. *alba* Bull., Hist. Champ. Fr. (Paris) 1: 256, tab. 438: 4. 1791.

Peziza stercoraria var. *lutea* Bull., Hist. Champ. Fr. (Paris) 1: 256, tab. 376: 1. 1791.

Peziza stercoraria Sowerby, Col. Fig. Engl. Fung. Mushr. 3: 171, pl. 389, fig. 3, fig. 6. 1803.

Ascobolus stercorarius var. *retisporus* Clem., Bot. Surv. Nebraska 5: 9. 1901.

Ascobolus stercorarius var. *coronatus* (Boud.) Boud., Hist. Class. Discom. Eur. p 72. 1907.

Ascobolus stercorarius var. *fimiputris* (Fr.) Boud., Hist. Class. Discom. Eur. p 72. 1907.

Ascobolus stercorarius var. *pusillus* Velen., Monogr. Discom. Bohem. p 365. 1934.

Ascobolus furfuraceus Pers., Neues Mag. Bot. 1: 115. 1794.

Ascobolus furfuraceus var. *nudus* J. Kickx f., Fl. Crypt. Flandres 1: 479. 1867.

Ascobolus furfuraceus var. *coronatus* Boud., Annls Sci. Nat., Bot., Sér. 5 10: 220. 1869.

Humaria fimiputris (Fr.) Sacc., Syll. Fung. 8: 138. 1889.

河北（HEB）、陕西（SN）、宁夏（NX）、云南（YN）、台湾（TW）、广东（GD）、广西（GX）、海南（HI）；捷克、丹麦、芬兰、法国、德国、冰岛、爱尔兰、意大利、挪威、罗马尼亚、俄罗斯、西班牙、瑞典、瑞士、英国、摩洛哥、加拿大、哥斯达黎加、特立尼达和多巴哥、美国、阿根廷、澳大利亚、新西兰。

邓叔群 1963；Liou & Chen 1977b；戴芳澜 1979；Zhuang

& Wang 1998a。

艳盘菌属

Ascophanus Boud., Annls Sci. Nat., Bot., Sér. 5 10: 241. 1869.

肉色艳盘菌

Ascophanus carneus (Pers.) Boud., Annls Sci. Nat., Bot., Sér. 5 10: 250. 1869. **Type:** Germany.

Ascobolus carneus Pers., Syn. Meth. Fung. 2: 666. 1801.

Ascophanus carneus (Pers.) Boud., Annls Sci. Nat., Bot., Sér. 5 10: 250. 1869.

Peziza carnea (Pers.) P. Karst., Not. Sällsk. Fauna Fl. Fenn. Förh. 10: 120. 1869.

Ascophanus carneus var. *cuniculi* Boud., Annls Sci. Nat., Bot., Sér. 5 10: 250. 1869.

Ascophanus carneus var. *saccharinus* (Berk. & Curr.) W. Phillips, Man. Brit. Discomyc. p 310. 1887.

Ascophanus carneus var. *anserinus* Velen., Monogr. Discom. Bohem. p 357. 1934.

Ascophanus carneus var. *sublividus* Velen., Monogr. Discom. Bohem. p 357. 1934.

河北（HEB）；捷克、芬兰、德国、英国。

戴芳澜 1979。

白艳盘菌

Ascophanus isabellinus Clem., Bot. Surv. Nebraska 5: 9. 1901. **Type:** USA.

安徽（AH）；美国。

邓叔群 1963；戴芳澜 1979。

赭黄艳盘菌

Ascophanus ochraceus (P. Crouan & H. Crouan) Boud., Annls Sci. Nat., Bot., Sér. 5 10: 247. 1869. **Type:** France.

Ascobolus ochraceus P. Crouan & H. Crouan, Florule Finistère p 57. 1867.

Ascophanus ochraceus (P. Crouan & H. Crouan) Boud., Annls Sci. Nat., Bot., Sér. 5 10: 247. 1869.

Ascophanus violascens var. *falcatus* Velen., Monogr. Discom. Bohem. p 360. 1934.

Ascophanus ochraceus var. *falcatus* (Velen.) Svrček, Česká Mykol. 31: 69. 1977.

云南（YN）；捷克、芬兰、法国。

戴芳澜 1979。

集孢粪盘菌属

Saccobolus Boud., Annls Sci. Nat., Bot., Sér. 5 10: 228. 1869.

黄集孢粪盘菌

Saccobolus citrinus Boud. & Torrend, Bull. Soc. Mycol. Fr. 27: 131. 1911. **Type:** Portugal.

台湾（TW）；丹麦、法国、德国、意大利、葡萄牙、英国、加拿大、多米尼加、阿根廷、巴西、捷克斯洛伐克。

Liou & Chen 1977b。

小集孢粪盘菌

Saccobolus depauperatus (Berk. & Broome) E.C. Hansen, Vidensk. Meddel. Dansk Naturhist. Foren. Kjøbenhavn 87: 293. 1876. **Type:** UK.

Ascobolus depauperatus Berk. & Broome, Ann. Mag. Nat. Hist., Ser. 3 15: 448. 1865.

台湾（TW）；巴基斯坦、奥地利、丹麦、芬兰、法国、德国、爱尔兰、意大利、荷兰、挪威、波兰、西班牙、瑞典、英国、加拿大、多米尼加、墨西哥、美国、阿根廷、巴西、厄瓜多尔、委内瑞拉；北非。

Liou & Chen 1977b。

光集孢粪盘菌

Saccobolus glaber (Pers.) Lambotte, Mém. Soc. Roy. Sci. Liège, Sér. 2 14: 284. 1887. **Type:** Germany.

Ascobolus glaber Pers., Neues Mag. Bot. 1: 115. 1794.

Ascobolus glaber var. *caprea* Beeli, Bull. Acad. R. Sci. Belg., Cl. Sci., Sér. 5 56: 61. 1924.

Ascobolus stercorarius var. *glaber* (Pers.) Velen., Monogr. Discom. Bohem. p 365. 1934.

Ascobolus kervernii P. Crouan & H. Crouan, Annls Sci. Nat., Bot., Sér. 4 10: 193. 1858.

Saccobolus kervernii (P. Crouan & H. Crouan) Boud., Hist. Class. Discom. Eur. p 74. 1907.

Saccobolus kervernii f. *minor* Rayss, Palestine J. Bot. 4: 73. 1947.

Saccobolus granulispermus Soppitt & Crossl., Naturalist p 30. 1899.

台湾（TW）；印度、印度尼西亚、日本、巴基斯坦、奥地利、比利时、丹麦、法国、德国、意大利、荷兰、波兰、罗马尼亚、瑞典、英国、百慕大群岛（英）、加拿大、古巴、多米尼加、危地马拉、牙买加、波多黎各（美）、特立尼达和多巴哥、美国、阿根廷、巴西、委内瑞拉、澳大利亚、新西兰、塔希提岛（法）、捷克斯洛伐克。

Liou & Chen 1977b。

球状集孢粪盘菌

Saccobolus globuliferellus Seaver, North American Cup-Fungi (Operculates) p 95. 1928. **Type:** USA.

台湾（TW）；印度、丹麦、西班牙、加拿大、美国、阿根廷。

Liou & Chen 1977b。

致病集孢粪盘菌

Saccobolus infestans (Bat. & Pontual) Brumm., Persoonia, Suppl. 1: 204. 1967. **Type:** Brazil.

Ascobolus infestans Bat. & Pontual, Bol. Secr. Agric. 15: 31. 1948.

台湾（TW）；巴拿马、巴西、委内瑞拉、塔希提岛（法）。

Wang 1995。

密执安集孢粪盘菌

Saccobolus michiganensis O'Donnell, Mycologia 70: 191. 1978. **Type:** USA.
台湾（TW）；美国。
Wang 1996a。

微小集孢粪盘菌

Saccobolus minimus Velen., Monogr. Discom. Bohem. 1: 370. 1934. **Type:** Czechoslovakia.
台湾（TW）；奥地利、法国、德国、波兰、加拿大、美国、厄瓜多尔、塔希提岛（法）、捷克斯洛伐克。
Liou & Chen 1977b。

似集孢粪盘菌

Saccobolus saccoboloides (Seaver) Brumm., Persoonia, Suppl. 1: 168. 1967. **Type:** Papua New Guinea.
Ascobolus saccoboloides Seaver, Mycologia 38: 640. 1947.
台湾（TW）；印度尼西亚、巴布亚新几内亚。
Wang 1993。

琥珀色集孢粪盘菌

Saccobolus succineus Brumm., Persoonia 5: 229. 1969. **Type:** Thailand.
台湾（TW）；泰国。
Wang 1995。

萨氏集孢粪盘菌

Saccobolus thaxteri Brumm., Persoonia, Suppl. 1: 197. 1967. **Type:** USA.
台湾（TW）；菲律宾、泰国、美国。
吴声华等 1996。

平截集孢粪盘菌

Saccobolus truncatus Velen., Monogr. Discom. Bohem. p 370. 1934. **Type:** Czech.
台湾（TW）；泰国、奥地利、捷克、丹麦、德国、荷兰、加拿大、美国、秘鲁。
Liou & Chen 1977b；Zhuang 1991；Zhuang & Wang 1998b。

疣孢集孢粪盘菌

Saccobolus verrucisporus Brumm., Persoonia, Suppl. 1: 198. 1967. **Type:** Papua New Guinea.
Saccobolus verrucisporus var. *longisporus* S.C. Kaushal & Virdi, Willdenowia 16: 274. 1986.
台湾（TW）；巴布亚新几内亚。
吴声华等 1996。

变色集孢粪盘菌

Saccobolus versicolor (P. Karst.) P. Karst., Acta Soc. Fauna Flora Fenn. 2 (6): 123. 1885. **Type:** Finland.
Ascobolus versicolor P. Karst., Bidr. Känn. Finl. Nat. Folk 19: 79. 1871.
四川（SC）；奥地利、比利时、丹麦、芬兰、法国、德国、意大利、荷兰、挪威、波兰、罗马尼亚、瑞典、瑞士、英国、加拿大、美国、澳大利亚、捷克斯洛伐克、苏联。
Wang Z & Wang YZ 2000。

锥盘菌属

Thecotheus Boud., Annls Sci. Nat., Bot., Sér. 5 10: 235. 1869.

灰锥盘菌

Thecotheus cinereus (P. Crouan & H. Crouan) Chenant., Bull. Soc. Mycol. Fr. 34 (1-2): 39. 1918. **Type:** France.
Ascobolus cinereus P. Crouan & H. Crouan, Florule Finistère p 56. 1867.
Ascophanus cinereus (P. Crouan & H. Crouan) Boud., Annls Sci. Nat., Bot., Sér. 5 10: 249. 1869.
Thecotheus cinereus var. *major* Chenant., Bull. Soc. Mycol. Fr. 34 (1-2): 39. 1918.
Ascophanella cinerea (P. Crouan & H. Crouan) Faurel & Schotter, Cahiers de La Maboké 3: 130. 1965.
Thecotheus flavidus Yei Z. Wang & Kimbr., Mycologia 85: 1020. 1994 [1993].
台湾（TW）；比利时、芬兰、法国、德国、希腊、意大利、西班牙、英国、阿根廷。
Wang & Kimbrough 1993。

壳锥盘菌

Thecotheus crustaceus (Starbäck) Aas & N. Lundq., A World-Monograph of the Genus *Thecotheus* (Ascomycetes, Pezizales), Thesis (Doctor Scientiarum), Botanical Institute, University of Bergen, Norway p 70. 1992. **Type:** Sweden.
Ascophanus crustaceus Starbäck, Bot. Notiser p 216. 1898.
Iodophanus crustaceus (Starbäck) Kimbr., in Kimbrough et al., Am. J. Bot. 56 (Suppl.): 1200. 1969.
Thecotheus agranulosus Kimbr., Mycologia 61: 112. 1969.
台湾（TW）；瑞典、美国、新西兰。
Wang 1995。

台湾锥盘菌

Thecotheus formosanus Yei Z. Wang, Mycotaxon 52: 84. 1994. **Type:** China (Taiwan). Y.Z. Wang, TNM F0744.
Thecotheus formosanus f. *collariatus* Doveri & Coué, Docums. Mycol. 34 (135-136): 18. 2008.
台湾（TW）。
Wang 1994。

锥盘菌

Thecotheus pelletieri (P. Crouan & H. Crouan) Boud., Annls Sci. Nat., Bot., Sér. 5 10: 235. 1869. **Type:** France.
Ascobolus pelletieri P. Crouan & H. Crouan, Annls Sci. Nat., Bot., Sér. 4 7: 173. 1857.
Ascophanus pelletieri (P. Crouan & H. Crouan) Quél., Enchir. Fung. p 295. 1886.

Ryparobius pelletieri (P. Crouan & H. Crouan) Sacc., Syll. Fung. 8: 542. 1889.
台湾（TW）；比利时、法国、德国、意大利、卢森堡、挪威、瑞典、英国、哥斯达黎加、美国、阿根廷、澳大利亚。
Wang 1993。

裸盘菌科 Ascodesmidaceae J. Schröt.

瓶束盘菌属

Ascodesmis Tiegh., Bull. Soc. Bot. Fr. 23: 275. 1876.

大孢瓶束盘菌

Ascodesmis macrospora W. Obrist, Can. J. Bot. 39: 951. 1961. **Type:** Brazil.
台湾（TW）；巴西。
Wang 1995。

微瓶束盘菌

Ascodesmis microscopica (P. Crouan & H. Crouan) Le Gal, Revue Mycol. 14: 85. 1949. **Type:** France.
Lecidea microscopica P. Crouan & H. Crouan, Florule Finistère p 92. 1857.
Ascobolus microscopicus P. Crouan & H. Crouan, Annls Sci. Nat., Bot., Sér. 4 7: 175. 1857.
Boudiera microscopica (P. Crouan & H. Crouan) Cooke, Grevillea 6: 76. 1877.
Niptera microscopica (P. Crouan & H. Crouan) Vouaux, Bull. Soc. Mycol. Fr. 30: 182. 1914.
台湾（TW）；印度尼西亚、沙特阿拉伯、德国、法国、牙买加。
Liou & Chen 1977b。

瓶束盘菌

Ascodesmis nigricans Tiegh., Bull. Soc. Bot. Fr. 23: 271. 1876. **Type:** ? France.
台湾（TW）；印度、奥地利、丹麦、法国、意大利、荷兰、西班牙、瑞典、英国、科特迪瓦、加拿大、澳大利亚。
Liou & Chen 1977b。

猪瓶束盘菌

Ascodesmis porcina Seaver, Mycologia 8: 3. 1916. **Type:** USA.
台湾（TW）；英国、波多黎各（美）、美国、厄瓜多尔。
Liou & Chen 1977b。

球孢瓶束盘菌

Ascodesmis sphaerospora W. Obrist, Can. J. Bot. 39: 948. 1961. **Type:** USA.
台湾（TW）；意大利、挪威、西班牙、加拿大、美国。
Liou & Chen 1977b。

尖毛盘菌属

Lasiobolus Sacc., Bot. Zbl. 18: 220. 1884.

毛尖毛盘菌

Lasiobolus ciliatus (J.C. Schmidt) Boud., Hist. Class. Discom. Eur. p 78. 1907. **Type:** Germany.
Ascobolus ciliatus J.C. Schmidt, in Kunze & Schmidt, Mykologische Hefte. 1: 90. 1817.
Ascobolus papillatus var. *ciliatus* (J.C. Schmidt) J. Kickx f., Fl. Crypt. Flandres 1: 476. 1867.
Lasiobolus papillatus (Pers.) Sacc., Bot. Zbl. 18: 8. 1884.
台湾（TW）；德国。
吴声华等 1996。

穴尖毛盘菌

Lasiobolus cuniculi Velen., Monogr. Discom. Bohem. 1: 363. 1934. **Type:** Czech.
四川（SC）、云南（YN）、台湾（TW）；捷克。
Wang 1995。

分孢尖毛盘菌

Lasiobolus diversisporus (Fuckel) Sacc., Syll. Fung. 8: 538. 1889. **Type:** Germany.
Ascobolus diversisporus Fuckel, Jb. Nassau. Ver. Naturk. 23-24: 289. 1870.
Lachnea diversispora (Fuckel) Bizz., Mycotheca Veneti p 225. 1873.
四川（SC）；德国。
Wang Z & Wang YZ 2000。

间孢尖毛盘菌

Lasiobolus intermedius J.L. Bezerra & Kimbr., Can. J. Bot. 53: 1218. 1975. **Type:** Canada.
台湾（TW）；加拿大。
Wang 2006。

小孢尖毛盘菌

Lasiobolus microsporus J.L. Bezerra & Kimbr., Can. J. Bot. 53: 1221. 1975. **Type:** Canada.
台湾（TW）；加拿大。
Wang 1993。

平盘菌科 Discinaceae Benedix

平盘菌属

Discina (Fr.) Fr., Summa Veg. Scand., Section Post. p 348. 1849.

皱突平盘菌

Discina biondiana Arcang., Boll. Soc. Bot. Ital. p 188. 1896. **Type:** China (Shaanxi).
陕西（SN）。
戴芳澜 1979；曹晋忠等 1990a。

蒙古平盘菌

Discina mongolica P. Karst., Hedwigia. 31: 39. 1892. **Type:**

Mongolia.
内蒙古（NM）；蒙古国。
戴芳澜 1979；曹晋忠等 1990a。

珠亮平盘菌

Discina perlata (Fr.) Fr., Summa Veg. Scand., Section Post. p 348. 1849. **Type:** ? Sweden.
Peziza perlata Fr., Syst. Mycol. 2: 43. 1822.
Gyromitra perlata (Fr.) Harmaja, Karstenia 9: 11. 1969.
新疆（XJ）、云南（YN）；芬兰、意大利、挪威、西班牙、瑞典、加拿大、美国。
邓叔群 1963；戴芳澜 1979；曹晋忠 1988；曹晋忠等 1990a。

鹿花菌属

Gyromitra Fr., Summa Veg. Scand., Section Post. p 346. 1849.

含糊鹿花菌

Gyromitra ambigua (P. Karst.) Harmaja, Karstenia 9: 17. 1969. **Type:** Finland.
Helvella ambigua P. Karst., Meddn Soc. Fauna Flora Fenn. 6: 39. 1881.
Physomitra infula var. *ambigua* (P. Karst.) Boud., Hist. Class. Discom. Eur. p 35. 1907.
吉林（JL）、? 西藏（XZ）；爱沙尼亚、芬兰、挪威、瑞典、加拿大。
曹晋忠 1988；曹晋忠等 1990a。

鹿花菌

Gyromitra esculenta (Pers.) Fr., Summa Veg. Scand., Section Post. p 346. 1849. **Type:** Germany.
Helvella esculenta Pers., Comm. Schaeff. Icon. Pict. p 64. 1800.
Physomitra esculenta (Pers.) Boud., Hist. Class. Discom. Eur. p 35. 1907.
Gyromitra esculenta var. *crispa* Peck, Ann. Rep. N.Y. St. Mus. 51: 299. 1898.
Gyromitra esculenta var. *alba* Pilát, Stud. Bot. Čechoslav. 12: 71. 1951.
Gyromitra esculenta var. *aurantiaca* Benedix, Kulturpflanze 17: 279. 1969.
Gyromitra esculenta var. *fragilis* A. Marchand, Champignons du Nord et du Midi (Perpignon) p 208. 1971.
Gyromitra esculenta var. *fulva* J. Moravec, Česká Mykol. 40: 15. 1986.
Gyromitra esculenta var. *fragilis* A. Marchand ex Réaudin, Docums. Mycol. 34 (135-136): 82. 2008.
黑龙江（HL）、云南（YN）、台湾（TW）；日本、韩国、蒙古国、奥地利、芬兰、法国、德国、意大利、挪威、西班牙、瑞典、英国、加拿大、哥斯达黎加、美国、阿根廷、澳大利亚、新西兰。
戴芳澜 1979；曹晋忠等 1990a；上海农业科学院食用菌研究所 1991；吴声华等 1996。

帚状鹿花菌

Gyromitra fastigiata (Krombh.) Rehm, in Winter, Rabenh. Krypt.-Fl., Edn 2 (Leipzig) 1.3 (lief. 53) p 1194. 1895 [1896]. **Type:** Czechoslovakia.
Helvella fastigiata Krombh., Naturgetreue Abbildungen und Beschreibungen der essbaren, schädlichen und verdächtigen Schwämme 3: 32. 1834.
Physomitra infula var. *fastigiata* (Krombh.) Boud., Hist. Class. Discom. Eur. p 35. 1907.
Maublancomyces fastigiatus (Krombh.) Herter, Rev. Sudamer. Bot. 10: 17. 1951.
吉林（JL）、四川（SC）、西藏（XZ）；捷克斯洛伐克。
曹晋忠 1988；曹晋忠等 1990a。

带鹿花菌

Gyromitra infula (Schaeff.) Quel., Enchir. Fung. p 272. 1886. **Type:** ? Sweden.
Helvella infula Schaeff., Fung. Bavar. Palat. Nasc. 4: 105. 1774.
Physomitra infula (Schaeff.) Boud., Hist. Class. Discom. Eur. p 35. 1907.
黑龙江（HL）、吉林（JL）、山西（SX）、甘肃（GS）、新疆（XJ）、湖北（HB）、四川（SC）、云南（YN）、西藏（XZ）、台湾（TW）；日本、芬兰、希腊、挪威、波兰、葡萄牙、斯洛文尼亚、瑞典、英国、加拿大、哥斯达黎加、墨西哥、美国、新西兰。
邓叔群 1963；戴芳澜 1979；曹晋忠 1988；应建浙和宗毓臣 1989；曹晋忠等 1990a；王也珍等 1999；Zhuang 2004c。

乳白鹿花菌

Gyromitra lactea J.Z. Cao, L. Fan & B. Liu, Acta Mycol. Sin. 9: 103. 1990. **Type:** China (Shanxi). M.L. Qin, MHSU 917.
山西（SX）。
曹晋忠 1988；曹晋忠等 1990a。

四川鹿花菌

Gyromitra sichuanensis Korf & W.Y. Zhuang, Mycotaxon 22: 490. 1985. **Type:** China (Sichuan). X.J. Li, HKAS 8331.
四川（SC）、西藏（XZ）。
Korf & Zhuang 1985；曹晋忠 1988；曹晋忠等 1990a。

亮鹿花菌

Gyromitra splendida Raitv., Folia Cryptog. Estonica 4: 30. 1974. **Type:** Estonia.
云南（YN）；爱沙尼亚、瑞典、加拿大。
曹晋忠 1988；曹晋忠等 1990a。

新疆鹿花菌

Gyromitra xinjiangensis J.Z. Cao, L. Fan & B. Liu, Acta

Mycol. Sin. 9: 105. 1990. **Type:** China (Xinjiang). L.W. Xu, HMAS 27863.
甘肃（GS）、新疆（XJ）、西藏（XZ）。
曹晋忠等 1990a；Zhuang 2004c。

腔块菌属

Hydnotrya Berk. & Broome, Ann. Mag. Nat. Hist., Ser. 1 18: 78. 1846.

脑状腔块菌

Hydnotrya cerebriformis Harkn., Proc. Calif. Acad. Sci., Ser. 3 Bot. 1: 266. 1899. **Type:** USA.
山西（SX）、新疆（XJ）；奥地利、瑞士、美国。
张斌成 1990；Zhuang 2004c。

方孢腔块菌

Hydnotrya cubispora (E.A. Bessey & B.E. Thomps.) Gilkey, Ore. St. Monog., Bot. 1: 23. 1939. **Type:** USA.
Genea cubispora E.A. Bessey & B.E. Thomps., Mycologia 12: 284. 1920.
西藏（XZ）；加拿大、美国、澳大利亚。
徐阿生 2000b。

米氏腔块菌

Hydnotrya michaelis (E. Fisch.) Trappe, Mycotaxon 2: 113. 1975. **Type:** Germany.
Geopora michaelis E. Fisch., Hedwigia 37: 56. 1898.
Hydnotryopsis michaelis (E. Fisch.) Soehner, Notizbl. Bot. Gart. Berlin-Dahlem 15: 771. 1942.
Geoporella michaelis (E. Fisch.) Soehner, Z. Pilzk., N.F. 8: 8. 1951.
Helvella michaelis (E. Fisch.) Donadini, Bull. Soc. Linn. Provence 35: 67. 1984 [1983].
吉林（JL）、四川（SC）；法国、德国、荷兰、西班牙、瑞典、瑞士、英国、加拿大。
张斌成 1990。

腔块菌

Hydnotrya tulasnei (Berk.) Berk. & Broome, Ann. Mag. Nat. Hist., Ser. 1 18: 78. 1846. **Type:** UK.
Hydnobolites tulasnei Berk., Ann. Mag. Nat. Hist., Ser. 1 13: 357. 1844.
吉林（JL）；日本、丹麦、芬兰、法国、德国、挪威、波兰、俄罗斯、西班牙、瑞典、瑞士、英国、哥斯达黎加、美国。
张斌成 1990。

假鹿花菌属

Pseudorhizina Jacz., Opredelitel' Gribov. 1. Sovershennye Griby p 414. 1913.

球孢假鹿花菌

Pseudorhizina sphaerospora (Peck) Pouzar, Česká Mykol. 15: 42. 1961. **Type:** USA.
Helvella sphaerospora Peck, Ann. Rep. N.Y. St. Mus. Nat. Hist. 27: 106. 1875.
Gyromitra sphaerospora (Peck) Sacc., Syll. Fung. 8: 16. 1889.
Helvellella sphaerospora (Peck) S. Imai, Bot. Mag., Tokyo 46: 174. 1932.
Ochromitra sphaerospora (Peck) Velen., Monogr. Discom. Bohem. p 391. 1934.
Gyromitrodes sphaerospora (Peck) Vassilkov., Edible and Poisonous Fungi of the Central Parts of the European Districts of the U. S. S. R. p 22. 1948. [nom. inval.]
云南（YN）；捷克、美国、苏联。
曹晋忠和朱玫 1992。

马鞍菌科 Helvellaceae Fr.

胶纵块菌属

Balsamia Vittad., Monogr. Tuberac. p 30. 1831.

阔孢胶纵块菌

Balsamia platyspora Berk., Ann. Mag. Nat. Hist., Ser. 1 13: 358. 1844. **Type:** UK.
山西（SX）；俄罗斯、西班牙、瑞典、英国；美洲。
Liu et al. 1990；张斌成 1990。

马鞍菌属

Helvella L., Sp. Pl. 2: 1180. 1753.

碟状马鞍菌

Helvella acetabulum (L.) Quél., Hyménomycètes, Fasc. Suppl. p 102. 1874. **Type:** ? Sweden.
Peziza acetabulum L., Sp. Pl. 2: 1181. 1753.
Octospora acetabulum (L.) Timm, Fl. Megapol. Prodr. p 260. 1788.
Paxina acetabulum (L.) Kuntze, Revis. Gen. Pl. 2: 864. 1891.
Peziza sulcata Pers., Syn. Meth. Fung. 2: 643, pl. 5, fig. 1. 1801.
Macroscyphus acetabuliforme Gray, Nat. Arr. Brit. Pl. 1: 772. 1821.
Peziza acetabulum var. *velutina* Lév., Annls Sci. Nat., Bot., Sér. 3 5: 251. 1846.
Acetabula vulgaris Fuckel, Jb. Nassau. Ver. Naturk. 23-24: 330. 1870.
Acetabula sulcata (Pers.) Fuckel, Jb. Nassau. Ver. Naturk. 23-24: 330. 1870.
Phleboscyphus vulgaris (Fuckel) Clem., Bull. Torrey Bot. Club 30: 94. 1903.
Acetabula barlae Boud., Hist. Class. Discom. Eur. p 40. 1907.
Acetabula vulgaris f. *barlae* (Boud.) Keissl., Annln Naturh. Mus. Wien 35: 10. 1922.
Paxina barlae (Boud.) Seaver, North American Cup-Fungi (Operculates) p 205. 1928.
山西（SX）、陕西（SN）、甘肃（GS）、青海（QH）、

四川（SC）、云南（YN）、西藏（XZ）；巴基斯坦、奥地利、丹麦、芬兰、法国、德国、匈牙利、冰岛、意大利、荷兰、挪威、瑞典、瑞士、英国、加拿大、格陵兰岛（丹）、美国、捷克斯洛伐克、苏联。

邓叔群 1963；戴芳澜 1979；曹晋忠 1988；Zhuang 1998b，2004c。

白柄马鞍菌

Helvella albella Quél., Compt. Rend. Assoc. Franç. Avancem. Sci. 24: 621. 1896 [1895]. **Type:** ? France.

Leptopodia albella (Quél.) Boud., Hist. Class. Discom. Eur. p 37. 1907.

Helvella albipes Fuckel, Jb. Nassau. Ver. Naturk. 23-24: 334. 1870.

Helvella albipes var. *brevipes* (Gillet) Boud., Hist. Class. Discom. Eur. p 36. 1907.

河北（HEB）、甘肃（GS）；法国、德国、冰岛、意大利、挪威、波兰、葡萄牙、西班牙、瑞典、瑞士、加拿大、哥斯达黎加、美国、捷克斯洛伐克。

邓叔群 1963；戴芳澜 1979。

黑马鞍菌

Helvella atra J. König, Reisen Ingien. Island, Append. p 20. 1770. **Type:** Denmark.

Helvella fallax Quél., Bull. Soc. Bot. Fr. 24: 331. 1877 [1876].

Leptopodia atra (J. König) Boud., Hist. Class. Discom. Eur. p 37. 1907.

河北（HEB）、山西（SX）、青海（QH）、湖北（HB）、四川（SC）、云南（YN）、西藏（XZ）、台湾（TW）；日本、韩国、巴基斯坦、奥地利、比利时、丹麦、芬兰、法国、德国、冰岛、意大利、荷兰、挪威、葡萄牙、西班牙、瑞典、英国、阿尔及利亚、摩洛哥、哥斯达黎加、牙买加、美国、捷克斯洛伐克、苏联、南斯拉夫。

戴芳澜 1979；曹晋忠 1988；庄文颖 1989；Zhuang 1998b，2004c；Wang & Chen 2002。

中华马鞍菌

Helvella chinensis (Velen.) Nannf. & L. Holm, in Lundell, Nannfeldt & Holm, Publications from the Herbarium, University of Uppsala, Sweden 18: 5. 1985. **Type:** China (mainland). D.E. Licentius.

Macropodia chinensis Velen., Novitates Mycologicae p 200. 1939.

Helvella villosa Schaeff., Fung. Bavar. Palat. Nasc. 3: 114. 1770. [nom. inval.]

Helvella villosa (Hedw.) Dissing & Nannf., Sv. Bot. Tidskr. 60: 330. 1966. [nom. illegit.]

台湾（TW）、大陆（省份不详）；奥地利、丹麦、爱沙尼亚、芬兰、法国、德国、荷兰、挪威、波兰、葡萄牙、西班牙、瑞典、瑞士、英国、美国、澳大利亚、巴布亚新几内亚、捷克斯洛伐克。

Lundell et al. 1985；曹晋忠 1988；Zhuang 1995a；吴声华等 1996；Wang & Chen 2002。

压缩马鞍菌

Helvella compressa (Snyder) N.S. Weber, Beih. Nova Hedwigia 51: 35. 1975. **Type:** USA.

Paxina compressa Snyder, Mycologia 28: 486. 1936.

西藏（XZ）；加拿大、美国。

Zhuang & Yang 2008。

混乱马鞍菌

Helvella confusa Harmaja, Karstenia 17: 43. 1977. **Type:** Denmark.

青海（QH）；丹麦。

Zhuang 1998b。

革马鞍菌

Helvella corium (O. Weberb.) Massee, Brit. Fung.-Fl. 4: 463. 1895. **Type:** Poland.

Peziza corium O. Weberb., Pilze Nord-Deutschl. tab. 3, fig. 7. 1873.

Lachnea corium (O. Weberb.) W. Phillips, Man. Brit. Discomyc. p 204. 1887.

Macropodia corium (O. Weberb.) Sacc., Syll. Fung. 8: 159. 1889.

Cyathipodia corium (O. Weberb.) Boud., Icon. Mycol. 1: 2. 1904.

Cyathipodia corium (O. Weberb.) Boud., Hist. Class. Discom. Eur. p 39. 1907.

Cyathipodia corium var. *alpestris* (Boud.) Boud., Hist. Class. Discom. Eur. p 39. 1907.

Leptopodia corium (O. Weberb.) Boud., Hist. Class. Discom. Eur. p 239bis. 1910.

Cowlesia corium (O. Weberb.) Nieuwl., Am. Midl. Nat. 4: 380. 1916.

Paxina corium (O. Weberb.) Seaver, North American Cup-Fungi (Operculates) p 208. 1928.

Helvella alpestris Boud., Bull. Soc. Bot. Fr. 41: 260. 1894.

Leptopodia alpestris (Boud.) Grélet, Bull. Soc. Bot. Centre-Ouest, Nouv. Sér. 3: 86. 1934.

Leptopodia murina var. *alpestris* (Boud.) R. Heim & L. Remy, Bull. Trimest. Soc. Mycol. Fr. 48: 58. 1932.

Helvella corium f. *alpestris* (Boud.) J. Favre, Ergebn. Wiss. Unters. Schweiz. Natn Parks 5: 27. 1955.

Helvella arctica var. *macrosperma* J. Favre, Ergebn. Wiss. Unters. Schweiz. NatnParks 5: 199. 1955.

Helvella macrosperma (J. Favre) R. Fellner & Landa, Česká Mykol. 45 (1-2): 35. 1991.

Helvella corium var. *macrosperma* (J. Favre) Bizio, Franchi & M. Marchetti, Riv. Micol. 41: 232. 1998.

河北（HEB）、云南（YN）；丹麦、芬兰、法国、德国、冰岛、荷兰、挪威、波兰、俄罗斯、西班牙、瑞典、瑞士、英国、加拿大、格陵兰岛（丹）、美国、澳大利亚。

戴芳澜 1979。

肋盖马鞍菌

Helvella costifera Nannf., Fungi Exsicc. Suec., Fasc. 41-42: 37. 1953. **Type:** Sweden.

Acetabula costifera (Nannf.) Benedix, Westfälische Pilzbriefe 5: 113. 1965.

新疆（XJ）、云南（YN）；比利时、丹麦、芬兰、法国、德国、匈牙利、冰岛、意大利、荷兰、挪威、西班牙、瑞典、瑞士、英国、摩洛哥、加拿大、格陵兰岛（丹）、美国、捷克斯洛伐克、苏联。

曹晋忠 1988；曹晋忠等 1990b；Zhuang 2004c。

皱马鞍菌

Helvella crispa (Scop.) Fr., Syst. Mycol. 2: 14. 1822. **Type:** ? Sweden.

Phallus crispus Scop., Fl. Carniol., Edn 2 2: 475. 1772.

Helvella crispa var. *fulva* Bull., Hist. Champ. 1: 293. 1791.

Helvella crispa var. *alba* Fr., Syst. Mycol. 2: 14. 1822.

Helvella crispa var. *lutescens* Fr., Syst. Mycol. 2: 14. 1822.

Helvella crispa var. *grevillei* J. Kickx f., Fl. Crypt. Flandres 1: 504. 1867.

Costapeda crispa (Scop.) Falck, Śluzowce Monogr., Suppl. 3: 401. 1923.

Helvella crispa var. *pithyophila* (Boud.) Donadini, Bull. Soc. linn. Provence 28: 75. 1975.

Helvella pallescens Schaeff., Fung. Bavar. Palat. Nasc. 4: 114. 1774.

吉林（JL）、河北（HEB）、山西（SX）、陕西（SN）、甘肃（GS）、青海（QH）、江苏（JS）、浙江（ZJ）、湖北（HB）、四川（SC）、云南（YN）、台湾（TW）；印度、日本、韩国、奥地利、比利时、丹麦、芬兰、法国、德国、匈牙利、冰岛、爱尔兰、意大利、荷兰、挪威、斯洛伐克、西班牙、瑞典、瑞士、英国、摩洛哥、加拿大、哥斯达黎加、墨西哥、美国、新西兰、苏联。

邓叔群 1963；戴芳澜 1979；曹晋忠 1988；庄文颖 1989；上海农业科学院食用菌研究所 1991；Zhuang 1997，1998b，2004c；Wang & Chen 2002。

杯状马鞍菌原变种

Helvella cupuliformis Dissing & Nannf., Svensk Bot. Tidskr. 60: 326. 1966. var. **cupuliformis**. **Type:** Sweden.

Cyathipodia cupuliformis (Dissing & Nannf.) J. Breitenb. & F. Kränzl., Champignons de Suisse 1. Ascomycètes p 58. 1981.

新疆（XJ）；奥地利、法国、意大利、挪威、西班牙、瑞典、瑞士、英国、摩洛哥、加拿大、美国、捷克斯洛伐克。

Zhuang 2004c。

杯状马鞍菌阔孢变种

Helvella cupuliformis var. **crassa** W.Y. Zhuang, Mycotaxon 90: 38. 2004. **Type:** China (Xinjiang). Mycologial team WYZ 4615, HMAS 83523.

新疆（XJ）。

Zhuang 2004c。

弹性马鞍菌

Helvella elastica Bull., Herb. Fr. 6: tab. 242. 1785. **Type:** France.

Leptopodia elastica (Bull.) Boud., Icon. Mycol. 2: tab. 232. 1907.

Tubipeda elastica (Bull.) Falck, Mykol. Untersuch. Ber. 1 (3): 401. 1923.

Helvella albida Schaeff., Fung. Bavar. Palat. Nasc. 4: tab. 282. 1774.

Sepultaria albida (Schaeff.) Morgan, J. Mycol. 8: 188. 1902.

Leptopodia pulla (Holmsk.) Boud., Hist. Class. Discom. Eur. p 37. 1907.

Helvella albida Pers., Observ. Mycol. 1: 71. 1796.

Helvella pulla Holmsk., Beata Ruris Otia Fungis Danicis 2: 49. 1799.

Helvella klotzschiana Corda, in Sturm, Deutschl. Fl., 3 Abt. 3: tab. 57. 1831.

Helvella guepinioides Berk. & Cooke, in Cooke, Mycogr. Vol. 1. Discom. p 198, fig. 337. 1879.

Helvella elastica var. *albida* Sacc., Syll. Fung. 8: 24. 1889.

Helvella adhaerens Peck, Ann. Rep. Reg. N.Y. St. Mus. 54: 956. 1902.

Leptopodia pulla (Holmsk.) Boud., Hist. Class. Discom. Eur. p 37. 1907.

Leptopodia klotzschiana (Corda) Boud., Hist. Class. Discom. Eur. p 37. 1907.

Leptopodia elastica var. *guepinioides* (Berk. & Cooke) Boud., Icon. Mycol. 2: tab. 232. 1907.

Patella albida (Schaeff.) Seaver, North American Cup-Fungi (Operculates) p 175. 1928.

吉林（JL）、河北（HEB）、北京（BJ）、山西（SX）、陕西（SN）、甘肃（GS）、青海（QH）、新疆（XJ）、江苏（JS）、浙江（ZJ）、江西（JX）、四川（SC）、云南（YN）、西藏（XZ）、福建（FJ）、台湾（TW）、广东（GD）、海南（HI）；印度、日本、韩国、巴基斯坦、奥地利、丹麦、芬兰、法国、德国、匈牙利、冰岛、爱尔兰、意大利、荷兰、挪威、波兰、葡萄牙、斯洛文尼亚、西班牙、瑞典、瑞士、英国、加拿大、墨西哥、美国、巴布亚新几内亚、捷克斯洛伐克、苏联。

邓叔群 1963；戴芳澜 1979；曹晋忠 1988；上海农业科学院食用菌研究所 1991；Zhuang 1998b，2004c；Zhuang & Wang 1998a；Wang & Chen 2002。

灰马鞍菌

Helvella ephippium Lev., Annls Sci. Nat., Bot., Sér. 2 16: 240. 1841. **Type:** ? France.

Leptopodia ephippium (Lév.) Boud., Hist. Class. Discom. Eur. p 37. 1907.

Leptopodia murina Boud., Hist. Class. Discom. Eur. p 37.

1907.
Helvella murina (Boud.) Sacc. & Traverso, Syll. Fung. 19: 849. 1910.
Helvella atra var. *murina* (Boud.) Keissl., Annln Naturh. Mus. Wien 35: 13. 1922.
吉林（JL）、北京（BJ）、山西（SX）、甘肃（GS）、新疆（XJ）、江苏（JS）、湖北（HB）、四川（SC）、贵州（GZ）、云南（YN）、台湾（TW）；日本、奥地利、丹麦、芬兰、法国、德国、荷兰、挪威、西班牙、瑞典、英国、摩洛哥、加拿大、捷克斯洛伐克、苏联。
曹晋忠 1988；庄文颖 1989；Wang & Chen 2002；Zhuang 2004c。

法吉斯马鞍菌
Helvella fargesii Pat., Journ. Bot. 7: 343. 1893. **Type:** France.
西藏（XZ）；法国。
戴芳澜 1979。

暗褐马鞍菌
Helvella fusca Gillet, Champignons de France, Discom. 1: 9. 1879. **Type:** France.
Helvella fusca var. *bresadolae* Boud., Icon. Mycol. 2: 15. 1910.
Helvella fusca var. *gyromitroides* Chenant., Bull. Soc. Sci. Nat. Ouest, Sér. 4: 1. 1921.
西藏（XZ）；印度、奥地利、丹麦、爱沙尼亚、法国、意大利、荷兰、西班牙、摩洛哥、美国。
徐阿生 2002。

伞形马鞍菌
Helvella galeriformis B. Liu & J.Z. Cao, Acta Mycol. Sin. 7: 199. 1988. **Type:** China (Shanxi). L. Fan, MHSU 452.
山西（SX）。
刘波和曹晋忠 1988；曹晋忠 1988。

黏马鞍菌
Helvella glutinosa B. Liu & J.Z. Cao, Acta Mycol. Sin. 7: 198. 1988. **Type:** China (Heilongjiang). Y.M. Li & K. Tao, MHSU 451.
黑龙江（HL）。
刘波和曹晋忠 1988；曹晋忠 1988。

小马鞍菌
Helvella helvellula (Durieu & Mont.) Dissing, Revue Mycol. 31: 204. 1966. **Type:** Algeria.
Peziza helvellula Durieu & Mont., in Durieu, Expl. Sci. Alg. 1: tab. 27: 11. 1849.
Geopyxis helvellula (Durieu & Mont.) Sacc., Syll. Fung. 8: 65. 1889.
Acetabula helvellula (Durieu & Mont.) Maire, Bull. Soc. Hist. Nat. Afr. N. 8. 1917.
山西（SX）；法国、葡萄牙、阿尔及利亚。
刘波和曹晋忠 1988；曹晋忠 1988。

北方马鞍菌
Helvella hyperborea Harmaja, Karstenia 18: 57. 1978. **Type:** Finland.
西藏（XZ）；芬兰。
徐阿生 2002。

蛟河马鞍菌
Helvella jiaohensis J.Z. Cao, L. Fan & B. Liu, Acta Mycol. Sin. 9: 184. 1990. **Type:** China (Jilin). X. He, HBNNU 0700.
吉林（JL）。
曹晋忠等 1990b。

吉林马鞍菌
Helvella jilinensis J.Z. Cao, L. Fan & B. Liu, Acta Mycol. Sin. 9: 185. 1990. **Type:** China (Jilin). HBNNU 0738.
吉林（JL）。
曹晋忠 1988；曹晋忠等 1990b。

吉地马鞍菌
Helvella jimsarica W.Y. Zhuang, Mycotaxon 90: 39. 2004. **Type:** China (Xinjiang). W.Y. Zhuang & Y. Nong 4660, HMAS 83531.
新疆（XJ）。
Zhuang 2004c。

乳白马鞍菌
Helvella lactea Boud., Hist. Class. Discom. Eur. p 36. 1907. **Type:** France.
吉林（JL）、山西（SX）；奥地利、丹麦、爱沙尼亚、法国、德国、意大利、西班牙、瑞典、美国、捷克斯洛伐克。
刘波和曹晋忠 1988；曹晋忠 1988。

多洼马鞍菌
Helvella lacunosa Afzel., K. Vetensk-Acad. Nya Handl. 4: 304. 1783. **Type:** Sweden.
Costapeda lacunosa (Afzel.) Falck, Śluzowce Monogr., Suppl. 3: 401. 1923.
Helvella lacunosa var. *sulcata* (Afzel.) S. Imai, Science Rep. Yokohama Nat. Univ., Sect. 2 3: 20. 1954.
Helvella sulcata Afzel., K. Vetensk-Acad. Handl. 4: 305. 1783.
Helvella sulcata var. *gracilior* Grél., Bull. Soc. Bot. Centre-Ouest. p 13. 1933.
黑龙江（HL）、吉林（JL）、河北（HEB）、山西（SX）、甘肃（GS）、青海（QH）、新疆（XJ）、江苏（JS）、湖北（HB）、四川（SC）、云南（YN）、西藏（XZ）、台湾（TW）、广东（GD）、海南（HI）；印度、以色列、日本、韩国、巴基斯坦、奥地利、比利时、丹麦、爱沙尼亚、芬兰、法国、德国、冰岛、意大利、荷兰、挪威、波兰、葡萄牙、斯洛文尼亚、西班牙、瑞典、瑞士、英国、南非、加拿大、哥斯达黎加、格陵兰岛（丹）、墨西哥、美国、巴布亚新几内亚、捷克斯洛伐克、苏联。

邓叔群 1963；戴芳澜 1979；曹晋忠 1988；庄文颖 1989；应建浙和宗毓臣 1989；上海农业科学院食用菌研究所 1991；Zhuang & Wang 1998a；Wang & Chen 2002；Zhuang 2004c。

黑白马鞍菌

Helvella leucomelaena (Pers.) Nannf., in Lundell & Nannfeldt, Fungi Exsicc. Upsal. 21: 952. 1941. **Type:** France.
Peziza leucomelaena Pers., Mycol. Eur. 1: 219. 1822.
Acetabula leucomelaena (Pers.) Sacc., Syll. Fung. 8: 61. 1889.
Paxina leucomelaena (Pers.) Kuntze, Revis. Gen. Pl. 2: 864. 1891.
Peziza percevalii Berk. & Cooke, in Cooke, Mycogr. Vol. 1. Discom. p 111, fig. 192. 1875.
Geopyxis percevalii (Berk. & Cooke) Sacc., Syll. Fung. 8: 69. 1889.
Acetabula percevalii (Berk. & Cooke) Massee, Brit. Fung. Fl. 4: 452. 1895.
青海（QH）；奥地利、丹麦、法国、德国、意大利、荷兰、挪威、斯洛文尼亚、西班牙、瑞典、瑞士、英国、阿尔及利亚、突尼斯、加拿大、美国、阿根廷、澳大利亚、捷克斯洛伐克、南斯拉夫。
戴芳澜 1979；Zhuang 1998b。

粗柄马鞍菌

Helvella macropus (Pers.) P. Karst., Bidr. Känn. Finl. Nat. Folk 19: 37. 1871. **Type:** ? Germany.
Peziza macropus Pers., Observ. Mycol. 1: 26. 1796.
Macroscyphus macropus (Pers.) Gray, Nat. Arr. Brit. Pl. 1: 372. 1821.
Macropodia macropus (Pers.) Fuckel, Jb. Nassau. Ver. Naturk. 23-24: 331. 1870.
Lachnea macropus (Pers.) W. Phillips, Man. Brit. Discomyc. p 207. 1887.
Cyathipodia macropus (Pers.) Dennis, British Cup Fungi & Their Allies p 7. 1960.
Peziza stipitata Huds., Fl. Angl., Edn 2 2: 639. 1778.
Octospora bulbosa Hedw., Descr. Micr.-Anal. Musc. Frond. 2: 34, tab. 10C, figs 1-5. 1789.
Peziza bulbosa (Hedw.) Nees, Syst. Pilze: fig. 289. 1816.
Macropodia bulbosa (Hedw.) Fr., Syst. Mycol. 2: 58. 1822.
Lachnea bulbosa (Hedw.) W. Phillips, Man. Brit. Discomyc. p 205. 1887.
Cyathipodia bulbosa (Hedw.) Boud., Hist. Class. Discom. Eur. p 39. 1907.
Cowlesia bulbosa (Hedw.) Nieuwl., Am. Midl. Nat. 4: 380. 1916.
Helvella bulbosa (Hedw.) Kreisel, Boletus, SchrReihe 1: 29. 1984. [nom. illegit.] non *Helvella bulbosa* Font Quer 1931.
吉林（JL）、河北（HEB）、山西（SX）、甘肃（GS）、新疆（XJ）、安徽（AH）、江苏（JS）、浙江（ZJ）、湖北（HB）、云南（YN）、西藏（XZ）、台湾（TW）；日本、比利时、丹麦、芬兰、法国、德国、爱尔兰、意大利、荷兰、挪威、波兰、西班牙、瑞典、瑞士、英国、加拿大、哥斯达黎加、萨尔瓦多、危地马拉、牙买加、墨西哥、美国、捷克斯洛伐克、苏联；欧洲。
戴芳澜 1979；曹晋忠 1988；庄文颖 1989；Wang & Chen 2002；Zhuang 2004c。

斑点马鞍菌

Helvella maculata N.S. Weber, Beih. Nova Hedwigia 51: 27. 1975. **Type:** USA.
新疆（XJ）；加拿大、美国。
刘波和曹晋忠 1988；曹晋忠 1988。

长孢马鞍菌

Helvella oblongispora Harmaja, Karstenia 18: 57. 1978. **Type:** Germany.
山西（SX）、西藏（XZ）；德国。
曹晋忠 1988；曹晋忠等 1990b。

盘状马鞍菌

Helvella pezizoides Afzel., K. Svenska Vetensk-Akad. Handl. 4: 308. 1783. **Type:** ? Sweden.
Leptopodia pezizoides (Afzel.) Boud., Hist. Class. Discom. Eur. p 37. 1907.
Lachnea helvelloides (Fr.) W. Phillips, Man. Brit. Discomyc. p 206. 1887.
山西（SX）、青海（QH）、云南（YN）；印度、巴基斯坦、丹麦、爱沙尼亚、芬兰、法国、德国、意大利、荷兰、挪威、葡萄牙、俄罗斯、西班牙、瑞典、英国、加拿大、美国、巴布亚新几内亚。
曹晋忠 1988。

喜湿马鞍菌

Helvella philonotis Dissing, Bot. Tidsskr. 60: 117. 1964. **Type:** Iceland.
河北（HEB）；冰岛、瑞典。
Zhuang & Wang 1998c。

脉马鞍菌

Helvella phlebophora Pat. & Doass., in Patouillard, Tab. Analyt. Fung. 5: 208. 1886. **Type:** France.
Globopilea phlebophora (Pat. & Doass.) Beauseign., Contr. Etude Fl. Mycol. Landes p 205. 1926.
河北（HEB）、山西（SX）、新疆（XJ）；克罗地亚、丹麦、法国、波兰、西班牙、瑞士。
刘波和曹晋忠 1988；曹晋忠 1988；Zhuang 2004c。

灰黑马鞍菌

Helvella rivularis Dissing & Sivertsen, Bot. Tidsskr. 75 (2-3): 101. 1980. **Type:** Norway.
河北（HEB）、北京（BJ）、山西（SX）；挪威。
曹晋忠 1988；曹晋忠等 1990b。

中国马鞍菌

Helvella sinensis B. Liu & J.Z. Cao, in Liu, Du & Cao, Acta Mycol. Sin. 4: 214. 1985. **Type:** China (Shanxi). H.L. Wei, HBSU 197.
山西（SX）。
刘波等 1985；曹晋忠 1988。

独生马鞍菌

Helvella solitaria (P. Karst.) P. Karst., Bidr. Känn. Finl. Nat. Folk 19: 37. 1871. **Type:** Finland.
Peziza solitaria P. Karst., Not. Sällsk. Fauna Fl. Fenn. Förh. 10: 111. 1869.
Lachnea solitaria (P. Karst.) Bizz. & Sacc., Mycotheca Veneti p 323. 1876.
Acetabula calyx Sacc., Mycotheca Veneti p 168. 1873.
Paxina calyx (Sacc.) Kuntze, Revis. Gen. Pl. 2: 864. 1891.
Helvella taiyuanensis B. Liu, F. Du & J.Z. Cao, Acta Mycol. Sin. 4: 211. 1985.
吉林（JL）、河北（HEB）、山西（SX）、甘肃（GS）、青海（QH）；印度、丹麦、爱沙尼亚、芬兰、法国、德国、意大利、挪威、罗马尼亚、西班牙、瑞典、瑞士、阿尔及利亚、加拿大、美国。
戴芳澜 1979；刘波等 1985；曹晋忠 1988；上海农业科学院食用菌研究所 1991。

白腿褐马鞍菌

Helvella spadicea Schaeff., Fung. Bavar. Palat. Nasc. 4: 112. 1774. **Type:** ? Germany.
Helvella leucopus Pers., Mycol. Eur. 1: 213. 1822.
Helvella leucopus var. *populina* I. Arroyo & Calonge, Boln Soc. Micol. Madrid 14: 198. 1990.
Helvella leucopus var. *populina* I. Arroyo & Calonge, in Calonge, Boln Soc. Micol. Madrid 25: 302. 2000.
陕西（SN）、新疆（XJ）、四川（SC）；吉尔吉斯斯坦、奥地利、法国、德国、匈牙利、意大利、荷兰、葡萄牙、罗马尼亚、斯洛文尼亚、西班牙、瑞士、摩洛哥、美国、阿根廷。
Zhuang 1996a，1997，2004c。

亚梭孢马鞍菌

Helvella subfusispora B. Liu & J.Z. Cao, in Liu, Du & Cao, Acta Mycol. Sin. 4: 211. 1985. **Type:** China (Zhejiang). Y. Meng 276, HBSU 3319.
浙江（ZJ）、四川（SC）。
刘波等 1985；曹晋忠 1988；曹晋忠等 1990b。

新疆马鞍菌

Helvella xinjiangensis J.Z. Cao, L. Fan & B. Liu, Acta Mycol. Sin. 9: 186. 1990. **Type:** China (Xinjiang). X.L. Mao, HMAS 38353.
新疆（XJ）。
曹晋忠等 1990b。

中条马鞍菌

Helvella zhongtiaoensis J.Z. Cao & B. Liu, Mycologia 82: 642. 1990. **Type:** China (Shanxi). J.Z. Cao, MHSU 1802.
山西（SX）。
Cao & Liu 1990。

皮考块菌属

Picoa Vittad., Monogr. Tuberac. p 54. 1831.

梭孢皮考块菌

Picoa carthusiana Tul. & C. Tul., Fungi Hypog., ed. alt. p 24. 1862. **Type:** France.
Leucangium carthusianum (Tul. & C. Tul.) Paol., in Saccardo, Syll. Fung. 8: 900. 1889.
山西（SX）；法国。
Liu et al. 1990；张斌成 1990。

小丛耳属

Wynnella Boud., Bull. Soc. Mycol. Fr. 1: 102. 1885.

小丛耳

Wynnella auricula (Schaeff.) Boud., Bull. Soc. Mycol. Fr. 1: 102. 1885. **Type:** ? Germany.
Peziza auricula Schaeff., Fung. Bavar. Palat. Nasc. 4: tab. 156. 1774.
Otidea auricula (Schaeff.) Sacc., Syll. Fung. 8: 95. 1889.
新疆（XJ）；德国、匈牙利、意大利、英国。
Zhuang 2004c。

林生小丛耳

Wynnella silvicola (Beck) Nannf., Ann. Bot. Fenn. 3: 309. 1966. **Type:** Austria.
Otidea silvicola Beck, in Saccardo, Syll. Fung. 8: 97. 1889.
Peziza atrofusca Beck, Fl. Hernst. p 131. 1884.
Otidea atrofusca Beck ex Rehm, Rabenh. Krypt.-Fl., Edn 2 (Leipzig) 1.3 (lief. 43) p 1027. 1894.
Wynnea atrofusca R. Heim, Bull. Trimest. Soc. Mycol. Fr. 41: 442. 1926.
Wynnella atrofusca Svrček, Česká Mykol. 17: 45. 1963.
Helvella silvicola (Beck) Harmaja, Karstenia 14: 103. 1974.
山西（SX）、新疆（XJ）、云南（YN）；奥地利。
曹晋忠 1988；刘波 1991；曹晋忠等 1991。

羊肚菌科 Morchellaceae Rchb.

皱盘菌属

Disciotis Boud., Bull. Soc. Mycol. Fr. 1: 100. 1885.

肋状皱盘菌

Disciotis venosa (Pers.) Arnould, Bull. Soc. Mycol. Fr. 9: 111. 1893. **Type:** Austria.
Peziza venosa Pers., Syn. Meth. Fung. 2: 638. 1801.
Discina venosa (Pers.) Fr., Syst. Mycol. 2: 46. 1822.

Discina venosa var. *rabenhorstii* Sacc., Syll. fung. (Abellini) 8: 104. 1889.
Disciotis venosa var. *reticulata* (Grev.) Boud., Bull. Soc. Mycol. Fr. 15: 53. 1899.
Disciotis venosa f. *radicans* Perco, Riv. Micol. 37: 57. 1994.
四川(SC)；奥地利、德国、挪威、波兰、西班牙、瑞典、英国、加拿大、美国。
戴芳澜 1979。

费歇块菌属

Fischerula Mattir., Nuovo G. Bot. Ital. 34: 1348. 1928.

费歇块菌

Fischerula macrospora Mattir., Nuovo G. Bot. Ital. 34: 1348. 1928. **Type:** Italy.
陕西（SN）；意大利。
刘波和陶恺 1988。

羊肚菌属

Morchella Dill. ex Pers., Neues Mag. Bot. 1: 116. 1794.

小顶羊肚菌原变种

Morchella angusticeps Peck, Bull. N.Y. St. Mus. Nat. Hist. 1: 19. 1887. var. **angusticeps**. **Type:** USA.
内蒙古（NM）、山西（SX）、陕西（SN）、青海（QH）、新疆（XJ）、四川（SC）、云南（YN）；瑞典、摩洛哥、加拿大、墨西哥、美国。
邓叔群 1963；戴芳澜 1979；Zhuang 1998b。

小顶羊肚菌卵褐变种

Morchella angusticeps var. **ovoideo-brunnea** C.J. Mou, Acta Mycol. Sin. 6: 122. 1987. **Type:** China (Xinjiang). d109.
新疆（XJ）。
牟川静 1987。

双脉羊肚菌

Morchella bicostata Ji Y. Chen & P.G. Liu, Mycotaxon 93: 89. 2005. **Type:** China (Sichuan). M.S. Yuan 2780, HMAS 31285.
四川（SC）。
Chen & Liu 2005。

尖顶羊肚菌

Morchella conica Pers., Traité sur les Champignons Comestibles p 257. 1818. **Type:** Italy.
Morchella conica var. *metheformis* Pers., Mycol. Eur. 1: 208. 1822.
Morchella esculenta var. *conica* (Pers.) Fr., Syst. Mycol. 2: 7. 1822.
Morchella conica var. *pusilla* Krombh., Naturgetr. Abbild. Beschr. Schwämme Pl. 16. 1831.
Morchella conica var. *ceracea* Krombh., Naturgetr. Abbild. Beschr. Schwämme 3: 10, tab. 16: 11-12. 1834.
Morchella conica var. *serotina* Peck, Bull. N.Y. St. Mus. 157: 50. 1912.
Morchella conica f. *cylindrica* (Velen.) Svrček, Česká Mykol. 31: 70. 1977.
河北（HEB）、北京（BJ）、山西（SX）、甘肃（GS）、新疆（XJ）、江苏（JS）、湖南（HN）、云南（YN）、福建（FJ）、台湾（TW）；以色列、日本、比利时、爱沙尼亚、法国、德国、冰岛、意大利、挪威、斯洛伐克、斯洛文尼亚、西班牙、瑞典、瑞士、英国、摩洛哥、加拿大、哥斯达黎加、墨西哥、美国、阿根廷、澳大利亚、新西兰。
邓叔群 1963；戴芳澜 1979；上海农业科学院食用菌研究所 1991；王也珍等 1999。

粗柄羊肚菌

Morchella crassipes (Vent.) Pers., Syn. Meth. Fung. 2: 621. 1801. **Type:** France.
Phallus crassipes Vent., Ann. Bot. 21: 509. 1797.
Morchella crassipes var. *crispa* (Krombh.) Krombh., Naturgetr. Abbild. Beschr. Schwämme 3: 6. 1834.
Mitrophora hybrida var. *crassipes* (Vent.) Boud., Bull. Soc. Mycol. Fr. 13: 152. 1897.
Morchella esculenta var. *crassipes* (Vent.) Bresinsky & Stangl, Z. Pilzk. 27 (2-4): 104. 1962.
Morchella esculenta var. *crassipes* (Vent.) M.M. Moser, in Gams, Kl. Krypt.-Fl., Rev. Edn 5 2a: 85. 1983.
Morchella esculenta var. *crassipes* (Vent.) Kreisel, Boletus, SchrReihe 1: 29. 1984.
黑龙江（HL）、山西（SX）、新疆（XJ）；日本、丹麦、法国、德国、英国、肯尼亚、坦桑尼亚、墨西哥、美国、新西兰、南斯拉夫。
79；牟川静 1987；上海农业科学院食用菌研究所 1991。

小羊肚菌

Morchella deliciosa Fr., Syst. Mycol. 2: 8. 1822. **Type:** Europe.
Morilla deliciosa (Fr.) Quél., Compt. Rend. Assoc. Franç. Avancem. Sci. 20: 465. 1892.
Morchella conica var. *deliciosa* (Fr.) Cetto, Enzyklopädie der Pilze, Band 4: Täublinge, Milchlinge, Boviste, Morcheln, Becherlinge u.a. p 403. 1988.
Morchella deliciosa var. *incarnata* Quél., Compt. Rend. Assoc. Franç. Avancem. Sci. 20: 465. 1892.
Morchella deliciosa var. *elegans* Boud., Bull. Soc. Mycol. Fr. 13: 144. 1897.
Morchella deliciosa var. *purpurascens* Boud., Bull. Soc. Mycol. Fr. 13: 144. 1897.
山西（SX）、陕西（SN）、宁夏（NX）、新疆（XJ）、四川（SC）；印度、印度尼西亚、奥地利、法国、德国、意大利、俄罗斯、斯洛文尼亚、西班牙、瑞典、英国、加拿大、美国、秘鲁；欧洲其他地区。
邓叔群 1963；戴芳澜 1979；上海农业科学院食用菌研究所 1991。

开裂羊肚菌

Morchella distans Fr., Summa Veg. Scand., Section Post. p 346. 1849. **Type:** Sweden.
Morchella distans f. *longissima* Jacquet., Les Morilles p 36. 1984.
Morchella distans f. *spathulata* Jacquet., Les Morilles p 36. 1984.
四川（SC）；瑞典。
戴芳澜 1979。

高羊肚菌

Morchella elata Fr., Syst. Mycol. 2: 8. 1822. **Type:** Europe.
Morchella elata var. *nivea* Konrad, Bull. Soc. Mycol. Fr. 39: 45. 1923.
Morchella elata var. *nigripes* (M.M. Moser) Kreisel, Boletus, SchrReihe 1: 29. 1984.
内蒙古（NM）、河南（HEN）、四川（SC）、云南（YN）、西藏（XZ）、台湾（TW）；芬兰、德国、匈牙利、意大利、荷兰、西班牙、瑞典、英国、摩洛哥、加拿大、哥斯达黎加、墨西哥、美国、阿根廷、秘鲁、澳大利亚；欧洲其他地区。
戴芳澜 1979；上海农业科学院食用菌研究所 1991；吴声华等 1996；Zhuang 1997。

羊肚菌

Morchella esculenta (L.) Pers., Syn. Meth. Fung. 2: 618. 1801. **Lectotype:** Europe.
Phallus esculentus L., Sp. Pl. 2: 1178. 1753.
Helvella esculenta (L.) Sowerby, Col. Fig. Engl. Fung. Mushr. 1: pl. 51. 1797.
Morellus esculentus (L.) Eaton, Man. Bot., Edn 2 p 324. 1818.
Morchella rotunda var. *esculenta* (L.) Jacquet., in Jacquetant & Bon, Docums. Mycol. 14: 1. 1985.
河北（HEB）、北京（BJ）、山西（SX）、河南（HEN）、陕西（SN）、甘肃（GS）、青海（QH）、新疆（XJ）、江苏（JS）、四川（SC）、云南（YN）、台湾（TW）；韩国、丹麦、爱沙尼亚、芬兰、德国、挪威、斯洛伐克、西班牙、英国、加拿大、哥斯达黎加、墨西哥、美国、秘鲁、澳大利亚、新西兰；欧洲其他地区。
邓叔群 1963；戴芳澜 1979；上海农业科学院食用菌研究所 1991；Zhuang 1998b。

变紫羊肚菌

Morchella purpurascens (Krombh. ex Boud.) Jacquet., Les Morilles p 44. 1984. **Type:** Europe.
Morchella elata var. *purpurascens* Krombh. ex Boud., Bull. Soc. Mycol. Fr. 13: 148. 1897.
Morchella conica var. *purpurascens* (Krombh. ex Boud.) Boud., Icon. Mycol. 2: tab. 214. 1907.
四川（SC）；欧洲。
戴贤才和李泰辉 1994。

硬羊肚菌

Morchella rigida (Krombh.) Boud., Bull. Soc. Mycol. Fr. 13: 137. 1897. **Type:** ? Switzerland.
Morchella conica var. *rigida* Krombh., Naturgetreue Abbildungen und Beschreibungen der essbaren, schädlichen und verdächtigen Schwämme 3: tab. 16: 13; tab. 17: 1-2. 1834.
Morchella rigida (Krombh.) Boud., Bull. Soc. Mycol. Fr. 13: 137. 1897.
Morchella rotunda var. *rigida* (Krombh.) Jacquet., in Jacquetant & Bon, Docums. Mycol. 14: 1. 1985.
Morchella esculenta var. *rigida* (Krombh.) I.R. Hall, P.K. Buchanan, Y. Wang & Cole, Edible and Poisonous Mushrooms p 177. 1998.
四川（SC）；法国、意大利、瑞士。
戴芳澜 1979。

西藏羊肚菌

Morchella tibetica M. Zang, Acta Bot. Yunn. 9: 81. 1987. **Type:** China (Tibet). Y.G. Su 3940 HKAS 16340.
西藏（XZ）。
臧穆 1987。

钟菌属

Verpa Sw., K. Svenska Vetensk-Akad. Handl. 36: 129. 1815.

波地钟菌

Verpa bohemica (Krombh.) J. Schroet., in Cohn, Krypt.-Fl. Schlesien 3.2: 25. 1893 [1908]. **Type:** Czech.
Morchella bohemica Krombh., Naturgetr. Abbild. Beschr. Schwämme 3: tab. 15, figs 1-13. 1834.
Ptychoverpa bohemica (Krombh.) Boud., Hist. Class. Discom. Eur. p 34. 1907.
陕西（SN）、新疆（XJ）；日本、捷克、丹麦、德国、芬兰、法国、匈牙利、意大利、挪威、西班牙、加拿大、美国、克什米尔地区。
邓叔群 1963；戴芳澜 1979；上海农业科学院食用菌研究所 1991。

圆锥钟菌

Verpa conica (O.F. Müll.) Sw., K. Svenska Vetensk-Akad. Handl. p 129. 1815. **Type:** Denmark.
Phallus conicus O.F. Müll., Fl. Danic. 4: tab. 654. 1775.
Leotia conica (O.F. Müll.) Pers., Syn. Meth. Fung. 2: 613. 1801.
Monka conica (O.F. Müll.) Kuntze, Revis. Gen. Pl. 3: 498. 1898.
Leotia conica Pers., Syn. Meth. Fung. 2: 613. 1801.
Relhanum conicum Gray, Nat. Arr. Brit. Pl. 1: 661. 1821.
山西（SX）；日本、丹麦、芬兰、匈牙利、冰岛、意大利、挪威、斯洛文尼亚、西班牙、瑞典、英国、加拿大、美国。
刘波 1991。

指状钟菌

Verpa digitaliformis Pers., Mycol. Eur. 1: 202. 1822. **Type:** Switzerland.

Monka digitaliformis (Pers.) Kuntze, Revis. Gen. Pl. 3: 498. 1898.

陕西（SN）、新疆（XJ）；日本、爱沙尼亚、法国、德国、西班牙、瑞士、摩洛哥、美国。

邓叔群 1963；戴芳澜 1979；上海农业科学院食用菌研究所 1991。

盘菌科 Pezizaceae Dumort.

粪粒块菌属

Hydnobolites Tul. & C. Tul., Annls Sci. Nat., Bot., Sér. 2 19: 278. 1843.

粪粒块菌

Hydnobolites cerebriformis Tul. & C. Tul., Annls Sci. Nat., Bot., Sér. 2 19: 279. 1843. **Type:** ? France.

Hydnobolites cerebriformis var. *soehneri* G. Gross, Z. Mykol. 62: 179. 1996.

河北（HEB）、四川（SC）；丹麦、法国、德国、俄罗斯、西班牙、瑞典、英国、美国。

张斌成 1990。

碘光盘菌属

Iodophanus Korf, in Kimbrough & Korf, Am. J. Bot. 54: 18. 1967.

肉质碘光盘菌

Iodophanus carneus (Pers.) Korf, in Kimbrough & Korf, Am. J. Bot. 54: 19. 1967. **Type:** Germany.

Ascobolus carneus Pers., Syn. Meth. Fung. 2: 666. 1801.

Ascophanus carneus (Pers.) Boud., Annls Sci. Nat., Bot., Sér. 5 10: 250. 1869.

Peziza carnea (Pers.) P. Karst., Not. Sällsk. Fauna Fl. Fenn. Förh. 10: 120. 1869.

四川（SC）、福建（FJ）、台湾（TW）；土耳其、芬兰、德国、冰岛、爱尔兰、挪威、西班牙、瑞典、英国、加拿大、哥斯达黎加、美国、阿根廷、澳大利亚、新西兰、巴布亚新几内亚、安的列斯群岛。

Liou & Chen 1977b；吴声华等 1996。

德班碘光盘菌

Iodophanus durbanensis (Van der Byl) Kimbr., Luck-Allen & Cain, Am. J. Bot., Suppl. 56: 1199. 1969. **Type:** South Africa.

Ascophanus durbanensis Van der Byl, S. Afr. J. Sci. 22: 169. 1925.

台湾（TW）；南非。

Liou & Chen 1977b。

极粒碘光盘菌

Iodophanus granulipolaris Kimbr., Am. J. Bot., Suppl. 56: 1201. 1969. **Type:** USA.

台湾（TW）；美国。

Wang 1995。

壳状碘光盘菌［新拟］

Iodophanus testaceus (Moug.) Korf, in Kimbrough & Korf, Am. J. Bot. 54: 19. 1967. **Type:** Europe.

Peziza testacea Moug., in Fries, Elench. Fung. 2: 11. 1828.

Ascobolus testaceus (Moug.) Wallr., Fl. Crypt. Germ. 4: 513. 1833.

Calloria testacea (Moug.) Fr., Summa Veg. Scand., Section Post. p 359. 1849.

Helotium testaceum (Moug.) Berk., Outl. Brit. Fung. p 372. 1860.

Ascophanus testaceus (Moug.) W. Phillips, Man. Brit. Discomyc. p 310. 1887.

Humaria testacea (Moug.) J. Schröt., in Cohn, Krypt.-Fl. Schlesien 3.2: 36. 1894.

Ascophanus carneus var. *testaceus* (Moug.) Massee, Brit. Fung.-Fl. 4: 178. 1895.

Ascobolus testaceus Henn., Hedwigia 41: 32. 1902.

Humarina testacea (Moug.) Seaver, North American Cup-Fungi (Operculates) p 125. 1928.

河北（HEB）、江苏（JS）；芬兰、法国、德国、荷兰、挪威、西班牙、阿根廷、新西兰；欧洲、北美洲、南极洲。

邓叔群 1963；戴芳澜 1979；庄文颖 2014。

疣孢碘光盘菌

Iodophanus verrucisporus (P.W. Graff) Kimbr., Luck-Allen & Cain, Am. J. Bot. 56: 1199. 1969. **Type:** Philippines.

Ascophanus verrucisporus P.W. Graff, Mem. Torrey Bot. Club 17: 58. 1918.

台湾（TW）；菲律宾。

吴声华等 1996。

厚盘菌属

Pachyella Boud., Hist. Class. Discom. Eur. p 50. 1907.

巴氏厚盘菌

Pachyella babingtonii (Sacc.) Boud., Hist. Class. Discom. Eur. p 51. 1907. **Type:** UK.

Psilopezia babingtonii Sacc., Syll. Fung. 8: 153. 1889.

Rhizina babingtonii (Sacc.) Massee & Crossl., in Massee, Brit. Fung.-Fl. 4: 455. 1895.

Adelphella babingtonii (Sacc.) Pfister, Matočec & I. Kušan, Mycologia Montenegrina 10: 206. 2008.

Peziza babingtonii Berk., Outl. Brit. Fung. p 373. 1860.

四川（SC）、云南（YN）；丹麦、爱沙尼亚、芬兰、德国、冰岛、挪威、波兰、西班牙、英国、哥斯达黎加、格陵兰岛（丹）、美国、新西兰。

Zhuang & Wang 1998b。

紫红厚盘菌

Pachyella celtica (Boud.) Häffner, Rheinl.-Pfälz. Pilzj. 3: 115. 1993. **Type:** France.
Peziza celtica (Boud.) M.M. Moser, in Gams, Kl. Krypt.-Fl., Edn 3 2a: 97. 1963.
Galactinia celtica Boud., Bull. Soc. Mycol. Fr. 14: 20. 1898.
台湾（TW）；法国。
Wang 1996b。

粗皮块菌属

Pachyphloeus Tul. & C. Tul., G. Bot. Ital. 1 (7-8): 60. 1845.

橙色粗皮块菌

Pachyphloeus citrinus Berk. & Broome, Ann. Mag. Nat. Hist., Ser. 1 18: 79. 1846. **Type:** UK.
Pachyphlodes citrinus (Berk. & Broome) Doweld, Index Fungorum 31: 1. 2013.
吉林（JL）、山西（SX）；日本、丹麦、意大利、荷兰、西班牙、英国、美国。
张斌成 1990。

变绿粗皮块菌

Pachyphloeus virescens Gilkey, Oregon St. Monogr., Bot. 1: 31. 1939. **Type:** USA.
Pachyphlodes virescens (Gilkey) Doweld, Index Fungorum 31: 1. 2013.
北京（BJ）；美国。
张斌成 1990。

盘菌属

Peziza Dill. ex Fr., Syst. Mycol. 2: 40. 1822.

茎盘菌

Peziza ampliata Pers., in Pant, Mycol. Eur. 1: 227. 1822. **Type:** ? Germany.
Phibalis ampliata (Pers.) Wallr., Fl. Crypt. Germ. 2: 447. 1833.
Aleuria ampliata (Pers.) Gillet, Champignons de France, Discom. 2: 47. 1879.
Galactinia ampliata (Pers.) Le Gal, Discom. de Madagascar p 39. 1953.
吉林（JL）、新疆（XJ）、江苏（JS）、四川（SC）、台湾（TW）；奥地利、法国、德国、荷兰、挪威、西班牙、马达加斯加、哥斯达黎加、美国。
邓叔群 1963；戴芳澜 1979；吴声华等 1996。

暗紫盘菌

Peziza arenaria Osbeck, K. Svenska Vetensk-Akad. Handl. 23: 288. 1762. **Type:** ? Sweden.
Peziza ampelina Quél., Grevillea 8: 116. 1880.
Barlaea arenaria (Osbeck) Sacc., Syll. Fung. 8: 117. 1889.
Plicaria arenaria (Osbeck) Boud., Hist. Class. Discom. Eur. p 50. 1907.
Barlaeina arenaria (Osbeck) Sacc. & Traverso, Syll. Fung. 19: 138. 1910.
Aleuria ampelina (Quél.) Quél., Enchir. Fung. p 279. 1886.
Plicaria ampelina (Quél.) Rehm, in Winter, Rabenh. Krypt.-Fl., Edn 2 1.3 (lief. 43) p 1003. 1894 [1896].
Galactinia ampelina Boud., Hist. Class. Discom. Eur. p 47. 1907.
广东（GD）、香港（HK）；丹麦、法国、德国、瑞典。
张树庭和卯晓岚 1995。

阿地盘菌

Peziza arvernensis Boud., Bull. Soc. Bot. Fr. 26: 76. 1879. **Type:** France.
Aleuria silvestris Boud., Icon. Mycol. 2: tab. 261. 1907.
Peziza silvestris (Boud.) Sacc. & Traverso, Syll. Fung. 20: 317. 1911.
Galactinia sylvestris (Boud.) Svrček, Česká Mykol. 16: 111. 1962.
黑龙江（HL）、河北（HEB）、山西（SX）、陕西（SN）、甘肃（GS）、新疆（XJ）、江苏（JS）、云南（YN）、台湾（TW）；丹麦、芬兰、法国、德国、挪威、西班牙、英国、加拿大、美国、新西兰。
邓叔群 1963；戴芳澜 1979；王也珍等 1999；Wang 2001c。

暗孢盘菌

Peziza atrospora Fuckel, Fungi Rhenani Exsic. p 1224. 1864. **Type:** Germany.
Phaeopezia atrospora (Fuckel) Sacc., Syll. Fung. 8: 472. 1889.
Plicaria atrospora (Fuckel) Boud., Hist. Class. Discom. Eur. p 50. 1907.
北京（BJ）；德国。
Korf & Zhuang 1985。

暗葡萄酒色盘菌

Peziza atrovinosa Cooke & W.R. Gerard, Bull. Buffalo Acad. Sci. 2: 288. 1875. **Type:** UK.
Aleurina atrovinosa (Cooke) Seaver, North American Cup-Fungi (Operculates) p 101. 1928.
Galactinia atrovinosa (Cooke & W.R. Gerard) Le Gal, Bull. Trimest. Soc. Mycol. Fr. 78: 207. 1962.
云南（YN）；荷兰、英国、美国。
戴芳澜 1979。

疣孢褐盘菌

Peziza badia Pers., Observ. Mycol. 2: 78. 1800 [1799]. **Type:** Europe.
Scodellina badia (Pers.) Gray, Nat. Arr. Brit. Pl. 1: 669. 1821.
Plicaria badia (Pers.) Fuckel, Jb. Nassau. Ver. Naturk. 23-24: 327. 1870.

Pustularia badia (Pers.) Lambotte, Mém. Soc. Roy. Sci. Liège, Sér. 2 14: 322. 1887.
Galactinia badia (Pers.) Arnould, Bull. Soc. Mycol. Fr. 9: 111. 1893.
吉林（JL）、甘肃（GS）、青海（QH）、江苏（JS）、湖北（HB）、台湾（TW）；日本、韩国、奥地利、芬兰、法国、德国、爱尔兰、意大利、挪威、波兰、西班牙、瑞典、英国、加拿大、墨西哥、美国、阿根廷、澳大利亚、新西兰；欧洲其他地区。
邓叔群 1963；戴芳澜 1979；庄文颖 1989；Wang 1996b；Zhuang 1998b。

棕黑盘菌

Peziza brunneoatra Desm., Annls Sci. Nat., Bot., Sér. 2 6: 9. 1836. **Type:** ? France.
Humaria brunneoatra (Desm.) Cooke, Mycogr. Vol. 1. Discom. p 43, fig. 78. 1875.
Plicaria brunneoatra (Desm.) Rehm, in Winter, Rabenh. Krypt.-Fl., Edn 2 1.3 (lief. 43) p 1010. 1894.
Galactinia brunneoatra (Desm.) Boud., Hist. Class. Discom. Eur. p 49. 1907.
河北（HEB）、甘肃（GS）、青海（QH）、江苏（JS）；丹麦、法国、德国、意大利、波兰、西班牙、英国、加拿大、美国。
邓叔群 1963；戴芳澜 1979；Zhuang 1998b。

蜡质盘菌

Peziza cerea Sowerby ex Fr., Syst. Mycol. 2: 52. 1822. **Type:** ? UK.
Plicaria cerea (Sowerby) Fuckel, Jb. Nassau. Ver. Naturk. 23-24: 237. 1870.
Pustularia cerea (Sowerby) Rehm, Ascomyceten no. 201. 1881.
Pustularia vesiculosa var. *cerea* (Sowerby) Rehm, in Winter, Rabenh. Krypt.-Fl., Edn 2 1.3 (lief. 43) p 1018. 1894.
Peziza vesiculosa var. *cerea* (Sowerby) Massee, Brit. Fung.-Fl. 4: 426. 1895.
Galactinia vesiculosa f. *cerea* (Sowerby) Svrček, Česká Mykol. 14: 219. 1960.
Galactinia cerea (Sowerby) Le Gal, Bull. Trimest. Soc. Mycol. Fr. 78: 208. 1962.
青海（QH）、湖北（HB）、云南（YN）、广西（GX）；比利时、丹麦、芬兰、法国、德国、匈牙利、爱尔兰、意大利、荷兰、挪威、斯洛伐克、斯洛文尼亚、西班牙、瑞典、英国、美国、阿根廷、澳大利亚、新西兰。
戴芳澜 1979；庄文颖 1989；Zhuang 1998b。

卷旋盘菌

Peziza convoluta Peck, Bull. Torrey Bot. Club 30: 101. 1903. **Type:** USA.
四川（SC）；美国。
戴芳澜 1979。

刺孢盘菌

Peziza echinospora P. Karst., Fungi Fenniae Exsiccati, Fasc. 6 (nos 501-600): 541. 1866. **Type:** Finland.
Peziza echinospora P. Karst., Not. Sällsk. Fauna Fl. Fenn. Förh. 10: 115. 1869.
Plicaria echinospora (P. Karst.) Rehm, Ascomyceten no. 507. 1881.
Aleuria echinospora (P. Karst.) Boud., Hist. Class. Discom. Eur. p 46. 1907.
Galactinia echinospora (P. Karst.) Svrček & Kubička, Česká Mykol. 15: 74. 1961.
台湾（TW）；韩国、丹麦、芬兰、德国、冰岛、挪威、波兰、西班牙、瑞典、瑞士、英国、加拿大、墨西哥、美国、阿根廷。
Wang 1996a；吴声华等 1996。

微小盘菌

Peziza elachroa Berk. & M.A. Curtis, in Cooke Mycogr. Vol. 1 Discom. p 160, f 274. **Type:** Cuba.
台湾（TW）；古巴、美国。
Wang 1996b。

粪生盘菌

Peziza fimeti (Fuckel) E.C. Hansen, Vidensk. Meddel. Dansk Naturhist. Foren. Kjøbenhavn p 267. 1876. **Type:** Germany.
Humaria fimeti Fuckel, Jb. Nassau. Ver. Naturk. 25-26: 338. 1871.
Aleuria fimeti (Fuckel) Boud., Hist. Class. Discom. Eur. p 44. 1907.
Galactinia fimeti (Fuckel) Svrček & Kubička, Česká Mykol. 15: 74. 1961.
河北（HEB）；塞浦路斯、奥地利、芬兰、德国、冰岛、爱尔兰、挪威、西班牙、瑞典、瑞士、加拿大、美国、阿根廷、澳大利亚、新西兰。
戴芳澜 1979。

贵州盘菌

Peziza guizhouensis M.H. Liu, Mycosystema 17: 218. 1998. **Type:** China (Guizhou). M.H. Liu 1240.
贵州（GZ）。
Liu 1998。

疣孢盘菌

Peziza howsei Roze & Boud., Bull. Soc. Bot. Fr. 26: 75. 1879. **Type:** ? France.
Plicaria howsei (Roze & Boud.) Rehm, in Winter, Rabenh. Krypt.-Fl., Edn 2 1.3 (lief. 43) p 1015. 1894.
Galactinia howsei (Roze & Boud.) Boud., Hist. Class. Discom. Eur. p 48. 1907.
Peziza howsei Donadini, Bull. Soc. linn. Provence 31: 29. 1979.
Peziza emileia Cooke, Mycogr. Vol. 1 Discom. p 226, fig. 379. 1879.

甘肃（GS）；法国、德国、荷兰、波兰、西班牙、瑞典。
Zhuang 1996a。

米氏盘菌

Peziza michelii (Boud.) Dennis, British Cup Fungi & Their Allies p 15. 1960. **Type:** France.
Galactinia michelii Boud., Bull. Soc. Mycol. Fr. 7: 215. 1891.
Galactinia plebeia Le Gal, Revue Mycol. 2: 208. 1937.
Peziza plebeia (Le Gal) Nannf., Fungi Exsiccati Suecici p 1373. 1946.
四川（SC）；日本、韩国、丹麦、法国、冰岛、意大利、挪威、波兰、斯洛文尼亚、西班牙、瑞典、英国、加拿大。
Korf & Zhuang 1985。

小柄盘菌

Peziza micropus Pers., Icon. Desc. Fung. Min. Cognit. 2: 30. 1800. **Type:** Europe.
Otidea micropus (Pers.) Sacc., Syll. Fung. 8: 98. 1889.
Geopyxis micropus (Pers.) Rehm, in Winter, Rabenh. Krypt.-Fl., Edn 2 1.3 (lief. 42) p 975. 1894.
Plicaria micropus (Pers.) Bánhegyi, Borbásia 1: 85. 1939.
Galactinia micropus (Pers.) Svrček, Česká Mykol. 16: 111. 1962.
台湾（TW）；比利时、丹麦、爱沙尼亚、德国、芬兰、法国、挪威、俄罗斯、斯洛文尼亚、西班牙、瑞典、英国、南乔治亚岛（英）；欧洲其他地区、北美洲。
吴声华等 1996。

毛瑞氏盘菌［新拟］（曾用名：毛氏盘菌，与毛氏盘菌属的模式种重名）

Peziza moravecii (Svrček) Donadini, Bull. Soc. Linn. Provence 30: 71. 1978 [1977]. **Type:** Czechoslovakia.
Galactinia moravecii Svrček, Česká Mykol. 22: 90. 1968.
台湾（TW）；日本、奥地利、挪威、西班牙、澳大利亚、捷克斯洛伐克。
Wang 1996b。

皮氏盘菌

Peziza petersii Berk., Grevillea 3: 150. 1875. **Type:** USA.
Galactinia petersii (Berk.) Le Gal, Discom. de Madagascar p 51. 1953.
Peziza praetervisa Bres., Malpighia 11: 266. 1897.
台湾（TW）；奥地利、丹麦、西班牙、英国、美国、阿根廷。
吴声华等 1996。

叶生盘菌

Peziza phyllogena Cooke, Mycogr. Vol. 1. Discom. p 148, fig. 251. 1877. **Type:** USA.
青海（QH）；日本、芬兰、冰岛、斯洛文尼亚、西班牙、瑞典、加拿大、美国。
Zhuang 1998b。

假紫盘菌（参照）

Peziza cf. **pseudoviolacea** Donadini, Bull. Soc. Linn. Provence 31: 27. 1979 [1978].
北京（BJ）。
Wang & Pei 2001。

波缘盘菌

Peziza repanda Pers., Icones Pictae Rariorum Fungorum 4: 49. 1808. **Type:** Europe.
吉林（JL）、新疆（XJ）、四川（SC）；日本、韩国、比利时、丹麦、爱沙尼亚、芬兰、德国、意大利、挪威、西班牙、瑞典、瑞士、加拿大、古巴、美国、澳大利亚、新西兰、瓦努阿图；欧洲其他地区。
邓叔群 1963；戴芳澜 1979；上海农业科学院食用菌研究所 1991；Zhuang & Wang 1998b。

撒卡多盘菌（参照）

Peziza cf. **saccardoana** Cooke, Mycogr., Vol. 1. Discom. p 174, fig. 302. 1877.
北京（BJ）、青海（QH）。
Zhuang & Korf 1989；Zhuang 1998b。

褐盘菌

Peziza sepiatra Cooke, Mycogr. Vol. 1. Discom. p 153, fig. 261. 1875. **Type:** UK.
Plicaria sepiatra (Cooke) Rehm, in Winter, Rabenh. Krypt.-Fl., Edn 2 1.3 (lief. 43) p 1002. 1894.
Aleuria sepiatra (Cooke) Boud., Hist. Class. Discom. Eur. p 45. 1907.
Galactinia sepiatra (Cooke) Le Gal, Bull. Trimest. Soc. Mycol. Fr. 78: 210. 1962.
浙江（ZJ）；荷兰、挪威、西班牙、英国。
邓叔群 1963；戴芳澜 1979。

希氏盘菌

Peziza shearii (Gilkey) Korf, Mycologia 48: 716. 1956. **Type:** USA.
Daleomyces shearii Gilkey, Ore. St. Monog., Bot. 1: 26. 1939.
贵州（GZ）；美国。
Liu 1998。

近黄盘菌

Peziza subcitrina (Bres.) Korf, Mycotaxon 14: 1. 1982. **Type:** ? Italy.
Plicaria subcitrina Bres., in Rehm, Hedwigia 40: 102. 1901.
Humaria subcitrina (Bres.) Sacc., Syll. Fung. 16: 1146. 1902.
西藏（XZ）；丹麦、意大利、荷兰。
徐阿生和罗建 2007。

亚暗色盘菌

Peziza subumbrina Boud., in Cooke, Mycogr. Vol. 1. Discom.

p 229, fig. 385. 1877. **Type:** France.
Leucoloma subumbrinum (Boud.) Hazsl., Verh. Zool.-Bot. Ges. Wien 37: 16. 1887.
Galactinia subumbrina (Boud.) Boud., Icon. Mycol. 1: 3. 1904.
四川(SC);丹麦、法国、匈牙利、意大利、西班牙、英国。
Korf & Zhuang 1985。

多汁盘菌

Peziza succosa Berk., Ann. Mag. Nat. Hist., Ser. 1 6: 358. 1841. **Type:** UK.
Aleuria succosa (Berk.) Gillet., Discom. Franç. p 45. 1879.
Otidea succosa (Berk.). Thüm., Mycoth. Univ., Cent. 15: 1411. 1879.
Galactinia succosa (Berk.) Sacc., Syll. Fung. 8: 106. 1889.
Plicaria succosa (Berk.) Rehm, in Winter, Rabenh. Krypt.-Fl., Edn 2 1.3 (lief. 43) p 1016. 1894.
陕西(SN);比利时、爱沙尼亚、法国、德国、冰岛、爱尔兰、挪威、波兰、西班牙、英国、摩洛哥、加拿大、美国、阿根廷。
Zhuang 1996a。

小多汁盘菌

Peziza succosella (Le Gal & Romagn.) M.M. Moser ex Aviz.-Hersh. & Nemlich, Israel J. Bot. 23: 156. 1974. **Type:** France.
Galactinia succosella Le Gal & Romagn., Revue Mycol. 5: 113. 1940.
Peziza succosella (Le Gal & Romagn.) M.M. Moser ex Aviz.-Hersh. & Nemlich, in Gams, Kl. Krypt.-Fl., Edn 3 2a: 96. 1963.
四川(SC);丹麦、法国、德国、西班牙。
Korf & Zhuang 1985。

托塞盘菌(参照)

Peziza cf. **thozetii** Berk., J. Linn. Soc., Bot. 18: 388. 1881.
四川(SC)。
Korf & Zhuang 1985。

嗜尿盘菌

Peziza urinophila Yei Z. Wang & Sagara, Mycotaxon 65: 448. 1997. **Type:** China (Taiwan). W.N. Chou, TNM F2606.
台湾(TW);日本。
Wang & Sagara 1997。

变异盘菌

Peziza varia (Hedw.) Alb. & Schwein., Consp. Fung. p 311. 1805. **Type:** ? Germany.
Octospora varia Hedw., Descr. Micr.-Anal. Musc. Frond. 2: 22, tab. 6D, figs 1-5. 1789.
Pustularia varia (Hedw.) Sacc., Syll. Fung. 8: 71. 1889.
Humaria varia (Hedw.) Sacc., Syll. Fung. 8: 142. 1889.
Geopyxis varia (Hedw.) Rehm, in Winter, Rabenh. Krypt.-Fl., Edn 2 1.3 (lief. 42) p 975. 1894.
Aleuria varia (Hedw.) Boud., Icon. Mycol. 6-10: 145. 1905.
Galactinia varia (Hedw.) Le Gal, Bull. Trimest. Soc. Mycol. Fr. 78: 210. 1962.
台湾(TW);芬兰、德国、冰岛、意大利、挪威、西班牙、瑞典、英国、加拿大、格陵兰岛(丹)、阿根廷;南极洲。
吴声华等 1996。

泡质盘菌

Peziza vesiculosa Bull., Herb. Fr. 10: tab. 457, fig. 1. 1790. **Type:** France.
Scodellina vesiculosa (Bull.) Gray, Nat. Arr. Brit. Pl. 1: 669. 1821.
Pustularia vesiculosa (Bull.) Fuckel, Jb. Nassau. Ver. Naturk. 23-24: 329. 1870.
Galactinia vesiculosa (Bull.) Le Gal, Discom. de Madagascar p 33. 1953.
河北(HEB)、河南(HEN)、江苏(JS)、四川(SC)、云南(YN)、台湾(TW);以色列、日本、韩国、比利时、丹麦、芬兰、法国、德国、匈牙利、爱尔兰、意大利、挪威、俄罗斯、斯洛文尼亚、西班牙、瑞典、英国、加拿大、美国、阿根廷、澳大利亚、新西兰。
邓叔群 1963;戴芳澜 1979;上海农业科学院食用菌研究所 1991;王也珍等 1999。

紫色盘菌

Peziza violacea Pers., Tent. Disp. Meth. Fung. p 33. 1797. **Type:** ? Europe.
Peziza violacea f. *violacea* Pers., Syn. Meth. Fung. (Göttingen) 2: 639. 1801.
Plicaria violacea (Pers.) Fuckel, Jb. Nassau. Ver. Naturk. 23-24: 327. 1870.
Aleuria violacea (Pers.) Gillet, Champignons de France, Discom. 2: 36. 1879.
Humaria violacea (Pers.) Sacc., Syll. Fung. 8: 149. 1889.
Galactinia violacea (Pers.) Svrček & Kubička, Česká Mykol. 15: 74. 1961.
河北(HEB)、云南(YN);爱沙尼亚、芬兰、法国、德国、爱尔兰、挪威、波兰、斯洛文尼亚、西班牙、瑞典、英国、加拿大、美国、澳大利亚、新西兰;欧洲其他地区。
邓叔群 1963;戴芳澜 1979。

球肉盘菌属

Sarcosphaera Fr., Summa Veg. Scand., Section Post. (Stockholm) p 367. 1849.

冠裂球肉盘菌

Sarcosphaera coronaria (Jacq.) J. Schröt., in Cohn, Krypt.-Fl. Schlesien 3.2 (1-2): 49. 1893 [1908]. **Type:** ? Austria.
Peziza coronaria Jacq., Miscell. Austriac. 1: 140. 1778.
Pustularia coronaria (Jacq.) Rehm, in Winter, Rabenh. Krypt.-Fl., Edn 2 1.3 (lief. 43) p 1019. 1894.
Peziza coronaria var. *macrocalyx* (Riess) Sacc., Syll. Fung. 8:

81. 1889.
甘肃（GS）、青海（QH）、西藏（XZ）；奥地利、法国、德国、意大利、瑞典、英国、阿尔及利亚。
邓叔群 1963；戴芳澜 1979；Zhuang 1998b。

地菇属

Terfezia (Tul. & C. Tul.) Tul. & C. Tul., Fungi Hypog. p 172. 1851.

地菇

Terfezia arenaria (Morris) Trappe, Trans. Br. Mycol. Soc. 57: 90. 1971. **Type:** Italy.
Terfezia leonis (Tul. & C. Tul.) Tul. & C. Tul., Fungi Hypog. p 173. 1851.
Tuber arenaria Moris, Fl. Sard. Comp. 3: 222. 1829.
Choiromyces leonis Tul. & C. Tul., Annls Sci. Nat., Bot., Sér. 3 3: 350. 1845.
Rhizopogon leonis (Tul. & C. Tul.) Payer, Bot. Crypt. p 100. 1850.
河北（HEB）、山西（SX）、河南（HEN）；阿拉伯联合酋长国、法国、意大利、西班牙、南非。
邓叔群 1963；戴芳澜 1979；上海农业科学院食用菌研究所 1991。

刺孢地菇

Terfezia spinosa Harkn., Proc. Calif. Acad. Sci., Ser. 3 Bot. 1: 277. 1899. **Type:** USA.
Mattirolomyces spinosus (Harkn.) Kovács, Trappe & Alsheikh, in Kovács, Balázs, Calonge & Martín, Mycologia 103: 835. 2011.
河北（HEB）；美国。
戴芳澜 1979；上海农业科学院食用菌研究所 1991。

地菇状地菇

Terfezia terfezioides (Mattir.) Trappe, Trans. Br. Mycol. Soc. 57: 91. 1971. **Type:** Italy.
Choiromyces terfezioides Mattir., Mem. R. Accad. Sci. Torino, Ser. 2 37: 10. 1887.
Mattirolomyces terfezioides (Mattir.) E. Fisch., in Fischer, in Engler & Prantl, Nat. Pflanzenfam., Edn 2 5bVIII: 39. 1938.
山西（SX）；意大利。
张斌成 1990；刘波 1991。

火丝菌科 Pyronemataceae Corda

小孢盘菌属

Acervus Kanouse, Pap. Mich. Acad. Sci. 23: 149. 1938 [1937].

北京小孢盘菌

Acervus beijingensis W.Y. Zhuang, Mycologia 103: 401. 2011. **Type:** China (Beijing). W.Y. Zhuang, Z.H. Yu, Y.H. Zhang & X.M. Zhang 3622, HMAS 78150.
北京（BJ）。
Zhuang et al. 2011；庄文颖 2014。

长春小孢盘菌

Acervus changchunensis W.Y. Zhuang, Mycologia 103: 402. 2011. **Type:** China (Jilin). W.Y. Zhuang & Z.H. Yu 3580, HMAS 78146.
吉林（JL）。
Zhuang et al. 2011；庄文颖 2014。

小孢盘菌原变型

Acervus epispartius (Berk. & Broome) Pfister, Occ. Pap. Farlow Herb. Crypt. Bot. 8: 3. 1975. f. **epispartius**. **Type:** Sri Lanka.
Peziza epispartia Berk. & Broome, J. Linn. Soc., Bot. 14: 103. 1873 [1875].
Phaedropezia epispartia (Berk. & Broome) Le Gal, Les Discomycetes de Madagascar p 181. 1953.
四川（SC）；日本、马来西亚、斯里兰卡、越南、刚果（金）、马达加斯加、赞比亚、美国、阿根廷。
Korf & Zhuang 1985；Zhuang & Wang 1998b；Zhuang 2001a；庄文颖 2014。

小孢盘菌白色变型

Acervus epispartius f. **albus** Korf & W.Y. Zhuang, Mycotaxon 35: 297. 1989. **Type:** China (Yunnan). R.P. Korf, M. Zang, K.K. Chen & W.Y. Zhuang 310, HMAS 57686.
云南（YN）。
Zhuang & Korf 1989；Zhuang & Wang 1998b；Zhuang 2001a；庄文颖 2014。

黄小孢盘菌

Acervus flavidus (Berk. & M.A. Curtis) Pfister, Occ. Pap. Farlow Herb. Crypt. Bot. 8: 5. 1975. **Type:** USA.
Psilopezia flavida Berk. & M.A. Curtis, in Berkeley, Grevillea 4: 1. 1875.
Phaedropezia flavida (Berk. & M.A. Curtis) Le Gal, Les Discomycetes de Madagascar p 185. 1953.
云南（YN）；刚果（金）、马达加斯加、波多黎各（美）、美国、秘鲁、委内瑞拉。
Zhuang & Wang 1998b；Zhuang 2001a；Zhuang et al. 2011；庄文颖 2014。

版纳小孢盘菌

Acervus xishuangbannicus W.Y. Zhuang & Zheng Wang, Mycotaxon 69: 341. 1998. **Type:** China (Yunnan). R.P. Korf, M. Zang, K.K. Chen & W.Y. Zhuang 219, HMAS 72125.
云南（YN）。
Zhuang & Wang 1998b；Zhuang 2001a；庄文颖 2014。

网孢盘菌属

Aleuria Fuckel, Jb. Nassau. Ver. Naturk. 23-24: 325. 1870.

网孢盘菌

Aleuria aurantia (Pers.) Fuckel, Jb. Nassau. Ver. Naturk. 23-24: 325. 1870. **Type:** USA.
Peziza aurantia Pers., Observ. Mycol. 2: 76. 1800 [1799].
Scodellina aurantia (Pers.) Gray, Nat. Arr. Brit. Pl. 1: 668. 1821.
Otidea aurantia (Pers.) Massee, Brit. Fung.-Fl. 4: 448. 1895.
吉林（JL）、山西（SX）、青海（QH）、安徽（AH）、四川（SC）、云南（YN）、西藏（XZ）、台湾（TW）；印度尼西亚、日本、韩国、比利时、丹麦、芬兰、法国、德国、冰岛、爱尔兰、意大利、挪威、俄罗斯、斯洛文尼亚、西班牙、瑞典、英国、加拿大、哥斯达黎加、美国、阿根廷、澳大利亚、新西兰、巴布亚新几内亚。
邓叔群 1963；Liou & Chen 1977a；戴芳澜 1979；刘波 1991；卯晓岚等 1993；Teng 1996；臧穆 1996；卯晓岚 2000；Zhuang 2001a，2005c；庄文颖 2014。

大网孢盘菌

Aleuria gigantea (K.S. Thind & Waraitch) J. Moravec & S.C. Kaushal, in Kaushal, Mycologia 68: 1021. 1976. **Type:** India.
Octospora gigantea K.S. Thind & Waraitch, Proc. Indian Acad. Sci., Sect. B 74: 271. 1971.
西藏（XZ）；印度。
臧穆 1996；庄文颖 2014。

黄亮网孢盘菌

Aleuria luteonitens (Berk. & Broome) Gillet, Champignons de France, Discom. p 205. 1886 [1879]. **Type:** UK.
Peziza luteonitens Berk. & Broome, Ann. Mag. Nat. Hist., Ser. 2 7: 180. 1851.
Otidea luteonitens (Berk. & Broome) Massee, Brit. Fung.-Fl. 4: 449. 1895.
青海（QH）；日本、法国、斯洛文尼亚、瑞典、英国。
Zhuang 2005b，2005c；庄文颖 2014。

墨脱网孢盘菌

Aleuria medogensis W.Y. Zhuang, Mycotaxon 112: 32. 2010. **Type:** China (Tibet). X.L. Mao 135, HMAS 53470.
西藏（XZ）。
Zhuang 2010；庄文颖 2014。

饰孢盘菌属

Aleurina Massee, Bull. Misc. Inf., Kew p 13. 1898.

美洲饰孢盘菌

Aleurina americana W.Y. Zhuang & Korf, Mycotaxon 26: 366. 1986. **Type:** USA.
吉林（JL）；美国。
Zhuang 1995a；庄文颖 2014。

锈色饰孢盘菌

Aleurina ferruginea (W. Phillips) W.Y. Zhuang & Korf, Mycotaxon 26: 372. 1986. **Type:** Australia.
Rhizina ferruginea W. Phillips, Grevillea 16: 74. 1888.
Jafneadelphus ferrugineus (W. Phillips) Rifai, Verh. K. Ned. Akad. Wet., Tweede Sect. 57: 85. 1968.
台湾（TW）；澳大利亚。
吴声华等 1996。

伊迈饰孢盘菌

Aleurina imaii (Korf) W.Y. Zhuang & Korf, Mycotaxon 26: 374. 1986. **Type:** Japan.
Jafneadelphus ferrugineus subsp. *imaii* (Korf) Rifai, Verh. K. Ned. Akad. Wet., Tweede Sect. 57: 90. 1968.
Jafnea imaii Korf, Nagaoa 7: 7. 1960.
四川（SC）、贵州（GZ）、云南（YN）、台湾（TW）；日本。
Korf & Zhuang 1985；Zhuang & Korf 1986；吴声华等 1996；庄文颖 2014。

考氏饰孢盘菌

Aleurina kaushalii (J. Moravec) W.Y. Zhuang & Korf, Mycotaxon 29: 312. 1987. **Type:** India.
Sowerbyella kaushalii J. Moravec, Mycol. Helv. 2: 94. 1986.
Otideopsis kaushalii (J. Moravec) J. Moravec, Mycol. Helv. 3: 138. 1988.
西藏（XZ）；印度。
Zhuang & Korf 1987；庄文颖 2014。

焦地盘菌属

Anthracobia Boud., Bull. Soc. Mycol. Fr. 1: 106. 1885.

暗唇焦地盘菌

Anthracobia maurilabra (Cooke) Boud., Hist. Class. Discom. Eur. p 65. 1907. **Type:** UK.
Peziza maurilabra Cooke, Mycogr. Vol. 1. Discom. p 231, fig. 388. 1879.
Humaria maurilabra (Cooke) Sacc., Syll. Fung. 8: 124. 1889.
台湾（TW）；奥地利、丹麦、芬兰、法国、冰岛、挪威、西班牙、瑞典、英国、摩洛哥、美国。
Wang 2001c；庄文颖 2014。

焦地盘菌

Anthracobia melaloma (Alb. & Schwein.) Arnould, Bull. Soc. Mycol. Fr. 9: 112. 1893. **Type:** Germany.
Peziza melaloma Alb. & Schwein., Consp. Fung. p 336. 1805.
Pyronema melaloma (Alb. & Schwein.) Fuckel, Jb. Nassau. Ver. Naturk. 23-24: 319. 1870.
Humaria melaloma (Alb. & Schwein.) P. Karst., Acta Soc. Fauna Flora Fenn. 2 (6): 120. 1885.
Lachnea melaloma (Alb. & Schwein.) Sacc., Syll. Fung. 8: 181. 1889.
Humariella melaloma (Alb. & Schwein.) J. Schröt., Krypt.-Fl. Schlesien 3.2: 37. 1893.
Patella melaloma (Alb. & Schwein.) Seaver, North American Cup-Fungi (Operculates) p 167. 1928.

台湾（TW）；斯里兰卡、奥地利、丹麦、芬兰、法国、德国、冰岛、挪威、西班牙、瑞典、英国、加拿大、美国、阿根廷、巴西、澳大利亚、新西兰。

Wang 2001c；庄文颖 2014。

锈球盘菌属

Ascosparassis Kobayasi, Bull. Natn. Sci. Mus., Tokyo, N.S. 5: 45. 1960.

锈球盘菌

Ascosparassis heinricheri (Bres.) Pfister, Mycologia 71: 156. 1979. **Type:** Indonesia.

Midotis heinricherii Bres., Annls Mycol. 5: 242. 1907.

Ascosparassis shimizuensis Kobayasi, Bull. Natn. Sci. Mus., Tokyo, N.S. 5: 45. 1960.

贵州（GZ）、台湾（TW）；印度尼西亚、日本、委内瑞拉。

戴芳澜 1979；庄文颖 2014。

拟垫盘菌属

Boubovia Svrček, Česká Mykol. 31: 71. 1977.

粪盘状拟垫盘菌

Boubovia ascoboloides (Korf & W.Y. Zhuang) Y.J. Yao & Spooner, Mycol. Res. 100: 193. 1996. **Type:** China (Sichuan). R.P. Korf & R.Y. Zheng, CUP-CH2316.

Pulvinula ascoboloides Korf & W.Y. Zhuang, Mycotaxon 20: 610. 1984.

四川（SC）。

Korf & Zhuang 1984；Yao & Spooner 1996；Zhuang & Wang 1998c；庄文颖 2014。

尼氏拟垫盘菌

Boubovia nicholsonii (Massee) Spooner & Y.J. Yao, in Yao & Spooner, Mycol. Res. 100: 194. 1996. **Type:** UK.

Humaria nicholsonii Massee & Crossl., Naturalist. p 188. 1901.

北京（BJ）；法国、英国。

Zhuang 2002；庄文颖 2014。

毡盘菌属

Byssonectria P. Karst., Meddn Soc. Fauna Flora Fenn. 6: 6. 1881.

梭孢毡盘菌

Byssonectria fusispora (Berk.) J.R. Rogers & Korf, in Korf, Phytologia 21: 202. 1971. **Type:** Australia.

Peziza fusispora Berk., London J. Bot. 5: 5. 1846.

Humaria fusispora (Berk.) Sacc., Syll. Fung. 8: 133. 1889.

Humarina fusispora (Berk.) Seaver, North American Cup-Fungi (Operculates) p 136. 1928.

Octospora fusispora (Berk.) Brumm., Persoonia, Suppl. 1: 213. 1967.

Inermisia fusispora (Berk.) Rifai, Verh. K. Ned. Akad. Wet., Tweede Sect. 57: 198. 1968.

Peziza aggregata Berk. & Broome, Ann. Mag. Nat. Hist., Ser. 3 18: 123. 1866.

Peziza fusispora var. *aggregata* (Berk. & Broome) W. Phillips, Man. Brit. Discomyc. p 104. 1887.

Humaria aggregata (Berk. & Broome) Sacc., Syll. Fung. 8: 134. 1889.

Humarina aggregata (Berk. & Broome) Seaver, North American Cup-Fungi (Operculates) p 136. 1928.

Octospora aggregata (Berk. & Broome) Eckblad, Nytt Mag. Bot. 15: 45. 1968.

Inermisia aggregata (Berk. & Broome) Svrček, Česká Mykol. 23: 87. 1969.

Byssonectria aggregata (Berk. & Broome) Rogerson & Korf, in Korf, Phytologia 21: 202. 1971. [nom. illegit.]

四川（SC）；奥地利、芬兰、俄罗斯、瑞典、英国、美国、澳大利亚。

Korf & Zhuang 1985；庄文颖 2014。

缘刺盘菌属

Cheilymenia Boud., Bull. Soc. Mycol. Fr. 1: 105. 1885.

粪缘刺盘菌

Cheilymenia coprinaria (Cooke) Boud., Hist. Class. Discom. Eur. p 63. 1907. **Type:** UK.

Sarcoscypha coprinaria Cooke, Mycogr. Vol. 1. Discom. p 82, fig. 149. 1875.

Lachnea coprinaria (Cooke) Sacc., Syll. Fung. 8: 178. 1889.

Patella coprinaria (Cooke) Seaver, North American Cup-Fungi (Operculates) p 171. 1928.

Humaria coprinaria (Cooke) Kanouse, Mycologia 39: 655. 1948.

Arrhenia fimicola Bagl., Comm. Soc. Crittog. Ital. 2: 264. 1865.

Auriscalpium fimicola (Bagl.) Kuntze, Revis. Gen. Pl. 3: 446. 1898.

Apus fimicola (Bagl.) Mussat, in Saccardo, Syll. Fung. 15: 46. 1900.

Cheilymenia fimicola (de Not. & Bagl.) Dennis sensu Dennis, British Ascomycetes, Rev. Edn p 45. 1978.

甘肃（GS）、青海（QH）、四川（SC）、贵州（GZ）、云南（YN）、台湾（TW）；印度、捷克、丹麦、芬兰、冰岛、荷兰、挪威、波兰、西班牙、瑞典、瑞士、英国、摩洛哥、加拿大、墨西哥、美国、阿根廷、智利、委内瑞拉、澳大利亚、新西兰。

邓叔群 1963；戴芳澜 1979；吴声华等 1996；臧穆 1996；庄文颖 1997，2014；王也珍等 1999；Wang Z & Wang YZ 2000；卯晓岚 2000；Zhuang 1998b，2005c。

鹿缘刺盘菌

Cheilymenia elaphorum (Rehm) W.Y. Zhuang & Zheng Wang, Mycotaxon 69: 343. 1998. **Type:** India.

Humaria elaphorum Rehm, in Winter, Rabenh. Krypt.-Fl., Edn 2 1.3 (lief. 42) p 945. 1894.
Coprobia elaphorum (Rehm) Boud., Hist. Class. Discom. Eur. p 69. 1907.
Cheilymenia elaphorum (Rehm) W.Y. Zhuang & Zheng Wang, Mycotaxon 69: 343. 1998.
Cheilymenia granulata var. *elaphorum* (Rehm) J. Moravec, Libri Botanici 21: 65. 2005.
新疆（XJ）、云南（YN）；印度。
Zhuang & Wang 1998b；Zhuang 2001a；庄文颖 2014。

粒缘刺盘菌

Cheilymenia granulata (Bull.) J. Moravec, Mycotaxon 38: 474. 1990. **Type:** France.
Peziza granulata Bull., Herb. Fr. 10: tab. 438, fig. 3. 1790.
Ascobolus granulatus (Bull.) Fuckel, Jb. Nassau. Ver. Naturk. 23-24: 287. 1870.
Ascophanus granulatus (Bull.) Speg., Michelia 1: 235. 1878.
Humaria granulata (Bull.) Sacc., Syll. Fung. 8: 129. 1889.
Coprobia granulata (Bull.) Boud., Hist. Class. Discom. Eur. p 69. 1907.
Humarina granulata (Bull.) Nannf., Fungi Exsiccati Suecici no. 1363. 1946.
青海（QH）、安徽（AH）、江苏（JS）、浙江（ZJ）、江西（JX）、贵州（GZ）、云南（YN）、福建（FJ）、台湾（TW）、广东（GD）、海南（HI）；日本、菲律宾、斯里兰卡、比利时、芬兰、法国、德国、意大利、西班牙、瑞典、英国、加拿大、美国、阿根廷。
邓叔群 1963；Liou & Chen 1977b；戴芳澜 1979；刘美华 1990b；Wang 1993；臧穆 1996；Zhuang & Wang 1998a；Zhuang 2001a；庄文颖 2014。

大缘刺盘菌

Cheilymenia magnifica (W.Y. Zhuang & Korf) J. Moravec, Mycotaxon 38: 475. 1990. **Type:** China (Yunnan). R.P. Korf, L.S. Wang & W.Y. Zhuang 339, HMAS 57687.
Coprobia magnifica W.Y. Zhuang & Korf, Mycotaxon 35: 298. 1989.
云南（YN）。
Zhuang & Korf 1989；庄文颖 2014。

中国缘刺盘菌

Cheilymenia sinensis W.Y. Zhuang, Mycotaxon 112: 33. 2010. **Type:** China (Sichuan). Zheng Wang 34, HMAS 75942.
青海（QH）、四川（SC）。
Zhuang 2010；庄文颖 2014。

粪栖缘刺盘菌

Cheilymenia stercorea (Pers.) Boud., Icon. Mycol. 2: tab. 384. 1907. **Type:** Sweden.
Peziza stercorea Pers., Observ. Mycol. 2: 89. 1800.
Patella stercorea F.H. Wigg., Prim. Fl. Holsat. p 106. 1780.
Humaria stercorea (Pers.) Fuckel, Jb. Nassau. Ver. Naturk. 23-24: 321. 1870.
Lachnea stercorea (Pers.) Gillet, Champignons de France, Discom. 3: 76. 1880.
Peziza ciliata Bull., Herb. Fr. 10: tab. 438, fig. 2. 1790.
Cheilymenia ciliata (Bull.) Maas Geest., Proc. K. Ned. Akad. Wet., Ser. C, Biol. Med. Sci. 72: 313. 1969.
河北（HEB）、宁夏（NX）、甘肃（GS）、四川（SC）；印度、奥地利、丹麦、芬兰、德国、冰岛、爱尔兰、挪威、波兰、俄罗斯、西班牙、瑞典、瑞士、英国、摩洛哥、加拿大、美国、阿根廷、澳大利亚、新西兰。
Zhuang 1996a，2005c；庄文颖 1997，2014；Wang Z & Wang YZ 2000。

条缘刺盘菌

Cheilymenia striata (K.S. Thind, E.K. Cash & Pr. Singh) J. Moravec, Mycotaxon 38: 474. 1990. **Type:** India.
Ascophanus striatus K.S. Thind, E.K. Cash & Pr. Singh, Mycologia 51: 460. 1959.
Thelebolus striatus (K.S. Thind, E.K. Cash & Pr. Singh) K.S. Thind, J. Indian Bot. Soc. 52 (3-4): 9. 1974.
Coprobia striata (K.S. Thind, E.K. Cash & Pr. Singh) Wareitch, Trans. Br. Mycol. Soc. 68: 303. 1977.
Cheilymenia striata (K.S. Thind, E.K. Cash & Pr. Singh) J. Moravec, Mycotaxon 38: 474. 1990.
Cheilymenia granulata (Bull.) J. Moravec, Mycotaxon 38: 474. 1990.
山西（SX）、陕西（SN）、西藏（XZ）、台湾（TW）；印度、丹麦。
Wang 1995；Zhuang 1996a，2001a，2005c；庄文颖 1997，2014。

黄缘刺盘菌

Cheilymenia theleboloides (Alb. & Schwein.) Boud., Hist. Class. Discom. Eur. p 62. 1907. **Neotype:** Czech.
Peziza theleboloides Alb. & Schwein., Consp. Fung. p 321. 1805.
Humaria theleboloides (Fr.) Rehm, Ascomyceten no. 604. 1881.
Humaria theleboloides var. *theleboloides* (Fr.) Rehm, Ascomyceten, Fasc. 39: no. 658. 1881.
Scutellinia theleboloides (Alb. & Schwein.) Lambotte, Mém. Soc. Roy. Sci. Liège, Sér. 2 14: 300. 1887.
Lachnea theleboloides (Alb. & Schwein.) Sacc., Syll. Fung. 8: 179. 1889.
Humaria subhirsuta var. *theleboloides* (Alb. & Schwein.) Keissl., Beih. Bot. Zbl., Abt. 2 38: 415. 1921.
Patella theleboloides (Alb. & Schwein.) Seaver, North American Cup-Fungi (Operculates) p 170. 1928.
Coprobia theleboloides (Alb. & Schwein.) J. Moravec, Mycotaxon 28: 506. 1987.
Peziza ascoboloides Bertero, Pl. Crypt. Exsicc. 1: 47. 1835.

Neottiella ascoboloides (Bertero) Sacc., Syll. Fung. 8: 193. 1889.
Lachnea ascoboloides (Bertero) Henn., Hedwigia 41: 29. 1902.
Patella ascoboloides (Bertero) Teng, Sinensia 9: 254. 1938.
Cheilymenia ascoboloides (Bertero) Boud., in Ramsbottom, Trans. Br. Mycol. Soc. 34: 53. 1951.
Scutellinia ascoboloides (Bertero) Teng, Fungi of China p 763. 1963.
河北（HEB)、北京（BJ)、甘肃（GS)、江苏（JS)、云南（YN)、台湾（TW)；印度、日本、捷克、丹麦、德国、意大利、荷兰、挪威、波兰、西班牙、瑞典、英国、南非、加拿大、墨西哥、美国、阿根廷、澳大利亚、新西兰。
邓叔群 1963；戴芳澜 1979；Zhuang 1994；Teng 1996；臧穆 1996；庄文颖 1997，2014；王也珍等 1999；Wu 2001。

囊被块菌属

Genea Vittad., Monogr. Tuberac. p 27. 1831.

易碎囊被块菌

Genea fragilis (Tul. & C. Tul.) B.C. Zhang, Mycol. Res. 95: 987. 1991. **Type:** France.
Genabea fragilis Tul. & C. Tul., G. Bot. Ital. 1 (7-8): 60. 1845.
四川（SC）；法国、瑞士、加拿大。
张斌成 1990；庄文颖 2014。

中国囊被块菌

Genea sinensis B.C. Zhang, Mycol. Res. 95: 990. 1991. **Type:** China (Beijing). Y.C. Huang 529, HMAS 60278.
北京（BJ)。
张斌成 1990；Zhang 1991；庄文颖 2014。

变异囊被块菌

Genea variabilis B.C. Zhang, Mycol. Res. 95: 990. 1991. **Type:** China (Sichuan). B.C. Zhang 621, HMAS 60280.
四川（SC)。
张斌成 1990；Zhang 1991；庄文颖 2014。

疣状囊被块菌

Genea verrucosa Vittad., Monogr. Tuberac. p 28. 1831. **Type:** Italy.
山西（SX)；丹麦、法国、德国、意大利、俄罗斯、西班牙、英国、智利。
庄文颖 2014。

须孢盘菌属

Geneosperma Rifai, Verh. K. Ned. Akad. Wet., Tweede Sect. 57: 102. 1968.

须孢盘菌原变型

Geneosperma geneosporum (Berk.) Rifai, Verh. K. Ned. Akad. Wet., Tweede Sect. 57: 102. 1968. f. **geneosporum**. **Type:** India.
Peziza geneospora Berk., Hooker's J. Bot. Kew Gard. Misc. 3: 203. 1851.
Scutellinia geneospora (Berk.) Kuntze, Rev. Gen. Pl. 2: 869. 1891.
西藏（XZ)、台湾（TW)；印度、印度尼西亚、日本。
Korf & Zhuang 1987；Wang 1998；庄文颖 2014。

须孢盘菌广西变型

Geneosperma geneosporum f. **guangxiense** W.Y. Zhuang, Mycosystema 6: 16. 1993. **Type:** China (Guangxi). L.W. Xu 1318, HMAS 27695.
广西（GX)；印度、印度尼西亚、日本。
Zhuang 1994；庄文颖 2014。

地孔菌属

Geopora Harkn., Bull. Calif. Acad. Sci. 1: 168. 1885.

砂生地孔菌

Geopora arenicola (Lev.) Kers, Svensk Bot. Tidskr. 68: 345. 1974. **Type:** France.
Peziza arenicola Lév., Annls Sci. Nat., Bot., Sér. 3 9: 140. 1848.
Lachnea arenicola (Lév.) Gillet, Champignons de France, Discom. 2: 38. 1879.
Lachnea arenicola (Lév.) W. Phillips, Man. Brit. Discomyc. p 210. 1887.
Sepultaria arenicola (Lev.) Massee, Brit. Fung.-Fl. 4: 390. 1895.
Humaria arenosa Fuckel, Jb. Nassau. Ver. Naturk. 23-24: 321. 1870.
Sarcoscypha arenosa (Fuckel) Cooke, Mycogr. Vol. 1. Discom. p 66, fig. 117. 1876.
Lachnea arenosa (Fuckel) Sacc., Syll. Fung. 8: 167. 1889.
Sarcosphaera arenosa (Fuckel) Lindau, Nat. Pflanzenfam., Teil. I (Leipzig) 1 (1): 182. 1897.
Sepultaria arenosa (Fuckel) Boud., Hist. Class. Discom. Eur. p 59. 1907.
吉林（JL)、内蒙古（NM)、河北（HEB)、北京（BJ)、甘肃（GS)、青海（QH)、新疆（XJ)；奥地利、丹麦、芬兰、法国、冰岛、挪威、西班牙、瑞典、瑞士、英国、加拿大、美国、阿根廷；非洲。
邓叔群 1963；戴芳澜 1979；张斌成和余永年 1992；Teng 1996；臧穆 1996；Zhuang 1998b，2005c；庄文颖 2014。

库氏地孔菌原变型

Geopora cooperi Harkn., Bull. Calif. Acad. Sci. 1: 168. 1885. f. **cooperi**. **Type:** USA.
新疆（XJ）；爱沙尼亚、法国、德国、挪威、西班牙、瑞典、英国、摩洛哥、加拿大、美国。
刘波和陶恺 1988；张斌成 1990；张斌成和余永年

1992；庄文颖 2014。

库氏地孔菌球孢变型

Geopora cooperi f. **gilkeyae** Burds., Mycologia 60: 518. 1968. **Type:** USA.
内蒙古（NM）；加拿大、美国。
宋刚 1993；庄文颖 2014。

叶质地孔菌

Geopora foliacea (Schaeff.) S. Ahmad, Monogr. Biol. Soc. Pakistan 7: 175. 1978. **Type:** Germany.
Helvella foliacea Schaeff., Fung. Bavar. Palat. Nasc. 4: 113, tab. 319. 1774.
Sepultaria foliacea (Schaeff.) Boud., Icon. Mycol. 1: 3. 1906.
甘肃（GS）；丹麦、德国、挪威、西班牙、英国。
张斌成和余永年 1992；Zhuang 2005c；庄文颖 2014。

梭椭孢地孔菌

Geopora perprolata B.C. Zhang, in Zhang & Yu, Acta Mycol. Sin. 11: 12. 1992. **Type:** China (Hebei). W.Y. Zhuang 517, HMAS 59509.
河北（HEB）、北京（BJ）、青海（QH）、云南（YN）。
张斌成和余永年 1992；Zhuang 1998b，2005c；庄文颖 2014。

地杯菌属

Geopyxis (Pers.) Sacc., Syll. Fung. 8: 63. 1889.

地杯菌

Geopyxis carbonaria (Alb. & Schwein.) Sacc., Syll. Fung. 8: 71. 1889. **Type:** ? France.
Peziza carbonaria Alb. & Schwein., Consp. Fung. p 314. 1805.
Pustularia carbonaria (Alb. & Schwein.) Rehm, Hedwigia 23: 51. 1884.
青海（QH）、新疆（XJ）、四川（SC）；印度、日本、土耳其、奥地利、丹麦、爱沙尼亚、芬兰、法国、德国、匈牙利、意大利、挪威、波兰、俄罗斯、西班牙、瑞典、英国、摩洛哥、加拿大、美国。
庄文颖 2014。

柯夫地杯菌

Geopyxis korfii W.Y. Zhuang, in Zhuang & Liu, Nova Hedwigia 83 (1-2): 180. 2006. **Type:** China (Qinghai). W.Y. Zhuang 5468, HMAS 97506.
青海（QH）、新疆（XJ）。
Zhuang 2005c；Zhuang & Liu 2006；庄文颖 2014。

大孢地杯菌（参照）

Geopyxis majalis (Fr.) Sacc., Syll. Fung. 8: 72. 1889.
Peziza majalis Fr., Nova Acta R. Soc. Scient. Upsal., Ser. 3 1: 120. 1851.
台湾（TW）。
吴声华等 1996。

小孢地杯菌

Geopyxis vulcanalis (Peck) Sacc., Syll. Fung. 8: 65. 1889. **Type:** USA.
Peziza vulcanalis Peck, Ann. Rep. N.Y. St. Mus. Nat. Hist. 31: 46. 1878.
吉林（JL）、青海（QH）、新疆（XJ）；瑞士、加拿大、美国。
邓叔群 1963；戴芳澜 1979；Teng 1996；Zhuang 2005c；庄文颖 2014。

土盘菌属

Humaria Fuckel, Jb. Nassau. Ver. Naturk. 23-24: 320. 1870.

中华土盘菌

Humaria chinensis Bres., in Tai, Syll. Fung. Sin. p 158. 1979. **Type:** China (Yunnan).
云南（YN）。
戴芳澜 1979；庄文颖 2014。

半球土盘菌

Humaria hemisphaerica (F.H. Wigg.) Fuckel, Jb. Nassau. Ver. Naturk. 23-24: 322. 1870. **Type:** ? Germany.
Peziza hemisphaerica F.H. Wigg., Prim. Fl. Holsat. p 107. 1780.
Lachnea hemisphaerica (F.H. Wigg.) Gillet, Champignons de France, Discom. 3: 73. 1880.
Scutellinia hemisphaerica (Wigg.) Kuntze, Revis. Gen. Pl. 2: 869. 1891.
Mycolachnea hemisphaerica (F.H. Wigg.) Maire, Publ. Inst. Bot. Barcelona 3: 24. 1937.
黑龙江（HL）、吉林（JL）、内蒙古（NM）、河北（HEB）、北京（BJ）、河南（HEN）、甘肃（GS）、青海（QH）、新疆（XJ）、湖北（HB）、四川（SC）、云南（YN）、台湾（TW）；日本、韩国、奥地利、比利时、丹麦、芬兰、法国、德国、匈牙利、冰岛、意大利、挪威、波兰、俄罗斯、西班牙、瑞典、瑞士、英国、加拿大、美国、澳大利亚。
邓叔群 1963；戴芳澜 1979；庄文颖 1989，2014；Zhuang 1994，1998b，2005a，2005c；Teng 1996；吴声华等 1996；臧穆 1996；卯晓岚 2000。

腔囊块菌属

Hydnocystis Tul. & C. Tul., G. Bot. Ital. 1 (7-8): 59. 1845.

日本腔囊块菌

Hydnocystis japonica (Kobayasi) Trappe, Mycotaxon 2: 115. 1975. **Type:** Japan.
Protogenea japonica Kobayasi, Trans. Mycol. Soc. 4: 120. 1964.
北京（BJ）、四川（SC）；日本。

Wang & Pei 2001；庄文颖 2014。

南费盘菌属

Jafnea Korf, Nagaoa 7: 5. 1960.

南费盘菌

Jafnea fusicarpa (W.R. Gerard) Korf, Nagaoa 7: 5. 1960. **Type:** USA.

Peziza fusicarpa W.R. Gerard, Bull. Torrey Bot. Club 4: 64. 1873.

Lachnea fusicarpa (W.R. Gerard) Sacc., Syll. Fung. 8: 172. 1889.

Macropodia fusicarpa (W.R. Gerard) Durand, J. Mycol. 12: 29. 1906.

Paxina fusicarpa (W.R. Gerard) Seaver, North American Cup-Fungi (Operculates) p 210. 1928.

Peziza pubida Berk. & M.A. Curtis, in Berkeley, Grevillea 3 (28): 153. 1875.

Peziza velutina Berk. & M.A. Curtis ex Sacc., Syll. Fung. 8: 172. 1889.

Peziza morganii Massee, in Morgan, J. Mycol. 8 (4): 190. 1902.

黑龙江（HL）、吉林（JL）、河北（HEB）、北京（BJ）、山西（SX）、甘肃（GS）、江苏（JS）；印度、日本、美国。

邓叔群 1963；戴芳澜 1979；Zhuang 1995a，2005c；Teng 1996；庄文颖 2014。

半梭孢南费盘菌

Jafnea semitosta (Berk. & M.A. Curtis) Korf, Nagaoa 7: 5. 1960. **Type:** USA.

Peziza semitosta Berk. & M.A. Curtis, in Berkeley, Grevillea 3: 153. 1875.

Sarcoscypha semitosta (Berk. & M.A. Curtis) Cooke, Mycogr. Vol. 1. Discom. p 62, fig. 109. 1876.

Sepultaria semitosta (Berk. & M.A. Curtis) Morgan, J. Mycol. 8: 188. 1902.

Paxina semitosta (Berk. & M.A. Curtis) Seaver, North American Cup-Fungi (Operculates) p 209. 1928.

北京（BJ）、陕西（SN）；美国。

Zhuang 1997，2005c；庄文颖 2014。

齿盘菌属

Lamprospora de Not., Comm. Soc. Crittog. Ital. 1: 388. 1864 [1863].

刺孢齿盘菌

Lamprospora crechqueraultii (P. Crouan & H. Crouan) Boud., Hist. Class. Discom. Eur. p 69. 1907. **Type:** France.

Ascobolus crechqueraultii P. Crouan & H. Crouan, Annls Sci. Nat., Bot., Sér. 4 7: tab. 13, figs 12-16. 1857.

Barlaea crechqueraultii (P. Crouan & H. Crouan) Sacc., Syll. Fung. 8: 113. 1889.

Humaria crechqueraultii (P. Crouan & H. Crouan) Sacc., Syll. Fung. 8: 134. 1889.

Octospora crechqueraultii (P. Crouan & H. Crouan) Caillet & Moyne, Bull. Trimest. Soc. Mycol. Fr. 96: 185. 1980.

Ramsbottomia crechqueraultii (P. Crouan & H. Crouan) Benkert & T. Schumach., Agarica 6: 33. 1985.

黑龙江（HL）、吉林（JL）、云南（YN）；印度、丹麦、芬兰、法国、冰岛、挪威、西班牙、瑞典、英国、加拿大、美国、阿根廷、澳大利亚。

Zhuang 1995a；庄文颖 2014。

多毛齿盘菌

Lamprospora polytrichi (Schumach.) Le Gal, Bull. Trimest. Soc. Mycol. Fr. 56: 39. 1940. **Type:** Denmark.

Peziza polytrichi Schumach., Enum. Pl. 2: 423. 1803.

Barlaea polytrichi (Schumach.) Sacc., Syll. Fung. 8: 113. 1889.

Neottiella polytrichi (Schumach.) Massee, Brit. Fung.-Fl. (London) 3: 370. 1895.

Sarcoscypha polytrichi (Schumach.) Höhn., Annls Mycol. 15: 354. 1917.

云南（YN）、西藏（XZ）、海南（HI）；丹麦、法国、德国、西班牙、英国、美国。

王云章和臧穆 1983；臧穆 1996；Zhuang & Wang 1998a；Zhuang 2001a；庄文颖 2014。

小孢齿盘菌

Lamprospora polytrichina Rehm ex Seaver, Mycologia 6: 23. 1914. **Type:** Europe.

Detonia polytrichina Rehm, in Winter, Rabenh. Krypt.-Fl., Edn 2 1.3 (lief. 55) p 1269. 1896.

云南（YN）、广东（GD）、海南（HI）；美国；欧洲。

邓叔群 1963；戴芳澜 1979；庄文颖 2014。

弯毛盘菌属

Melastiza Boud., Bull. Soc. Mycol. Fr. 1: 106. 1885.

弯毛盘菌

Melastiza cornubiensis (Berk. & Broome) J. Moravec, Mycotaxon 44: 68. 1992. **Type:** UK.

Peziza cornubiensis Berk. & Broome, Ann. Mag. Nat. Hist., Ser. 2 13: 463. 1854.

Sarcoscypha cornubiensis (Berk. & Broome) Cooke, Mycogr. Vol. 1. Discom. p 177, fig. 309. 1878.

Lachnea cornubiensis (Berk. & Broome) W. Phillips, Man. Brit. Discomyc. p 229. 1887.

Cheilymenia cornubiensis (Berk. & Broome) Le Gal, Revue Mycol. 18: 82. 1953.

Aleuria cornubiensis (Berk. & Broome) J. Moravec, Czech Mycol. 47: 243. 1994.

Peziza chateri W.G. Sm., Gard. Chron. p 9. 1872.

Leucoloma chateri (W.G. Sm.) Sacc., Michelia 1: 69. 1877.

Humaria chateri (W.G. Sm.) Sacc., Syll. Fung. 8: 120. 1889.

Lachnea chateri (W.G. Sm.) Rehm, in Winter, Rabenh. Krypt.-Fl., Edn 2 1.3 (lief. 44) p 1059. 1895 [1896].
Melastiza chateri (G.W. Sm.) Boud., Icon. Mycol. 2: tab. 386. 1907.
河北（HEB）、陕西（SN）、甘肃（GS）、四川（SC）、云南（YN）、广东（GD）；日本、奥地利、丹麦、芬兰、法国、德国、冰岛、意大利、挪威、西班牙、瑞典、英国、加拿大、墨西哥、美国、阿根廷、澳大利亚。
邓叔群 1963；戴芳澜 1979；庄文颖 2014。

红弯毛盘菌

Melastiza rubra (L.R. Batra) Maas Geest., Persoonia 4: 417. 1967. **Type:** India.
Aleuria rubra L.R. Batra, Mycologia 52: 526. 1960.
北京（BJ）、四川（SC）、云南（YN）；印度。
Korf & Zhuang 1985；Zhuang 2005c；Zhuang & Yang 2008；庄文颖 2014。

毛氏盘菌属

Moravecia Benkert, Caillet & Moyne, Z. Mykol. 53: 140. 1987.

毛氏盘菌

Moravecia calospora (Quél.) Benkert, Caillet & Moyne, Z. Mykol. 53: 140. 1987. **Type:** France.
Humaria calospora Quél., Compt. Rend. Assoc. Franç. Avancem. Sci. 13: 284. 1885.
Lamprospora calospora (Quél.) J. Moravec, Česká Mykol. 23: 228. 1969.
Octospora calospora (Quél.) Caillet & Moyne, Bull. Trimest. Soc. Mycol. Fr. 96: 197. 1980.
台湾（TW）；法国。
吴声华等 1996；庄文颖 2014。

鸟巢盘菌属

Neottiella (Cooke) Sacc., Syll. Fung. 8: 190. 1889.

红鸟巢盘菌

Neottiella rutilans (Fr.) Dennis, British Cup Fungi & Their Allies p 28. 1960. **Type:** Germany.
Peziza rutilans Fr., Syst. Mycol. 2: 68. 1822.
Leucoloma rutilans (Fr.) Fuckel, Jb. Nassau. Ver. Naturk. 23-24: 318. 1870.
Scypharia rutilans (Fr.) Quél., Compt. Rend. Assoc. Franç. Avancem. Sci. 14: 451. 1886.
Humaria rutilans (Fr.) Sacc., Syll. Fung. 8: 133. 1889.
Leucoscypha rutilans (Fr.) Dennis & Rifai, Verh. K. Ned. Akad. Wet., Tweede Sect. 57: 164. 1968.
Octospora rutilans (Fr.) Dennis & Itzerott, Kew Bull. 28: 19. 1973.
四川（SC）、云南（YN）；印度、奥地利、比利时、丹麦、芬兰、法国、德国、冰岛、爱尔兰、挪威、波兰、俄罗斯、斯洛文尼亚、瑞典、英国、加拿大、美国、澳大利亚。
庄文颖 2014。

疣孢鸟巢盘菌

Neottiella vivida (Nyl.) Dennis, British Cup Fungi & Their Allies p 12. 28. 1960. **Type:** UK.
Peziza vivida Nyl., Flora, Jena 48: 467. 1865.
Humaria vivida (Nyl.) Sacc., Syll. Fung. 8: 138. 1889.
Leucoscypha vivida (Nyl.) Dennis & Rifai, Verh. K. Ned. Akad. Wet., Tweede Sect. 57: 168. 1968.
Octospora vivida (Nyl.) Dennis & Itzerott, Kew Bull. 28: 20. 1973.
Humaria rutilans var. *vivida* (Nyl.) Rehm, in Winter, Rabenh. Krypt.-Fl., Edn 2 1.3 (lief. 42) p 961. 1894.
四川（SC）、西藏（XZ）；丹麦、芬兰、法国、德国、挪威、波兰、西班牙、瑞典、英国、加拿大。
庄文颖 2014。

八孢盘菌属

Octospora Hedw., Descr. Micr.-Anal. Musc. Frond. 2: 4. 1789.

山地八孢盘菌

Octospora alpestris (Sommerf.) Dennis & Itzerott, Kew Bull. 28: 10. 1973. **Type:** Norway.
Peziza alpestris Sommerf., Suppl. Florare Lapponicae p 290. 1826.
Leucoscypha alpestris (Sommerf.) Eckblad, Nytt Mag. Bot. 15 (1-2): 49. 1968.
Octospora alpestris (Sommerf.) Dennis & Itzerott, Kew Bull. 28: 10. 1973.
Peziza carneola Saut., Flora, Jena 24: 308. 1841.
Octospora carneola (Saut.) Dennis, British Cup Fungi & Their Allies p 34. 1960.
新疆（XJ）；芬兰、挪威、瑞典、英国。
臧穆 1996；庄文颖 2014。

土生八孢盘菌（参照）

Octospora cf. **humosa** (Fr.) Dennis, British Cup Fungi & Their Allies p 33. 1960.
Peziza humosa Fr., Observ. Mycol. 2: 308. 1818.
Leucoloma humosum (Fr.) Hazsl., Verh. Zool.-Bot. Ges. Wien 37: 165. 1887.
Humaria humosa (Fr.) Sacc., Syll. Fung. 8: 120. 1889.
北京（BJ）。
Wang & Pei 2001；庄文颖 2014。

八孢盘菌

Octospora leucoloma Hedw., Descr. Micr.-Anal. Musc. Frond. 2: 13, tab. 4A, figs 1-7. 1789. **Type:** Germany.
Peziza leucoloma (Hedw.) Fr., Syst. Mycol. 2: 71. 1822.
Humaria leucoloma (Hedw.) Sacc., Syll. Fung. 8: 118. 1889.
Humarina leucoloma (Hedw.) Seaver, North American Cup-Fungi (Operculates) p 129. 1928.

河北（HEB）、青海（QH）、台湾（TW）；丹麦、芬兰、德国、挪威、西班牙、瑞典、英国、美国、阿根廷。
邓叔群 1963；戴芳澜 1979；Teng 1996；吴声华等 1996；庄文颖 2014。

红八孢盘菌

Octospora rubens (Boud.) M.M. Moser, in Gams, Kl. Krypt.-Fl., Edn 3 2a p 111. 1963. **Type:** France.
Humaria rubens Boud., Bull. Soc. Mycol. Fr. 12: 13. 1896.
云南（YN）；丹麦、法国、冰岛、挪威、英国、加拿大。
戴芳澜 1979。

肝色八孢盘菌

Octospora subhepatica (Rehm) K.B. Khare & V.P. Tewari, Mycologia 67: 975. 1975. **Type:** Germany.
Humaria subhepatica Rehm, Rabenh. Krypt.-Fl., Edn 2 1.3 (lief. 42) p 948. 1894.
云南（YN）；德国。
戴芳澜 1979；庄文颖 2014。

云南八孢盘菌

Octospora yunnanica W.Y. Zhuang & Zheng Wang, Mycotaxon 69: 349. 1998. **Type:** China (Yunnan). R.P. Korf, M. Zang, K.K. Chen & W.Y. Zhuang 241, HMAS 72160.
云南（YN）。
Zhuang & Wang 1998b；Zhuang 2001a；庄文颖 2014。

球盘菌属

Orbicula Cooke, Handb. Brit. Fungi 2: 926. 1871.

球盘菌

Orbicula parietina (Schrad.) S. Hughes, Mycol. Pap. 42: 1. 1951. **Type:** UK.
Didymium parietinum Schrad., Nov. Gen. Pl. p 12. 1797.
Mycogala parietinum (Schrad.) Sacc., Syll. Fung. 3: 185. 1884.
中国；比利时、法国、德国、意大利、瑞士、英国。
刘波等 1987；庄文颖 2014。

侧盘菌属

Otidea (Pers.) Bonord., Handb. Allgem. Mykol. p 205. 1851.

革侧盘菌

Otidea alutacea (Pers.) Massee, Brit. Fung.-Fl. 4: 446. 1895. **Type:** UK.
Peziza alutacea Pers., Syn. Meth. Fung. 2: 638. 1801.
Scodellina alutacea (Pers.) Gray, Nat. Arr. Brit. Pl. 1: 668. 1821.
Plicaria alutacea (Pers.) Fuckel, Jb. Nassau. Ver. Naturk. 23-24: 327. 1870.
Peziza cochleata var. *alutacea* Fr., Syst. Mycol. 2: 50. 1822.
黑龙江（HL）、吉林（JL）、山西（SX）、陕西（SN）、甘肃（GS）、新疆（XJ）、四川（SC）、西藏（XZ）；日本、韩国、丹麦、芬兰、德国、冰岛、爱尔兰、挪威、波兰、西班牙、瑞典、瑞士、英国、摩洛哥、加拿大、哥斯达黎加、墨西哥、美国、新西兰。
Cao et al. 1990b；庄文颖 1997，2014；Zhuang 2005c，2006。

双色侧盘菌

Otidea bicolor W.Y. Zhuang & Zhu L. Yang, in Zhuang, Mycotaxon 112: 35. 2010. **Type:** China (Yunnan). Z.L. Yang 5156, HKAS 54453.
云南（YN）。
Zhuang 2010；庄文颖 2014。

褐侧盘菌

Otidea bufonia (Pers.) Boud., Hist. Class. Discom. Eur. p 52. 1907. **Type:** Europe.
Peziza bufonia Pers., Mycol. Eur. 1: 225. 1822.
Aleuria bufonia (Pers.) Quél., Enchir. Fung. p 277. 1886.
Geopyxis bufonia (Pers.) Sacc., Syll. Fung. 8: 73. 1889.
陕西（SN）；印度、日本、奥地利、爱沙尼亚、芬兰、法国、德国、挪威、西班牙、瑞典、英国、哥斯达黎加、美国；欧洲其他地区。
Cao et al. 1990b；庄文颖 1997，2014；Zhuang 2005c。

耳侧盘菌

Otidea cochleata (L.) Fuckel, Jb. Nassau. Ver. Naturk. 23-24: 329. 1870. **Type:** ? Sweden.
Peziza cochleata L., Sp. Pl. 2: 1181. 1753.
Helvella cochleata (L.) J.F. Gmel., Systema Naturae, Edn 13 2: 1450. 1792.
Peziza umbrina Pers., Observ. Mycol. 1: 77. 1796.
Scodellina umbrina (Pers.) Gray, Nat. Arr. Brit. Pl. 1: 668. 1821.
Otidea umbrina (Pers.) Bres., Fung. Trident. 2: 68. 1898.
Peziza cochleata var. *umbrina* Pers., Observ. Mycol. 2: 77. 1800.
Peziza cochleata var. *umbrina* DC., in Lamarck & de Candolle, Fl. Franç., Edn 3 2: 88. 1805.
北京（BJ）、山西（SX）、新疆（XJ）、西藏（XZ）、台湾（TW）；比利时、芬兰、法国、德国、意大利、挪威、斯洛文尼亚、西班牙、瑞典、瑞士、英国。
王云章和臧穆 1983；Cao et al. 1990b；卯晓岚等 1993；吴声华等 1996；臧穆 1996；卯晓岚 2000；Zhuang 2006；庄文颖 2014。

优雅侧盘菌

Otidea concinna (Pers.) Sacc., Syll. Fung. 8: 96. 1889. **Lectotype:** Germany.
Peziza concinna Pers., Mycol. Eur. 1: 221. 1822.
Peziza cantharella Fr., Syst. Mycol. 2: 48. 1822.
Otidea cantharella (Fr.) Quél., Enchir. Fung. p 275. 1886.
云南（YN）；奥地利、丹麦、爱沙尼亚、法国、德国、意大利、挪威、西班牙、墨西哥、美国。

戴芳澜 1979；卯晓岚 2000；Zhuang 2005c。

阔孢侧盘菌

Otidea crassa W.Y. Zhuang, Mycotaxon 94: 366. 2006 [2005]. **Type:** China (Xinjiang). W.Y. Zhuang & Y. Nong 4647, HMAS 83571.

新疆（XJ）。

Zhuang 2006；庄文颖 2014。

大理侧盘菌

Otidea daliensis W.Y. Zhuang & Korf, Mycotaxon 35: 300. 1989. **Type:** China (Yunnan). R.P. Korf & W.Y. Zhuang 395, HMAS 57688.

云南（YN）；西班牙。

Zhuang & Korf 1989；庄文颖 2014。

大侧盘菌（参照）

Otidea cf. **grandis** (Pers.) Rehm, Bull. Soc. Mycol. Fr. 9: 111. 1893.

Peziza grandis Pers., Observ. Mycol. 1: 27. 1796.

Scodellina grandis (Pers.) Seaver, North American Cup-Fungi (Operculates) p 186. 1928.

Peziza abietina var. *grandis* (Pers.) Pers., Mycol. Eur. 1: 224. 1822.

北京（BJ）。

Zhuang & Wang 1998c。

昆明侧盘菌

Otidea kunmingensis W.Y. Zhuang, in Zhuang & Yang, Mycologia Montenegrina 10: 237. 2008 [2007]. **Type:** China (Yunnan). Z.L. Yang 4611, HKAS 49452.

云南（YN）。

Zhuang & Yang 2008；庄文颖 2014。

乳白侧盘菌

Otidea lactea J.Z. Cao & L. Fan, in Cao, Fan & Liu, Mycologia 82: 735. 1990. **Type:** China (Heilongjiang). J.Z. Cao, MHSU 1803.

黑龙江（HL）。

Cao et al. 1990b；庄文颖 2014。

兔耳状侧盘菌原变种

Otidea leporina (Batsch) Fuckel, Jb. Nassau. Ver. Naturk. 23-24: 329. 1870. var. **leporina**. **Type:** Germany.

Peziza leporina Batsch, Elench. Fung., Cont. Prim. p 217. 1783.

Scodellina leporina (Batsch) Gray, Nat. Arr. Brit. Pl. 1: 668. 1821.

Helvella leporina (Batsch) Franchi, L. Lami & M. Marchetti, Riv. Micol. 42: 63. 1999.

吉林（JL）、山西（SX）、陕西（SN）、新疆（XJ）、湖北（HB）、四川（SC）、云南（YN）；日本、比利时、丹麦、芬兰、德国、匈牙利、爱尔兰、意大利、挪威、俄罗斯、西班牙、瑞典、英国、加拿大、哥斯达黎加、墨西哥、美国。

邓叔群 1963；戴芳澜 1979；王云章和臧穆 1983；庄文颖 1989，2014；Cao et al. 1990b；上海农业科学院食用菌研究所 1991；卯晓岚等 1993；Teng 1996；卯晓岚 2000；Zhuang 2005c，2006。

兔耳状侧盘菌小孢变种

Otidea leporina var. **minor** (Rehm) Sacc., Syll. fung. (Abellini) 8: 94. 1889. **Type:** Germany.

吉林（JL）、山西（SX）、甘肃（GS）；德国。

邓叔群 1963；戴芳澜 1979；Cao et al. 1990b；Teng 1996；庄文颖 2014。

小孢侧盘菌

Otidea microspora (Kanouse) Harmaja, Karstenia 15: 32. 1976. **Type:** USA.

Otidea alutacea var. *microspora* Kanouse, Mycologia 41: 668. 1950 [1949].

吉林（JL）；美国。

Cao et al. 1990b；庄文颖 2014。

橄榄绿侧盘菌

Otidea olivaceobrunnea Harmaja, Phytotaxa 2: 49. 2009. **Type:** China (Heilongjiang). R.F. Jiang, HMAS 36970.

Otidea olivacea J.Z. Cao & L. Fan, in Cao, Fan & Liu, Mycologia 82: 735. 1990. (Cao et al. 1990b) non Bucholtz 1897.

黑龙江（HL）、四川（SC）。

庄文颖 2014。

驴耳状侧盘菌原变种

Otidea onotica (Pers.) Fuckel, Jb. Nassau. Ver. Naturk. 23-24: 330. 1870. var. **onotica**. **Lectotype:** UK.

Peziza onotica Pers., Syn. Meth. Fung. 2: 637. 1801.

Scodellina onotica (Pers.) Gray, Nat. Arr. Brit. Pl. 1: 668. 1821.

黑龙江（HL）、吉林（JL）、西藏（XZ）；日本、比利时、丹麦、芬兰、法国、德国、意大利、挪威、俄罗斯、斯洛文尼亚、西班牙、瑞典、英国、加拿大、墨西哥、美国、捷克斯洛伐克。

Cao et al. 1990b；卯晓岚 2000；庄文颖 2014。

驴耳状侧盘菌短孢变种

Otidea onotica var. **brevispora** W.Y. Zhuang, Mycotaxon 94: 368. 2006 [2005]. **Type:** China (Yunnan). Z.L. Yang 3854, HKAS 43003.

黑龙江（HL）、新疆（XJ）、云南（YN）。

Zhuang 2006；庄文颖 2014。

邻侧盘菌

Otidea propinquata (P. Karst.) Harmaja, Karstenia 15: 32. 1976. **Type:** Finland.

Peziza propinquata P. Karst., Not. Sällsk. Fauna Fl. Fenn. Förh. 10: 110. 1869.
Peziza abietina Pers., Neues Mag. Bot. 1: 113. 1794.
Otidea abietina (Pers.) Fuckel, Jb. Nassau. Ver. Naturk. 23-24: 330. 1870.
山西（SX）、宁夏（NX）、青海（QH）、新疆（XJ）；芬兰。
邓叔群 1963；戴芳澜 1979；王云章和臧穆 1983；Cao et al. 1990b；庄文颖 2014。

紫侧盘菌

Otidea purpurea (M. Zang) Korf & W.Y. Zhuang, Mycotaxon 22: 507. 1985. **Type:** China (Tibet). M. Zang, HKAS 5670.
Acetabula purpurea M. Zang, Acta Bot. Yunn. 1: 101. 1979.
Helvella purpurea (M. Zang) B. Liu & J.Z. Cao, in Liu, Du & Cao, Acta Mycol. Sin. 4: 216. 1985.
西藏（XZ）。
臧穆 1979，1996；王云章和臧穆 1983；Korf & Zhuang 1985；刘波等 1985；Cao et al. 1990b；庄文颖 2014。

中华侧盘菌

Otidea sinensis J.Z. Cao & L. Fan, in Cao, Fan & Liu, Mycologia 82: 736. 1990. **Type:** China (Heilongjiang). J.Z. Cao MHSU 819.
黑龙江（HL）。
Cao et al. 1990b；庄文颖 2014。

史密斯侧盘菌

Otidea smithii Kanouse, Pap. Mich. Acad. Sci. 24: 28. 1939. **Type:** USA.
吉林（JL）、云南（YN）；日本、加拿大、美国。
Cao et al. 1990b；庄文颖 2014。

近紫侧盘菌

Otidea subpurpurea W.Y. Zhuang, in Zhuang & Yang, Mycologia Montenegrina 10: 238. 2008 [2007]. **Type:** China (Yunnan). Z.L. Yang 4602, HMAS 49443.
云南（YN）。
Zhuang & Yang 2008；庄文颖 2014。

天水侧盘菌

Otidea tianshuiensis J.Z. Cao & L. Fan & B. Liu, Mycologia 82: 737. 1990. **Type:** China (Gansu). Y.C. Yang 430, HMAS 27724.
甘肃（GS）。
Cao et al. 1990b；Zhuang 2005c；庄文颖 2014。

托氏侧盘菌

Otidea tuomikoskii Harmaja, Karstenia 15: 30. 1976. **Type:** Finland.
黑龙江（HL）；芬兰。
Cao et al. 1990b；庄文颖 2014。

云南侧盘菌

Otidea yunnanensis (B. Liu & J.Z. Cao) W.Y. Zhuang & C.Y. Liu, in Liu & Zhuang, Fungal Diversity 23: 188. 2006. **Type:** China (Yunnan). D.C. Zhang, HKAS 12150.
Otideopsis yunnanensis B. Liu & J.Z. Cao, Journal of Shanxi University, Natural Science 4: 70. 1987.
云南（YN）。
刘波和曹晋忠 1987；Liu & Zhuang 2006；庄文颖 2014。

近盾盘菌属

Parascutellinia Svrček, Česká Mykol. 29: 129. 1975.

近盾盘菌

Parascutellinia arctespora (Cooke & W. Phillips) T. Schum., Mycotaxon 33: 153. 1988. **Type:** Norway.
Peziza arctespora Cooke & W. Phillips, Grevillea 9: 104. 1881.
Scutellinia arctespora (Cooke & W. Phillips) Lambotte, Mém. Soc. Roy. Sci. Liège, Sér. 2 14: 300. 1887.
Trichophaea donglingensis Zheng Wang, in Wang & Pei, Mycotaxon 79: 312. 2001.
北京（BJ）；挪威。
Wang & Pei 2001；Zhuang 2003c；庄文颖 2014。

假雨盘菌属

Pseudombrophila Boud., Bull. Soc. Mycol. Fr. 1: 106. 1885.

粪假雨盘菌

Pseudombrophila merdaria (Fr.) Brumm., A World-Monograph of the Genus *Pseudombrophila* (Pezizales, Ascomycotina), Libri Botanici 14: 45. 1995. **Type:** Sweden.
Pseudombrophila deerrata (P. Karst.) Seaver, North American Cup-Fungi (Operculates) p 141. 1928.
Peziza merdaria Fr., Elench. Fung. 2: 11. 1828.
Humaria merdaria (Fr.) Sacc., Syll. Fung. 8: 142. 1889.
Ascophanus merdarius (Fr.) Boud., Hist. Class. Discom. Eur. p 76. 1907.
台湾（TW）；法国、德国、俄罗斯、瑞典、巴西。
吴声华等 1996。

乡城假雨盘菌

Pseudombrophila xiangchengensis Zheng Wang & Yei Z. Wang, Fungal Science 15: 130. 2000. **Type:** China (Sichuan). Z. Wang 189, HMAS 76085.
四川（SC）。
Wang Z & Wang YZ 2000；庄文颖 2014。

裸盘菌属

Psilopezia Berk., London J. Bot. 6: 325. 1847.

大巴裸盘菌

Psilopezia dabaensis W.Y. Zhuang, Mycotaxon 61: 5. 1997. **Type:** China (Chongqing). X.Q. Zhang 1953, HMAS 69624.
北京（BJ）、重庆（CQ）。

Zhuang 1997；庄文颖 2014。

耶地裸盘菌

Psilopezia juruensis P. Henn., Hedwigia 43: 273. 1904. **Type:** Brazil.

云南（YN）、台湾（TW）；哥斯达黎加、美国、巴西。

吴声华等 1996；Zhuang & Wang 1998b；Zhuang 2001a；庄文颖 2014。

类裸盘菌

Psilopezia nummularialis Pfister & Cand., Mycotaxon 13: 367. 1981. **Type:** France.

湖北（HB）；法国。

Zhuang 2010；庄文颖 2014。

垫盘菌属

Pulvinula Boud., Bull. Soc. Mycol. Fr. 1: 107. 1885.

炭垫盘菌

Pulvinula carbonaria (Fuckel) Boud., Bull. Soc. Mycol. Fr. 1: 107. 1885. **Type:** Germany.

Crouania carbonaria Fuckel, Jb. Nassau. Ver. Naturk. 27-28: 64. 1874.

Barlaea carbonaria (Fuckel) Sacc., Syll. Fung. 8: 112. 1889.

Barlaeina carbonaria (Fuckel) Sacc. & Traverso, Syll. Fung. 19: 138. 1910.

Octospora carbonaria (Fuckel) Caillet & Moyne, Bull. Trimest. Soc. Mycol. Fr. 96: 194. 1980.

内蒙古（NM）、宁夏（NX）、甘肃（GS）、青海（QH）、四川（SC）、西藏（XZ）、台湾（TW）；丹麦、德国、美国、苏里南。

吴声华等 1996；庄文颖 2014。

大孢垫盘菌

Pulvinula cinnabarina (Fuckel) Boud., Hist. Class. Discom. Eur. p 70. 1907. **Type:** Switzerland.

Crouania cinnabarina Fuckel, Jb. Nassau. Ver. Naturk. 27-28: 64. 1874.

Barlaea cinnabarina (Fuckel) Sacc., Syll. Fung. 8: 112. 1889.

Barlaeina cinnabarina (Fuckel) Oudem., Ned. Kruidk. Archf, 3 Sér. 2 (4): 1. 1904.

Lamprospora cinnabarina (Fuckel) Kalymb., Mikologicheskaya Flora Zailiĭskogo Alatau, (Severnyĭ Tyan'-Shan') p 174. 1969.

青海（QH）；德国、挪威、瑞士、英国、美国。

庄文颖 2014。

橘红垫盘菌

Pulvinula constellatio (Berk. & Broome) Boud., Hist. Class. Discom. Eur. (Paris) p 70. 1907. **Type**: UK.

Peziza constellatio Berk. & Broome, Ann. Mag. Nat. Hist., Ser. 4 17: 142. 1876.

Leucoloma constellatio (Berk. & Broome) Rehm, Ascomyceten no. 406. 1878.

Barlaea constellatio (Berk. & Broome) Sacc., Syll. Fung. 8: 111. 1889.

Barlaeina constellatio (Berk. & Broome) Sacc. & P. Syd., Syll. Fung. 14: 749. 1899.

Pulvinula constellatio (Berk. & Broome) Boud., Hist. Class. Discom. Eur. (Paris) p 70. 1907.

Lamprospora constellatio (Berk. & Broome) Seaver, Mycologia 6: 18. 1914.

内蒙古（NM）、河北（HEB）、北京（BJ）、甘肃（GS）、青海（QH）、四川（SC）；丹麦、芬兰、挪威、瑞典、英国、美国。

邓叔群 1963；戴芳澜 1979；Teng 1996；Zhuang 1996a，2005c；庄文颖 1997，2014。

小孢垫盘菌

Pulvinula globifera (Berk. & M.A. Curtis) Le Gal, Les Discomycetes de Madagascar p 94. 1953. **Type:** Cuba.

Sporidesmium globiferum Berk. & M.A. Curtis, in Berkeley, J. Linn. Soc., Bot. 10: 354. 1869 [1868].

Barlaea globifera (Berk. & M.A. Curtis) Sacc., Syll. Fung. 8: 114. 1889.

Barlaeina globifera (Berk. & M.A. Curtis) Sacc. & Traverso, Syll. Fung. 19: 139. 1910.

Piricauda globifera (Berk. & M.A. Curtis) R.T. Moore, Rhodora 61: 99. 1959.

Pulvinula guizhouensis M.H. Liu, Acta Mycol. Sin. 10: 187. 1991.

北京（BJ）、贵州（GZ）、云南（YN）；斯里兰卡、古巴、瓜德罗普岛（法）、波多黎各（美）。

刘美华 1991；Zhuang 2010；庄文颖 2014。

红垫盘菌

Pulvinula miltina (Berk.) Rifai, Verh. K. Ned. Akad. Wet., Tweede Sect. 57: 204. 1968. **Type:** New Zealand.

Peziza miltina Berk., in Hooker, Bot. Antarct. Voy. Erebus Terror 1839-1843, II, Fl. Nov.-Zeal. p 199. 1855.

Barlaea miltina (Berk.) Sacc., Syll. Fung. 8: 113. 1889.

Humaria miltina (Berk.) Cooke, Handb. Austral. Fungi p 256. 1892.

Barlaeina miltina (Berk.) Sacc. & Traverso, Syll. Fung. 19: 139. 1910.

北京（BJ）、青海（QH）、新疆（XJ）、四川（SC）；英国、瓜德罗普岛（法）、波多黎各（美）、澳大利亚、新西兰。

Wang & Pei 2001；庄文颖 2014。

小垫盘菌

Pulvinula minor M.H. Liu, Acta Mycol. Sin. 10: 185. 1991. **Type:** China (Guizhou). M.H. Liu LMH 17130.

贵州（GZ）、云南（YN）。

刘美华 1991；庄文颖 2014。

雪白垫盘菌

Pulvinula niveoalba J. Moravec, Česká Mykol. 23: 231. 1969.

Type: Czechoslovakia.
四川（SC）；芬兰、挪威、捷克斯洛伐克。
庄文颖 2014。

火丝菌属

Pyronema Carus, Nova Acta Phys.-Med. Acad. Caes. Leop.-Carol. Nat. Cur. 17: 370. 1835.

砖火丝菌

Pyronema domesticum (Sowerby) Sacc., Syll. Fung. 8: 109. 1889. **Type:** UK.
Peziza domestica Sowerby, Col. Fig. Engl. Fung. Mushr. 3: pl. 351. 1802.
Tapesia domestica (Sowerby) Quél., Bull. Soc. Bot. Fr. 26: 235. 1880.
北京（BJ）、江苏（JS）；印度、印度尼西亚、韩国、奥地利、丹麦、芬兰、挪威、西班牙、英国、美国、澳大利亚、新西兰。
邓叔群 1963；戴芳澜 1979；Teng 1996；庄文颖 2014。

烧土火丝菌

Pyronema omphalodes (Bull.) Fuckel, Jb. Nassau. Ver. Naturk. 23-24: 319. 1870. **Type:** France.
Peziza omphalodes Bull., Herb. Fr. Champ., Histoire des Champignons 1: 264. 1791.
Pyronema confluens Tul. & C. Tul., Select. Fung. Carpol. 3: 197. 1865.
河北（HEB）、四川（SC）、云南（YN）、台湾（TW）、广西（GX）；印度、日本、奥地利、比利时、芬兰、法国、德国、匈牙利、意大利、挪威、俄罗斯、西班牙、瑞典、英国、摩洛哥、加拿大、美国、澳大利亚、新西兰。
邓叔群 1963；戴芳澜 1979；Teng 1996；Wang 2001c；Zhuang 2001a；庄文颖 2014。

瑰丽盘菌属

Rhodoscypha Dissing & Sivertsen, Mycotaxon 16: 442. 1983.

瑰丽盘菌

Rhodoscypha ovilla (Peck) Dissing & Sivertsen, Mycotaxon 16: 447. 1983. **Type:** USA.
Peziza ovilla Peck, Ann. Rep. N.Y. St. Mus. Nat. Hist. 28: 66. 1876.
Neottiella ovilla (Peck) Sacc., Syll. Fung. 8: 194. 1889.
Patella ovilla (Peck) Seaver, North American Cup-Fungi (Operculates) p 163. 1928.
Leucoscypha ovilla (Peck) Harmaja, Karstenia 17: 73. 1977.
青海（QH）；印度、爱沙尼亚、芬兰、法国、德国、意大利、挪威、瑞典、瑞士、美国。
Zhuang 2005b，2005c；庄文颖 2014。

盾盘菌属

Scutellinia (Cooke) Lambotte, Mém. Soc. Roy. Sci. Liège, Sér. 2 14: 299. 1887.

阿氏盾盘菌

Scutellinia ahmadii (Cash) S.C. Kaushal, in Kaushal, Kaushal & Rawla, Biblthca Mycol. 91: 594. 1983. **Type:** Pakistan.
Humaria ahmadii E.K. Cash, Mycologia 40: 725. 1948.
云南（YN）；印度、巴基斯坦。
Zhuang 2005a，2013；庄文颖 2014。

拟阿氏盾盘菌

Scutellinia ahmadiopsis W.Y. Zhuang, Fungal Diversity 18: 216. 2005. **Type:** China (Sichuan). C.M. Wang & Y.X. Han, HMAS 30779.
四川（SC）。
Zhuang 2005a，2013；庄文颖 2014。

巨疣盾盘菌

Scutellinia badioberbis (Berk. ex Cooke) Kuntze, Revis. Gen. Pl. 2: 869. 1891. **Type:** New Zealand.
Peziza badioberbis Berk., Grevillea 8: 61. 1879.
Lachnea badioberbis (Berk.) Sacc., Syll. Fung. 8: 173. 1889.
青海（QH）、四川（SC）、西藏（XZ）、台湾（TW）；日本、泰国、布隆迪、刚果（金）、马达加斯加、卢旺达、澳大利亚、新西兰、巴布亚新几内亚。
王云章和臧穆 1983；Zhuang 1994；吴声华等 1996；臧穆 1996；庄文颖 2014。

北京盾盘菌

Scutellinia beijingensis W.Y. Zhuang, Fungal Diversity 18: 217. 2005. **Type:** China (Beijing). R.Y. Zheng & H.Z. Li, HMAS 31073.
北京（BJ）。
Zhuang 2005a，2013；庄文颖 2014。

蔡氏盾盘菌

Scutellinia cejpii (Velen.) Svrcek, Česká Mykol. 25: 83. 1971. **Type:** Czechoslovakia.
Lachnea cejpii Velen., Monogr. Discom. Bohem. p 305. 1934.
台湾（TW）；日本、丹麦、芬兰、法国、德国、冰岛、爱尔兰、挪威、波兰、西班牙、瑞典、美国、捷克斯洛伐克、苏联。
Wang 1998；Zhuang 2013；庄文颖 2014。

假网孢盾盘菌

Scutellinia colensoi Massee ex Le Gal, Bull. Trimest. Soc. Mycol. Fr. 83: 356. 1967. **Type:** Madagascar.
黑龙江（HL）、北京（BJ）、宁夏（NX）、湖北（HB）、云南（YN）、台湾（TW）；日本、巴基斯坦、泰国、马达加斯加、南非、津巴布韦、古巴、新西兰、苏联。
Liou & Chen 1977a；Wang 1998；Zhuang & Wang 1998c；Zhuang 2013。

被毛盾盘菌

Scutellinia crinita (Bull.) Lambotte, Mém. Soc. Roy. Sci. Liège, Sér. 2 14: 299. 1887. **Type:** France.

Peziza crinita Bull., Herb. Fr. 9: tab. 416, fig. 2. 1789.

Phaeopezia crinita (Bull.) Sacc., Syll. Fung. 8: 474. 1889.

Aleurina crinita (Bull.) Sacc. & P. Syd., Syll. Fung. 16: 739. 1902.

Ciliaria crinita (Bull.) Boud., Hist. Class. Discom. Eur. p 62. 1907.

Trichaleuris crinita (Bull.) Clem., Gen. Fung. p 90. 175. 1909.

Patella fimetaria Seaver, North American Cup-fungi (Operculates) p 173. 1928.

Lachnea fimetaria (Seaver) Wehm., Fungi of Maritime Provinces p 18. 1950.

Scutellinia fimetaria (Seaver) Teng, Fungi of China p 763. 1963.

Scutellinia subcervorum Svrček, Česká Mykol. 25: 86. 1971.

吉林（JL）、内蒙古（NM）、北京（BJ）、四川（SC）、云南（YN）、台湾（TW）、广东（GD）、海南（HI）；日本、奥地利、法国、德国、冰岛、意大利、挪威、瑞典、瑞士、美国、新西兰、捷克斯洛伐克、苏联。

Teng 1934，1996；邓叔群 1963；戴芳澜 1979；Korf & Zhuang 1985；Zhuang 1991，1994，2001a，2013；吴声华等 1996；臧穆 1996；Zhuang & Wang 1998a；庄文颖 2014。

十字毛盾盘菌

Scutellinia crucipila (Cooke & W. Phillips) J. Moravec, Česká Mykol. 38: 149. 1984. **Type:** UK.

Sarcoscypha crucipila Cooke & W. Phillips, in Cooke, Mycogr. Vol. 1. Discom. p 136, fig. 237. 1876.

Lachnea crucipila (Cooke & W. Phillips) W. Phillips, Man. Brit. Discomyc. p 229. 1887.

Neottiella crucipila (Cooke & W. Phillips) Sacc., Syll. Fung. 8: 192. 1889.

Ciliaria crucipila (Cooke & W. Phillips) Boud., Hist. Class. Discom. Eur. p 62. 1907.

Patella crucipila (Cooke & W. Phillips) Seaver, North American Cup-Fungi (Operculates) p 168. 1928.

Humaria crucipila (Cooke & W. Phillips) Kanouse, Mycologia 39: 655. 1948.

Cheilymenia crucipila (Cooke & W. Phillips) Le Gal, Discom. de Madagascar p 111. 1954.

北京（BJ）；挪威、英国、美国。

Zhuang 1994，2013；庄文颖 2014。

阔孢盾盘菌

Scutellinia decipiens Le Gal, Bull. Trimest. Soc. Mycol. Fr. 82: 304. 1966. **Type:** France.

台湾（TW）；法国、挪威。

吴声华等 1996。

刺盾盘菌

Scutellinia erinaceus (Schwein.) Kuntze, Revis. Gen. Pl. 2: 869. 1891. **Type:** USA.

Peziza erinaceus Schwein., Schr. Naturf. Ges. Leipzig 1: 119. 1822.

Lachnea erinaceus (Schwein.) Cooke, Hedwigia 21: 70. 1893.

Patella erinaceus (Schwein.) Morgan, J. Mycol. 8: 188. 1902.

Humaria erinacea (Schwein.) Kanouse, Mycologia 39: 656. 1948.

Trichophaea erinaceus (Schwein.) Le Gal, Discom. de Madagascar p 166. 1953.

陕西（SN）；日本、瑞士、加拿大、美国、巴西。

邓叔群 1963；戴芳澜 1979；王云章和臧穆 1983；Teng 1996；臧穆 1996；庄文颖 2014。

福建盾盘菌

Scutellinia fujianensis J.Z. Cao & J. Moravec, Mycol. Helv. 3: 184. 1989 [1988]. **Type:** China (Fujian). J.Z. Cao 908, HMAS 61363.

福建（FJ）。

Cao & Moravec 1988；Zhuang 1994，2013；庄文颖 2014。

晶毛盾盘菌

Scutellinia hyalohirsuta W.Y. Zhuang, in Zhuang & Yang, Mycologia Montenegrina 10: 239. 2008 [2007]. **Type:** China (Sichuan). Z.L. Yang 4845, HKAS 51656.

青海（QH）、新疆（XJ）、四川（SC）。

Zhuang & Yang 2008；Zhuang 2013；庄文颖 2014。

吉林盾盘菌

Scutellinia jilinensis Z.H. Yu & W.Y. Zhuang, in Yu, Zhuang & Chen, Mycotaxon 75: 404. 2000. **Type:** China (Jilin). W.Y. Zhuang & S.L. Chen 2536, HMAS 78040.

吉林（JL）、河北（HEB）、湖北（HB）、云南（YN）。

Yu et al. 2000；Zhuang 2005a，2013；庄文颖 2014。

琼那盾盘菌

Scutellinia jungneri (Henn.) Clem., Bull. Torr. Bot. Club. 30: 90. 1903. **Type:** Indonesia.

Lachnea jungneri Henn., Bot. Jb. 22: 74. 1895.

台湾（TW）；印度、印度尼西亚、泰国、布隆迪、喀麦隆、卢旺达、赞比亚、萨摩亚群岛。

Wang 1998；Zhuang 2001a，2013；庄文颖 2014。

克地盾盘菌小孢变种

Scutellinia kerguelensis var. **microspora** W.Y. Zhuang, Fungal Diversity 18: 220. 2005. **Type:** China (Sichuan). W.Y. Zhuang 1046, HMAS 61427.

Scutellinia kerguelensis (Berk.) Kuntze, Revis. Gen. Pl. 2: 869. 1891.

黑龙江（HL）、吉林（JL）、内蒙古（NM）、北京（BJ）、宁夏（NX）、甘肃（GS）、青海（QH）、新疆（XJ）、湖北（HB）、四川（SC）、云南（YN）、西藏（XZ）。

Zhuang 1998b，2005a，2005c，2013；Zhuang & Yang 2008；庄文颖 2014。

柯夫盾盘菌

Scutellinia korfiana W.Y. Zhuang, Mycotaxon 93: 99. 2005. **Type:** China (Xinjiang). W.Y. Zhuang & Y. Nong 4760, HMAS 83558.

新疆（XJ）。

Zhuang 2005b，2005c，2013；庄文颖 2014。

球孢盾盘菌

Scutellinia minor (Velen.) Svrček, Česká Mykol. 25: 85. 1971. **Type:** Czech.

Sphaerospora minor Velen., Monogr. Discom. Bohem. p 300. 1934.

新疆（XJ）、江苏（JS）、四川（SC）、西藏（XZ）；奥地利、捷克、冰岛、挪威、瑞士、英国。

Zhuang & Yang 2008；Zhuang 2013；庄文颖 2014。

小盾盘菌

Scutellinia minutella Svrček & J. Moravec, Česká Mykol. 23: 156. 1969. **Type:** Czechoslovakia.

四川（SC）；挪威、捷克斯洛伐克。

Korf & Zhuang 1985；Zhuang 1994，2013；庄文颖 2014。

柯氏盾盘菌

Scutellinia neokorfiana W.Y. Zhuang, Mycosystema 32: 430. 2013. **Type:** China (Sichuan). Zheng Wang 2158, HMAS 72804.

四川（SC）。

Zhuang 2013；庄文颖 2014。

黑毛盾盘菌

Scutellinia nigrohirtula (Svrček) Le Gal, Bull. Trimest. Soc. Mycol. Fr. 80: 123. 1964. **Type:** Czechoslovakia.

Lachnea setosa var. *nigrohirtula* Svrček, Acta Mus. Nat. Prag. 4B: 48. 1948.

新疆（XJ）、四川（SC）、台湾（TW）；日本、法国、挪威、阿根廷、捷克斯洛伐克。

Zhuang 1994，2005c，2013；吴声华等 1996；Wang 1998；Zhuang & Yang 2008；庄文颖 2014。

长孢盾盘菌

Scutellinia oblongispora W.Y. Zhuang, Mycosystema 32: 432. 2013. **Type:** China (Yunnan). W.Y. Zhuang & Z.H. Yu 3322, HMAS 264068.

云南（YN）。

Zhuang 2013；庄文颖 2014。

橄榄盾盘菌

Scutellinia olivascens (Cooke) Kuntze, Revis. Gen. Pl. 2: 869. 1891. **Type:** Germany.

Sarcoscypha olivascens Cooke, Mycogr. Vol. 1. Discom. p 78, fig. 142. 1876.

Humaria olivascens (Cooke) Quél., Enchir. Fung. p 285. 1886.

Lachnea olivascens (Cooke) Sacc., Syll. Fung. 8: 187. 1889.

Tricharia olivascens (Cooke) Boud., Hist. Class. Discom. Eur. p 58. 1907.

Sarcoscypha lusatiae Cooke, Mycogr. Vol. 1. Discom. p 80, fig. 145. 1876.

Lachnea lusatiae (Cooke) Sacc., Syll. Fung. 8: 178. 1889.

Scutellinia lusatiae (Cooke) Kuntze , Revis. Gen. Pl. 2: 869. 1891.

Ciliaria lusatiae (Cooke) Boud., Hist. Class. Discom. Eur. p 62. 1907.

Patella lusatiae (Cooke) Seaver, North American Cup-Fungi (Operculates) p 162. 1928.

Humaria lusatiae (Cooke) Kanouse, Mycologia 39: 656. 1948.

？广西（GX）；爱沙尼亚、德国、卢森堡、挪威、新西兰。

邓叔群 1963；戴芳澜 1979；王云章和臧穆 1983；赵震宇和卯晓岚 1986；Zhuang 1994；Teng 1996；臧穆 1996；庄文颖 2014。

金边盾盘菌

Scutellinia patagonica (Rehm) Gamundi, Lilloa 30: 318. 1960. **Type:** Argentina.

Sphaerospora patagonica Rehm, Bih. K. Svenska Vetensk-Akad. Handl., Afd. 3 25: 18. 1899.

青海（QH）、云南（YN）、台湾（TW）；冰岛、挪威、瑞士、英国、哥斯达黎加、阿根廷、智利、新西兰、南乔治亚岛（英）。

Zhuang 1994，2013；吴声华等 1996；庄文颖 2014。

宾州盾盘菌

Scutellinia pennsylvanica (Seaver) Denison, Mycologia 51: 619. 1959. **Type:** USA.

Melastiza pennsylvanica Seaver, North American Cup-Fungi (Operculates) p 104. 1928.

Melastiziella pennsylvanica (Seaver) Svrček, Acta Mus. Nat. Prag. 4B: 61. 1948.

吉林（JL）、内蒙古（NM）、北京（BJ）、陕西（SN）、甘肃（GS）、湖北（HB）、重庆（CQ）、云南（YN）、西藏（XZ）、台湾（TW）；古巴、美国。

Zhuang 1994，1997，2005a，2005c，2013；庄文颖 1997，2014；Wang 1998；王也珍等 1999。

肿盾盘菌

Scutellinia phymatodea S.C. Kaushal & R. Kaushal, in Kaushal, Kaushal & Rawla, Biblthca Mycol. 91: 594. 1983. **Type:** India.

台湾（TW）；印度。

Wang 1998；Zhuang 2013；庄文颖 2014。

假小疣盾盘菌

Scutellinia pseudovitreola W.Y. Zhuang & Zhu L. Yang,

Mycosystema 32: 433. 2013. **Type:** China (Yunnan). Z.L. Yang 5177, HKAS 54474.
黑龙江（HL）、吉林（JL）、甘肃（GS）、青海（QH）、新疆（XJ）、湖北（HB）、云南（YN）；挪威、苏联。
Zhuang 2013；庄文颖 2014。

盾盘菌

Scutellinia scutellata (L.) Lambotte, Mém. Soc. Roy. Sci. Liège, Sér. 2 14: 299. 1887. **Type:** Finland.
Peziza scutellata L., Sp. Pl. 2: 1181. 1753.
Lachnea scutellata (L.) Sacc., Champignons de France, Discom. p 57. 1879.
Ciliaria scutellata (L.) Quél. ex Boud., Bull. Soc. Mycol. Fr. 1: 105. 1885.
Humariella scutellata (L.) J. Schröt., in Cohn, Krypt.-Fl. Schlesien 3.2: 37. 1893.
Patella scutellata (L.) Morgan, J. Mycol. 8: 187. 1902.
黑龙江（HL）、吉林（JL）、内蒙古（NM）、河北（HEB）、山西（SX）、河南（HEN）、陕西（SN）、宁夏（NX）、甘肃（GS）、青海（QH）、新疆（XJ）、安徽（AH）、江苏（JS）、浙江（ZJ）、湖北（HB）、四川（SC）、云南（YN）、西藏（XZ）、台湾（TW）、广东（GD）、广西（GX）、海南（HI）；日本、韩国、丹麦、芬兰、德国、冰岛、意大利、荷兰、挪威、波兰、葡萄牙、斯洛文尼亚、西班牙、瑞典、瑞士、英国、摩洛哥、加拿大、哥斯达黎加、墨西哥、美国、阿根廷、澳大利亚、新西兰。
Teng 1934，1996；邓叔群 1963；戴芳澜 1979；王云章和臧穆 1983；赵震宇和卯晓岚 1986；庄文颖 1989，2014；毕志树等 1990；卯晓岚等 1993；Zhuang 1994，1998a，2001a，2005a，2005c，2013；Wang 1998；Zhuang & Wang 1998a，1998b；王也珍等 1999；卯晓岚 2000。

毛盾盘菌

Scutellinia setosa (Nees) Kuntze, Revis. Gen. Pl. 2: 869. 1891. **Type:** Germany.
Peziza setosa Nees, Syst. Pilze p 260, fig. 275. 1816.
Humaria setosa (Nees) Fuckel, Jb. Nassau. Ver. Naturk. 23-24: 321. 1870.
Sacoscypha setosa (Nees) Cooke, Mycogr. Vol. 1. Discom. p 74, fig. 133. 1876.
Ciliaria setosa (Nees) Boud., Hist. Class. Discom. Eur. p 62. 1907.
Patella setosa (Nees) Seaver, in Brenckle, Fungi Dakotenses p 458. 1929.
黑龙江（HL）、陕西（SN）；丹麦、法国、德国、意大利、荷兰、俄罗斯、西班牙、瑞典、英国、哥斯达黎加、阿根廷、？印度、？尼加拉瓜、？美国、？捷克斯洛伐克。
戴芳澜 1979；庄文颖 1997，2014；Zhuang 2005c，2013。

拟毛盾盘菌

Scutellinia setosiopsis W.Y. Zhuang, Mycotaxon 112: 38. 2010. **Type:** China (Beijing). Z. Wang 320, HMAS 76074.
北京（BJ）。
Zhuang 2010，2013；庄文颖 2014。

中国盾盘菌

Scutellinia sinensis M.H. Liu, in Liu & Peng, Acta Mycol. Sin. 15: 98. 1996. **Type:** China (Guizhou). M.H. Liu 0776.
贵州（GZ）。
刘美华和彭红卫 1996；Zhuang 2013；庄文颖 2014。

华毛盾盘菌

Scutellinia sinosetosa W.Y. Zhuang & Zheng Wang, Mycotaxon 69: 352. 1998. **Type:** China (Yunnan). R.P. Korf, M. Zang, K.K. Chen & W.Y. Zhuang 300, HMAS 41436.
河北（HEB）、陕西（SN）、云南（YN）。
Zhuang & Wang 1998b；Zhuang 2001a，2005a，2013；庄文颖 2014。

亚毛盾盘菌

Scutellinia subhirtella Svrček, Česká Mykol. 25: 85. 1971. **Type:** Czechoslovakia.
黑龙江（HL）、吉林（JL）、内蒙古（NM）、北京（BJ）、河南（HEN）、陕西（SN）、宁夏（NX）、甘肃（GS）、青海（QH）、新疆（XJ）、安徽（AH）、湖北（HB）、四川（SC）、重庆（CQ）、云南（YN）、西藏（XZ）、台湾（TW）；奥地利、丹麦、芬兰、冰岛、挪威、波兰、瑞典、新西兰、捷克斯洛伐克。
Zhuang 1994，1997，1998b，2001a，2005a，2005c，2013；庄文颖 1997，2014；Wang 1998；Zhuang & Wang 1998b；王也珍等 1999。

钝刺盾盘菌

Scutellinia trechispora (Berk. & Broome) Lambotte, Mém. Soc. Roy. Sci. Liège, Sér. 2 14: 299. 1887. **Type:** UK.
Peziza trechispora Berk. & Broome, Ann. Mag. Nat. Hist., Ser. 1 18: 77. 1846.
Lachnea trechispora (Berk. & Broome) Gillet, Champignons de France, Discom. 3: 77. 1880.
Humaria trechispora (Berk. & Broome) P. Karst., Acta Soc. Fauna Flora Fenn. 2 (6): 121. 1885.
Sphaerospora trechispora (Berk. & Broome) Sacc., Syll. Fung. 8: 188. 1889.
Sphaerosporula trechispora (Berk. & Broome) Kuntze, Revis. Gen. Pl. 3: 530. 1898.
Ciliaria trechispora (Berk. & Broome) Boud., Hist. Class. Discom. Eur. p 62. 1907.
Rubelia trechispora (Berk. & Broome) Nieuwl., Am. Midl. Nat. 4: 386. 1916.
Lachnea hirta var. *trechispora* (Berk. & Broome) Petr., Annls Mycol. 19: 94. 1921.
Scutellinia trechispora f. *brachyacantha* Le Gal, Bull. Trimest. Soc. Mycol. Fr. 87: 437. 1972.

Scutellinia trechispora var. *nardii* Le Gal, Bull. Trimest. Soc. Mycol. Fr. 87 (3): 437. 1972.
Scutellinia trechispora var. *macracantha* Le Gal ex Donadini, Docums. Mycol. 13 (no. 49): 20. 1983.
Scutellinia trechispora var. *peniculospora* Donadini, Docums. Mycol. 13 (no. 49): 24. 1983.
湖北（HB）；奥地利、丹麦、法国、挪威、波兰、西班牙、瑞典、英国、美国、阿根廷、新西兰、捷克斯洛伐克。
邓叔群 1963；戴芳澜 1979；Zhuang 2013；庄文颖 2014。

荫地盾盘菌

Scutellinia umbrorum (Fr.) Lambotte, Mém. Soc. Roy. Sci. Liège, Sér. 2 14: 300. 1888 [1887]. **Type:** France.
Peziza umbrorum Fr., Syst. Mycol. 2: 621. 1823.
Humaria umbrorum (Fr.) Fuckel, Jb. Nassau. Ver. Naturk. 23-24: 323. 1870.
Sarcoscypha umbrorum (Fr.) Cooke, Mycogr. Vol. 1. Discom. p 76, fig. 138. 1876.
Ciliaria umbrorum (Fr.) Boud., Hist. Class. Discom. Eur. 1907.
Patella umbrorum (Fr.) Seaver, North American Cup-Fungi (Operculates) p 161. 1928.
Ciliaria umbrorum var. *cancrina* Le Gal & Romagn., Bull. Trimest. Soc. Mycol. Fr. 61: 52. 1945.
云南（YN）、西藏（XZ）；法国、德国、匈牙利、冰岛、意大利、挪威、西班牙、瑞典、瑞士、英国、墨西哥、美国、捷克斯洛伐克、南斯拉夫。
臧穆 1996；Wang 1998；Zhuang 2013；庄文颖 2014。

紫盘菌属

Smardaea Svrček, Česká Mykol. 23: 90. 1969.

小孢紫盘菌

Smardaea microspora J.Z. Cao, L. Fan & B. Liu, Acta Mycol. Sin. 9: 282. 1990. **Type:** China (Beijing). B.M. Hu & R.Y. Zheng, HMAS 31182.
吉林（JL）、河北（HEB）、北京（BJ）。
Cao et al. 1990a；庄文颖 2014。

平紫盘菌

Smardaea planchonis (Dunal ex Boud.) Korf & W.Y. Zhuang, Mycotaxon 40: 427. 1991. **Type:** France.
Plicaria planchonis Dunal ex Boud., Bull. Soc. Mycol. Fr. 3: 92. 1887.
Barlaea planchonis (Dunal ex Boud.) Sacc., Syll. Fung. 8: 116. 1889.
Barlaeina planchonis (Dunal ex Boud.) Sacc. & Traverso, Syll. Fung. 19: 140. 1910.
Lamprospora planchonis (Dunal ex Boud.) Seaver, Mycologia 6: 21. 1914.
Marcelleina planchonis (Dunal ex Boud.) J. Moravec, Česká Mykol. 23: 233. 1969.
Pulparia planchonis (Dunal ex Boud.) Korf, Pfister & J.K. Rogers, Phytologia 21: 206. 1971.
Greletia planchonis (Dunal ex Boud.) Donadini, Bull. Trimest. Soc. Mycol. Fr. 95: 184. 1980.
四川（SC）、云南（YN）；印度、法国、百慕大群岛（英）、美国、阿根廷、澳大利亚。
Korf & Zhuang 1985，1991；庄文颖 2014。

变形紫盘菌（参照）

Smardaea cf. **protea** W.Y. Zhuang & Korf, Mycotaxon 26: 380. 1986.
北京（BJ）。
Zhuang & Korf 1989。

紫色紫盘菌

Smardaea purpurea Dissing, Sydowia 38: 35. 1986 [1985]. **Type:** Switzerland.
北京（BJ）、山西（SX）；德国、瑞士。
Cao et al. 1990a；庄文颖 2014。

疣孢紫盘菌

Smardaea verrucispora (Donadini & Monier) Benkert, Z. Mykol. 71: 148. 2005. **Type:** France.
Pulparia verrucispora Donadini & Monier, in Donadini, Revue Mycol., 40: 260. 1976.
Greletia verrucispora (Donadini & Monier) Donadini, Bull. Trimest. Soc. Mycol. Fr. 95: 184. 1980.
云南（YN）；法国。
Zhuang 2010；庄文颖 2014。

索氏盘菌属

Sowerbyella Nannf., Svensk Bot. Tidskr. 32: 118. 1938.

窄孢索氏盘菌

Sowerbyella angustispora J.Z. Cao & J. Moravec, in Moravec, Mycol. Helv. 3: 136. 1988. **Type:** China (Jilin). J.Z. Cao, MHUS.
黑龙江（HL）、吉林（JL）、内蒙古（NM）、北京（BJ）、青海（QH）。
刘波和曹晋忠 1990；Zhuang 2009；庄文颖 2014。

光孢索氏盘菌

Sowerbyella laevispora W.Y. Zhuang, Mycotaxon 109: 234. 2009. **Type:** China (Qinghai). Q.M. Ma 1039, HMAS 33796.
青海（QH）。
Zhuang 2009；庄文颖 2014。

根索氏盘菌

Sowerbyella radiculata (Sowerby) Nannf., Svensk Bot. Tidskr. 32: 119. 1938. **Type:** UK.
Peziza radiculata Sowerby, Col. Fig. Engl. Fung. Mushr. 1: pl. 114. 1797.
Lachnea radiculata (Sowerby) W. Phillips, Man. Brit. Disco-

myc. p 202. 1887.
Sarcoscypha radiculata (Sowerby) Sacc., Syll. Fung. 8: 156. 1889.
Pseudotis radiculata (Sowerby) Boud., Hist. Class. Discom. Eur. p 52. 1907.
Femsjonia radiculata (Sowerby) G.W. Martin, Univ. Iowa Stud. Nat. Hist. 19: 36. 1952.
青海（QH）、台湾（TW）；法国、德国、挪威、西班牙、瑞典、英国。
吴声华等 1996；Zhuang 1998b，2005c，2009；庄文颖 2014。

黄索氏盘菌原变种

Sowerbyella rhenana (Fuckel) J. Moravec, Mycol. Helv. 2: 96. 1986. var. **rhenana**. **Type:** Germany.
Aleuria rhenana Fuckel, Jb. Nassau. Ver. Naturk. 23-24: 325, tab. 5, fig. 1. 1870.
Sarcoscypha rhenana (Fuckel) Sacc., Syll. Fung. 8: 157. 1889.
Peziza rhenana (Fuckel) Boud., Hist. Class. Discom. Eur. p 54. 1907.
青海（QH）、四川（SC）；印度、德国、挪威、加拿大、墨西哥、美国、阿根廷、澳大利亚。
臧穆 1996；Zhuang 1998b，2005c，2009；卯晓岚 2000；庄文颖 2014。

黄索氏盘菌云南变种

Sowerbyella rhenana var. **yunnanensis** B. Liu & J.Z. Cao, Shanxi Univ. J., Nat. Sci. Ed. 13: 69. 1990. **Type:** China (Yunnan). W.K. Zheng, HKAS 12050.
云南（YN）。
刘波和曹晋忠 1990；庄文颖 2014。

小球孢盘菌属

Sphaerosporella (Svrček) Svrček & Kubička, Česká Mykol. 15: 66. 1961.

小球孢盘菌

Sphaerosporella brunnea (Alb. & Schwein.) Svrček & Kubčka, Česká Mykol. 15: 65. 1961. **Type:** Germany.
Peziza brunnea Alb. & Schwein., Consp. Fung. p 317. 1805.
Sarocoscypha brunnea (Alb. & Schwein.) Cooke, Mycogr. Vol. 1. Discom. p 70, fig. 126. 1876.
Humaria brunnea (Alb. & Schwein.) P. Karst., Acta Soc. Fauna Flora Fenn. 2 (6): 121. 1885.
Sphaerospora brunnea (Alb. & Schwein.) Massee, Brit. Fung.-Fl. 4: 295. 1895.
Ciliaria brunnea (Alb. & Schwein.) Boud., Hist. Class. Discom. Eur. p 62. 1907.
Trichophaea brunnea (Alb. & Schwein.) L.R. Batra, in Batra & Batra, Bulletin of the University of Kansas, Science 44: 167. 1963.
台湾（TW）；比利时、法国、德国、荷兰、挪威、波兰、西班牙、瑞典、英国、美国、澳大利亚。
Wang 2001c；庄文颖 2014。

土生小球孢盘菌

Sphaerosporella hinnulea (Berk. & Broome) Rifai, Verh. K. Ned. Akad. Wet., Tweede Sect. 57: 100. 1968. **Type:** Eire.
Peziza hinnulea Berk. & Broome, Ann. Mag. Nat. Hist., Ser. 4 7: 433. 1871.
Lachnea hinnulea (Berk. & Broome) W. Phillips, Man. Brit. Discomyc. p 219. 1887.
Barlaea hinnulea (Berk. & Broome) Sacc., Syll. Fung. 8: 117. 1889.
Sphaerospora hinnulea (Berk. & Broome) Massee, Brit. Fung.-Fl. 4: 294. 1895.
Ciliaria hinnulea (Berk. & Broome) Boud., Hist. Class. Discom. Eur. 1907.
Barlaeina hinnulea (Berk. & Broome) Sacc. & Traverso, Syll. Fung. 19: 139. 1910.
Scutellinia hinnulea (Berk. & Broome) Dennis, British Cup Fungi & Their Allies p 26. 1960.
贵州（GZ）、台湾（TW）；印度、比利时、芬兰、法国、德国、爱尔兰、瑞典、英国、美国。
邓叔群 1963；戴芳澜 1979；Teng 1996；庄文颖 2014。

台湾小球孢盘菌

Sphaerosporella taiwania Yei Z. Wang, Mycotaxon 80: 196. 2001. **Type:** China (Taiwan). WAN 663, TNM.
台湾（TW）。
Wang 2001b；庄文颖 2014。

斯布纳盘菌属

Spooneromyces T. Schumach. & J. Moravec, Nordic J. Bot. 9: 426. 1989.

大理斯布纳盘菌

Spooneromyces daliensis (W.Y. Zhuang) W.Y. Zhuang, Mycotaxon 93: 103. 2005. **Type:** China (Yunnan). Q.Z. Wang 1058, HMAS 27696.
Melastiza daliensis W.Y. Zhuang, Fungal Diversity 18: 213. 2005.
云南（YN）。
Zhuang 2005a，2005b；庄文颖 2014。

疣杯菌属

Tarzetta (Cooke) Lambotte, Mém. Soc. Roy. Sci. Liège, Sér. 2 14: 325. 1888.

碗状疣杯菌

Tarzetta catinus (Holmsk.) Korf & J.K. Rogers, Phytologia 21: 206. 1971. **Type:** Denmark.
Peziza catinus Holmsk., Beata Ruris Otia Fungis Danicis 2: 22. 1799.
Pustularia catinus (Holmsk.) Fuckel, Jb. Nassau. Ver. Naturk. 23-24: 328. 1870.

Aleuria catinus (Holmsk.) Gillet, Champignons de France, Discom. 2: 39. 1879.
Geopyxis catinus (Holmsk.) Sacc. Syll. Fung. 8: 71. 1889.
Pustulina catinus (Holmsk.) Eckblad, Nytt Mag. Bot. 15 (1-2): 84. 1968.
Peziza sphacelata subsp. *catinus* (Holmsk.) Pers., Mycol. Eur. 1: 231. 1822.
河北（HEB）、北京（BJ）、山西（SX）、宁夏（NX）、青海（QH）、安徽（AH）、四川（SC）、重庆（CQ）；日本、丹麦、芬兰、法国、德国、冰岛、意大利、挪威、俄罗斯、西班牙、瑞典、瑞士、英国、加拿大、美国。
邓叔群 1963；戴芳澜 1979；刘波 1991；Zhuang 2005c；Zhuang & Yang 2008；庄文颖 2014。

杯状疣杯菌

Tarzetta cupularis (L.) Svrček, Česká Mykol. 35: 88. 1981. **Type:** ? Sweden.
Peziza cupularis L., Sp. Pl. 2: 1181. 1753.
Pustularia cupularis (L.) Fuckel, Jb. Nassau. Ver. Naturk. 23-24: 328. 1870.
Aleuria cupularis (L.) Gillet, Champignons de France, Discom. 2: 39. 1879.
Geopyxis cupularis (L.) Sacc., Syll. Fung. 8: 72. 1889.
Pustulina cupularis (L.) Eckblad, Nytt Mag. Bot. 15 (1-2): 85. 1968.
河北（HEB）、北京（BJ）、青海（QH）、四川（SC）、云南（YN）；印度、奥地利、比利时、芬兰、法国、德国、匈牙利、冰岛、意大利、挪威、波兰、西班牙、瑞典、瑞士、英国、美国。
戴芳澜 1979；Zhuang 1997；庄文颖 2014。

薄毛盘菌属

Tricharina Eckblad, Nytt Mag. Bot. 15 (1-2): 60. 1968.

黄薄毛盘菌

Tricharina gilva (Boud. ex Cooke) Eckblad, Nytt Mag. Bot. 15: 60. 1968. **Type:** France.
Sarcoscypha gilva Boud. ex Cooke, Mycogr. Vol. 1. Discom. p 240, fig. 406. 1879.
Lachnea gilva (Boud. ex Cooke) Sacc., Syll. Fung. 8: 184. 1889.
Tricharia gilva (Boud. ex Cooke) Boud., Icon. Mycol. 1: 3. 1904.
Patella gilva (Boud. ex Cooke) Seaver, North American Cup-Fungi (Operculates) p 166. 1928.
Trichophaea gilva (Boud. ex Cooke) Gamundí, Revta Mus. La Plata 10: 60. 1967.
Ascorhizoctonia gilva Chin S. Yang & Korf, Mycotaxon 23: 472. 1985.
北京（BJ）、新疆（XJ）、云南（YN）；韩国、奥地利、比利时、捷克、丹麦、芬兰、法国、德国、冰岛、挪威、西班牙、瑞士、英国、阿尔及利亚、格陵兰岛（丹）、牙买加、美国、阿根廷。
Zhuang & Korf 1989；Zhuang 2005a；庄文颖 2014。

长毛盘菌属

Trichophaea Boud., Bull. Soc. Mycol. Fr. 1: 105. 1885.

茂长毛盘菌

Trichophaea abundans (P. Karst.) Boud., Icon. Mycol. 10: 124. 1907. **Type:** Finland.
Peziza abundans P. Karst., Not. Sällsk. Fauna Fl. Fenn. Förh. 10: 124. 1869.
Humaria abundans (P. Karst.) P. Karst., Acta Soc. Fauna Flora Fenn. 2 (6): 120. 1885.
Lachnea abundans (P. Karst.) Sacc., Syll. Fung. 8: 186. 1889.
Scutellinia abundans (P. Karst.) Kuntze, Revis. Gen. Pl. 2: 869. 1891.
Patella abundans (P. Karst.) Seaver, North American Cup-Fungi (Operculates) p 177. 1928.
Dichobotrys abundans Hennebert, Persoonia 7: 194. 1973.
云南（YN）；尼泊尔、比利时、芬兰、德国、挪威、罗马尼亚、西班牙、英国、加拿大、瓜德罗普岛（法）、美国、苏里南。
戴芳澜 1979；Zhuang & Korf 1989；Zhuang 1994，1998b，2001a；Zhuang & Wang 1998b；卯晓岚 2000；庄文颖 2014。

红白长毛盘菌

Trichophaea albospadicea (Grev.) Boud., Hist. Class. Discom. Eur. p 61. 1907. **Type:** UK.
Peziza albospadicea Grev., Fl. Edin. p 420. 1824.
Sarcoscypha albospadicea (Grev.) Cooke, Mycogr. Vol. 1. Discom. p 78, fig. 141. 1876.
Scutellinia albospadicea (Grev.) Lambotte, Mém. Soc. Roy. Sci. Liège, Sér. 2 14: 300. 1887 [1888].
Patella albospadicea (Grev.) Seaver, North American Cup-Fungi (Operculates) p 178.1928.
Humaria albospadicea (Grev.) E.K. Cash, in Ahmad, Biologia 1: 16. 1955.
陕西（SN）、云南（YN）；英国、美国。
戴芳澜 1979；Zhuang 1994，2005c；庄文颖 2014。

地孔状长毛盘菌

Trichophaea geoporoides Korf & W.Y. Zhuang, Mycotaxon 22: 495. 1985. **Type:** China (Beijing). W. Tang & W.Y. Zhuang 29, HMAS 45044.
北京（BJ）。
Korf & Zhuang 1985；庄文颖 2014。

聚生长毛盘菌

Trichophaea gregaria (Rehm) Boud., Hist. Class. Discom. Eur. p 160. 1907. **Type:** USA.
Peziza gregaria Rehm, in Winter, Flora, Jena 35: 508. 1872.
*Humaria hemisphaerica * gregaria* (Rehm) P. Karst., Acta Soc.

Fauna Flora Fenn. 2 (6): 121. 1869.
Sarcoscypha gregaria (Rehm) Cooke, Mycogr. Vol. 1. Discom. p 69, fig. 123. 1876.
Scutellinia gregaria (Rehm) Kuntze, Revis. Gen. Pl. 2: 869. 1891.
Patella gregaria (Rehm) Seaver, North American Cup-Fungi (Operculates) p 176. 1928.
吉林（JL）、河北（HEB）、北京（BJ）、青海（QH）、新疆（XJ）、四川（SC）、云南（YN）；印度、韩国、丹麦、德国、挪威、波兰、西班牙、瑞典、瑞士、英国、摩洛哥、加拿大、美国、澳大利亚。
Zhuang & Korf 1989；Zhuang 2005a；庄文颖 2014。

拟半球长毛盘菌

Trichophaea hemisphaerioides (Mouton) Graddon, Trans. Br. Mycol. Soc. 43: 689. 1960. **Type:** UK.
Lachnea hemisphaerioides Mouton, Bull. Soc. R. Bot. Belg. 36: 21. 1897.
Humaria hemisphaerioides (Mouton) Eckblad, Nytt Mag. Bot. 15: 58. 1968.
黑龙江（HL）、吉林（JL）；德国、芬兰、挪威、西班牙、瑞典、英国。
卯晓岚 2000；庄文颖 2014。

淡褐长毛盘菌

Trichophaea pallidibrunnea W.Y. Zhuang & Korf, Mycotaxon 35: 300. 1989. **Type:** China (Beijing). R.P. Korf & W.Y. Zhuang 184, HMAS 57689.
北京（BJ）。
Zhuang & Korf 1989；庄文颖 2014。

束长毛盘菌

Trichophaea woolhopeia (Cooke & W. Phillips) Boud., Bull. Soc. Mycol. Fr. 1: 105. 1885. **Type:** UK.
Sarcoscypha woolhopeia (Cooke & W. Phillips) Cooke, Mycogr. Vol. 1 Discom. p 239, fig. 404. 1875.
Peziza woolhopeia Cooke & W. Phillips, Grevillea 6: 75. 1877.
Ciliaria woolhopeia (Cooke & W. Phillips) Quél., Bull. Soc. Amis Sci. Nat. Rouen, Sér. 2 15: 179. 1880.
Humaria woolhopeia (Cooke & W. Phillips) Eckblad, Nytt Mag. Bot. 15 (1-2): 59. 1968.
河北（HEB）、北京（BJ）、宁夏（NX）、甘肃（GS）、青海（QH）、湖北（HB）、四川（SC）；奥地利、芬兰、意大利、挪威、西班牙、瑞典、瑞士、英国、加拿大、美国。
戴芳澜 1979；Korf & Zhuang 1985；庄文颖 2014。

拟长毛盘菌属

Trichophaeopsis Korf & Erb, Phytologia 24: 18. 1972.

拟长毛盘菌

Trichophaeopsis bicuspis (Boud.) Korf & Erb, Phytologia 24: 18. 1972. **Type:** France.
Ciliaria bicuspis Boud., Bull. Soc. Mycol. Fr. 12: 11. 1896.
Lachnea bicuspis (Boud.) Sacc. & P. Syd., Syll. Fung. 11: 36. 1895.
Trichophaea bicuspis (Boud.) Boud., Hist. Class. Discom. Eur. p 60. 1907.
北京（BJ）；丹麦、芬兰、法国、德国、荷兰、挪威、波兰、西班牙、英国、美国。
Zhuang & Wang 1997a；庄文颖 2014。

文颖盘菌属

Wenyingia Zheng Wang & Pfister, Mycotaxon 79: 397. 2001.

文颖盘菌

Wenyingia sichuanensis Zheng Wang & Pfister, Mycotaxon 79: 397. 2001. **Type:** China (Sichuan). Z. Wang 2088, HMAS 75909.
四川（SC）。
Wang & Pfister 2001；庄文颖 2014。

根盘菌科 Rhizinaceae Bonord.

根盘菌属

Rhizina Fr., Observ. Mycol. 1: 161. 1815.

凸面根盘菌

Rhizina inflata (Schaeff.) Quél., Enchir. Fung. p 272. 1886. **Type:** Germany.
Helvella inflata Schaeff., Fung. Bavar. Palat. Nasc. 4: tab. 153. 1774.
Rhizina inflata (Schaeff.) Quél., Enchir. Fung. p 272. 1886.
云南（YN）；俄罗斯（西伯利亚）、比利时、德国、瑞典、英国、美国。
戴芳澜 1979。

波状根盘菌

Rhizina undulata Fr., Observ. Mycol. Havniae 1: 161. 1815. **Type:** ? Sweden.
西藏（XZ）、台湾（TW）；日本、芬兰、挪威、波兰、斯洛文尼亚、西班牙、瑞典、英国、加拿大、墨西哥、美国。
王云章和臧穆 1983；曹晋忠 1988；吴声华等 1996。

肉杯菌科 Sarcoscyphaceae Le Gal ex Eckblad

耳盘菌属

Aurophora Rifai, Verh. K. Ned. Akad. Wet., Tweede Sect. 57: 52. 1968.

耳盘菌

Aurophora dochmia (Berk. & M.A. Curtis) Rifai, Verh. K. Ned. Akad. Wet., Tweede Sect. 57: 52. 1968. **Type:** Cuba.
Peziza dochmia Berk. & M.A. Curtis, in Berkeley, J. Linn. Soc., Bot. 10: 364. 1868.
Otidea dochmia (Berk. & M.A. Curtis) Sacc., Syll. Fung. 8: 95. 1889.

Phillipsia dochmia (Berk. & M.A. Curtis) Seaver, North American Cup-Fungi (Operculates) p 184. 1928.
云南（YN）；马达加斯加、哥斯达黎加、古巴、澳大利亚。
Zhuang & Wang 1998b；庄文颖 2004。

毛杯菌属

Cookeina Kuntze, Revis. Gen. Pl. 2: 849. 1891.

皱缘毛杯菌

Cookeina colensoi (Berk.) Seaver, Mycologia 5: 191. 1913. **Type:** New Zealand.
Peziza colensoi Berk., in Hooker, Bot. Antarct. Voy. Erebus Terror 1839-1843, II, Fl. Nov.-Zeal. p 200. 1855.
Sarcoscypha colensoi (Berk.) Sacc., Syll. Fung. 8: 157. 1889.
Boedijnopeziza colensoi (Berk.) Korf & Erb, Phytologia 21: 202. 1971.
贵州（GZ）、云南（YN）；马达加斯加、巴西、委内瑞拉、澳大利亚、新西兰。
邓叔群 1963；戴芳澜 1979；Wang 1997；庄文颖 2004。

印度毛杯菌

Cookeina indica Pfister & R. Kaushal, Mycotaxon 20: 117. 1984. **Type:** India.
贵州（GZ）、云南（YN）；印度。
Wang 1997；Zhuang & Wang 1998b；庄文颖 2004。

大孢毛杯菌

Cookeina insititia (Berk. & M.A. Curtis) Kuntze, Revis. Gen. Pl. 2: 849. 1891. **Type:** Japan.
Peziza insititia Berk. & M.A. Curtis, Proc. Amer. Acad. Arts & Sci. 4: 127. 1860.
Trichoscypha insititia (Berk. & M.A. Curtis) Sacc., Syll. fung. (Abellini) 8: 161. 1889.
Pilocratera insititia (Berk. & M.A. Curtis) Sacc. & Traverso, Syll. Fung. 20: 412. 1911.
Boedijnopeziza insititia (Berk. & M.A. Curtis) S. Ito & S. Imai, Trans. Sapporo Nat. Hist. Soc. 15: 58. 1937.
Microstoma insititium (Berk. & M.A. Curtis) Boedijn, Sydowia 5: 212. 1951.
湖南（HN）、贵州（GZ）、云南（YN）、西藏（XZ）、台湾（TW）、广东（GD）、广西（GX）、海南（HI）；印度、印度尼西亚、日本、菲律宾。
Teng 1935，1939；邓叔群 1963；Liou & Chen 1977a；戴芳澜 1979；Wang 1997，2001a；Zhuang & Wang 1998a，1998b；庄文颖 2004。

中国毛杯菌

Cookeina sinensis Zheng Wang, Mycotaxon 62: 293. 1997. **Type:** China (Yunnan). Y. Li 372, HMAS 70088.
云南（YN）、台湾（TW）。
Wang 1997，2001a；Zhuang & Wang 1998b；庄文颖 2004。

艳毛杯菌

Cookeina speciosa (Fr.) Dennis, Mycotaxon 51: 239. 1994. **Type:** ? Dominican.
Peziza speciosa Fr., Syst. Mycol. 2: 84. 1822.
Peziza sulcipes Berk., London J. Bot. 1: 141. 1842.
Trichoscypha sulcipes (Berk.) Cooke, Syll. Fung. 8: 161. 1889.
Cookeina sulcipes (Berk.) Kuntze, Revis. Gen. Pl. 2: 849. 1891.
Pilocratera sulcipes (Berk.) Sacc. & Traverso, Syll. Fung. 20: 413. 1911.
贵州（GZ）、云南（YN）、广东（GD）、广西（GX）、海南（HI）；印度尼西亚、喀麦隆、哥斯达黎加、多米尼加、危地马拉、墨西哥、巴拿马、玻利维亚、哥伦比亚、苏里南、澳大利亚。
Teng 1935，1939；邓叔群 1963；戴芳澜 1979；Wang 1997；Zhuang & Wang 1998b；庄文颖 2004。

毛杯菌

Cookeina tricholoma (Mont.) Kuntze, Revis. Gen. Pl. 2: 849. 1891. **Type:** Brazil.
Peziza tricholoma Mont., Annls Sci. Nat., Bot., Sér. 2 2: 77. 1834.
Trichoscypha tricholoma (Mont.) Cooke, Syll. Fung. 8: 160. 1889.
Pilocratera tricholoma (Mont.) Henn., Monsunia 1: tab. 1. 1900.
云南（YN）、台湾（TW）、广西（GX）、海南（HI）；印度尼西亚、日本、马达加斯加、哥斯达黎加、古巴、洪都拉斯、牙买加、墨西哥、巴拿马、波多黎各（美）、阿根廷、玻利维亚、巴西、哥伦比亚、圭亚那、秘鲁、澳大利亚。
邓叔群 1963；戴芳澜 1979；Wang 1997；Zhuang & Wang 1998b；庄文颖 2004。

艳丽盘菌属

Kompsoscypha Pfister, Mem. N.Y. Bot. Gdn 49: 340. 1989.

沃氏艳丽盘菌

Kompsoscypha waterstonii (Seaver) Pfister, Mem. N.Y. Bot. Gdn 49: 343. 1989. **Type:** Bermuda (UK).
Humarina waterstonii Seaver, Mycologia 31: 533. 1939.
Nanoscypha waterstonii (Seaver) Pfister, J. Agric. Univ. P. Rico 58: 361. 1974.
Octospora waterstonii (Seaver) K.B. Khare & V.P. Tewari, Can. J. Bot. 56: 2118. 1978.
北京（BJ）、四川（SC）、云南（YN）；百慕大群岛（英）。
Zhuang & Wang 1997a；庄文颖 2004。

小口盘菌属

Microstoma Bernstein, Nova Acta Acad. Caes. Leop.-Carol. Nat. Cur. Dresden 23: 649. 1852.

聚生小口盘菌

Microstoma aggregatum Y. Otani, Rep. Tottori Mycol. Inst.

28: 251. 1990. **Type:** Japan.
黑龙江（HL）、吉林（JL）；日本。
Zhuang & Wang 1997a；庄文颖 2004。

尖孢小口盘菌

Microstoma apiculosporum Yei Z. Wang, Mycotaxon 89: 119. 2004. **Type:** China (Taiwan). W.N. Chou WAN 1002, TNM F15224.
台湾（TW）。
Wang 2004。

白毛小口盘菌原变种

Microstoma floccosum (Schwein.) Raitv., Eesti NSV Tead. Akad. Toim., Biol. Seer 14: 529. 1965. var. **floccosum**. **Type:** USA.
Peziza floccosa Schwein., Trans. Am. Phil. Soc., Ser. 2 4: 172. 1832.
Sarcoscypha floccosa (Schwein.) Sacc., Syll. Fung. 8: 156. 1889.
Geopyxis floccosa (Schwein.) Morgan, J. Mycol. 8: 188. 1902.
Plectania floccosa (Schwein.) Seaver, North American Cup-Fungi (Operculates) p 192. 1928.
Anthopeziza floccosa (Schwein.) Kanouse, Mycologia 40: 491. 1948.
黑龙江（HL）、北京（BJ）、陕西（SN）、贵州（GZ）、云南（YN）、西藏（XZ）、台湾（TW）、广东（GD）、海南（HI）；日本、美国、苏联。
Teng 1934，1939；邓叔群 1963；戴芳澜 1979；Zhuang & Korf 1989；Zhuang & Wang 1998a，1998b；王也珍等 1999；Wang 2001a；庄文颖 2004。

白毛小口盘菌大孢变种

Microstoma floccosum var. **macrosporum** Y. Otani, Trans. Mycol. Soc. Japan 21: 158. 1980. **Type:** Japan.
Microstoma macrosporum (Y. Otani) Y. Harada & S. Kudo, Mycoscience 41: 275. 2000.
黑龙江（HL）；日本。
Zhuang & Wang 1997a；庄文颖 2004。

小口盘菌

Microstoma protractum (Fr.) Kanouse, Mycologia 40: 486. 1948. **Type:** ? Sweden.
Peziza protracta Fr., Nova Acta R. Soc. Scient. Upsal., Ser. 3 1: 230. 1851.
Sarcoscypha protracta (Fr.) Sacc., Syll. Fung. 8: 155. 1889.
Plectania protracta (Fr.) S. Imai, Bot. Mag. 52: 362. 1938.
Anthopeziza protracta (Fr.) Nannf., Svensk Bot. Tidskr. 43: 477. 1949.
台湾（TW）；日本、奥地利、捷克、芬兰、德国、匈牙利、荷兰、挪威、俄罗斯、瑞典、英国、美国。
吴声华等 1996。

小杯菌属

Nanoscypha Denison, Mycologia 64: 617. 1972.

大孢小杯菌

Nanoscypha macrospora Denison, Mycologia 64: 621. 1972. **Type:** Costa Rica.
四川（SC）；哥斯达黎加。
Zhuang & Wang 1997a。

美丽小杯菌

Nanoscypha pulchra Denison, Mycologia 64: 620. 1972. **Type:** Costa Rica.
四川（SC）、云南（YN）；哥斯达黎加。
Korf & Zhuang 1985；Zhuang 1991；Zhuang & Wang 1998b；庄文颖 2004。

歪盘菌属

Phillipsia Berk., J. Linn. Soc., Bot. 18: 388. 1881.

肉色歪盘菌

Phillipsia carnicolor Le Gal, Discom. de Madagascar p 418. 1953. **Type:** Madagascar.
云南（YN）、海南（HI）；泰国、马达加斯加。
Zhuang & Wang 1997a，1998b，1998d；Zhuang 2003d；庄文颖 2004。

中华歪盘菌

Phillipsia chinensis W.Y. Zhuang, Mycotaxon 86: 292. 2003. **Type:** China (Sichuan). Z.L. Yang 2781, HMAS 76094.
江西（JX）、湖南（HN）、湖北（HB）、四川（SC）、贵州（GZ）、西藏（XZ）、广西（GX）。
Zhuang 2003d；庄文颖 2004。

哥地歪盘菌

Phillipsia costaricensis Denison, Mycologia 61: 300. 1969. **Type:** Costa Rica.
云南（YN）、台湾（TW）；哥斯达黎加。
吴声华等 1996；王征 1997；Zhuang & Wang 1998b；Zhuang 2003d；庄文颖 2004。

拟波缘歪盘菌

Phillipsia crenulopsis W.Y. Zhuang, Mycotaxon 86: 293. 2003. **Type:** China (Yunnan). Z.L. Yang 1243, HKAS 22752.
云南（YN）。
Zhuang 2003d；庄文颖 2004。

多地歪盘菌

Phillipsia domingensis (Berk.) Berk., J. Linn. Soc., Bot. 18: 388. 1881. **Type:** Dominica.
Peziza domingensis Berk., Ann. Mag. Nat. Hist., Ser. 2 9: 201. 1852.

Molliardiomyces domingensis Paden, Can. J. Bot. 62: 214. 1984.

贵州（GZ）、云南（YN）、台湾（TW）、广东（GD）、广西（GX）、海南（HI）；日本、菲律宾、泰国、马达加斯加、南非、哥斯达黎加、多米尼加、瓜德罗普岛（法）、牙买加、墨西哥、波多黎各（美）、特立尼达和多巴哥、美国、阿根廷、巴西、厄瓜多尔、巴布亚新几内亚。

Teng 1934，1939；邓叔群 1963；戴芳澜 1979；Zhuang & Wang 1998a，1998b；Wang 2001a；Zhuang 2003d；庄文颖 2004。

巨歪盘菌

Phillipsia gigantea Seaver, North American Cup-Fungi (Operculates) p 183. 1928. **Type:** Jamaica.

贵州（GZ）；牙买加。

刘波 1991。

哈特曼歪盘菌

Phillipsia hartmannii (W. Phillips) Rifai, Verh. K. Ned. Akad. Wet., Tweede Sect. 57: 50. 1968. **Type:** Australia.

Peziza hartmannii W. Phillips, Grevillea 16: 5. 1887.

Humaria hartmannii (W. Phillips) Sacc., Syll. Fung. 8: 125. 1889.

云南（YN）、海南（HI）；澳大利亚。

Zhuang & Wang 1998b；Zhuang 2003d；庄文颖 2004。

橙色歪盘菌

Phillipsia inaequalis (Berk. & M.A. Curtis) Le Gal, Prodr. Fl. Mycol. Madagascar. et Dép. 4: 262-263. 1953. **Type:** Cuba.

Peziza inaequalis Berk. & M.A. Curtis, in Berkeley, J. Linn. Soc., Bot. 10 (46): 365. 1869 [1868].

广西（GX）；古巴。

邓叔群 1963；戴芳澜 1979。

近紫歪盘菌

Phillipsia subpurpurea Berk. & Broome, Trans. Linn. Soc. London, Bot., Ser. 2 2: 69. 1883. **Type:** New Zealand.

贵州（GZ）、西藏（XZ）、广西（GX）；古巴、新西兰。

邓叔群 1963；戴芳澜 1979。

脐状歪盘菌

Phillipsia umbilicata (Penz. & Sacc.) Boedijn, Bull. Jard. Bot. Buitenz, 3 Sér. 16: 365. 1940. **Type:** Indonesia.

Humaria umbilicata Penz. & Sacc., Malpighia 15: 202. 1902.

云南（YN）；印度尼西亚。

Zhuang & Wang 1998b。

小艳盘菌属

Pithya Fuckel, Jb. Nassau. Ver. Naturk. 23-24: 317. 1870.

柏小艳盘菌

Pithya cupressina (Batsch) Fuckel, Jb. Nassau. Ver. Naturk. 23-24: 317. 1870. **Type:** Germany.

Peziza cupressi Batsch, Elench. Fung., Cont. Prim. p 119. 1783.

Dasyscyphus cupressina (Batsch) W. Phillips, Grevillea 13: 73. 1885.

Humaria cupressina (Batsch) Quél., Enchir. Fung. p 289. 1886.

Lachnella cupressina (Batsch) W. Phillips, British Discomycetes p 240. 1887.

Molliardiomyces cupressinus Paden, Can. J. Bot. 62: 215. 1984.

Pithya cupressina f. *albida* L.G. Krieglst., in Krieglsteiner, Z. Mykol. 51: 118. 1985.

河北（HEB）、北京（BJ）、云南（YN）、台湾（TW）；日本、比利时、芬兰、德国、意大利、瑞典、英国、百慕大群岛（英）、美国。

戴芳澜 1979；庄文颖 2004。

假微艳盘菌属

Pseudopithyella Seaver, North American Cup-Fungi (Operculates) p 153. 1928.

假微艳盘菌

Pseudopithyella minuscula (Boud. & Torrend) Seaver, North American Cup-Fungi (Operculates) p 153. 1928. **Type:** Portugal.

Sarcoscypha minuscula Boud. & Torrend, Bull. Soc. Mycol. Fr. 27: 128. 1911.

Plectania minuscula (Boud. & Torrend) Le Gal, Discom. de Madagascar p 302. 1953.

北京（BJ）；葡萄牙、百慕大群岛（英）。

Korf & Zhuang 1985；庄文颖 2004。

肉杯菌属

Sarcoscypha (Fr.) Boud., Bull. Soc. Mycol. Fr. 1: 103. 1885.

脑纹孢肉杯菌

Sarcoscypha cerebriformis W.Y. Zhuang & Zheng Wang, in Wang & Zhuang, Mycosystema 8-9: 40. 1996 [1995-1996]. **Type:** China (Yunnan). J.Z. Zhou, HMAS 17040.

云南（YN）、西藏（XZ）。

Wang & Zhuang 1996；庄文颖 2004。

肉杯菌

Sarcoscypha coccinea (Gray) Boud., Bull. Soc. Mycol. Fr. 1: 103. 1885. **Type:** ? Austria.

Helvella coccinea Schaeff., Fung. Bavar. Palat. Nasc. 4: 100, tab. 148. 1774.

Macroscyphus coccineus Gray, Nat. Arr. Brit. Pl. 1: 672. 1821.

Lachnea coccinea (Gray) Gillet, Champignons de France, Discom. 3: 66. 1880.

Helvella coccinea Scop., Fl. Carniol., Edn 2 2: 479. 1772.

Peziza coccinea (Scop.) Pers., Observ. Mycol. 2: 75. 1800.

Geopyxis coccinea (Scop.) Massee, Brit. Fung.-Fl. 4: 377.

1895.
Sarcoscypha coccinea (Scop.) Sacc. ex E.J. Durand, Bull. Torrey Bot. Club 27: 477. 1900. [nom. illegit.]
Plectania coccinea (Scop.) Fuckel ex Seaver, North American Cup-Fungi (Operculates) p 191. 1928.
Peziza coccinea Jacq., Fl. Austriac. 2: 40, tab. 163. 1774.
Geopyxis coccinea (Jacq.) Fr., Brit. Fung.-Fl. 4: 377. 1895.
Scypharia coccinea (Jacq.) Quél., Enchir. Fung. p 282. 1886.
Plectania coccinea (Jacq.) Fuckel, Jb. Nassau. Ver. Naturk. 23-24: 324. 1870.
Sarcoscypha coccinea (Jacq.) Sacc., Syll. Fung. 8: 154. 1889.
Sarcoscypha coccinea (Jacq.) Lambotte, Flore Mycologique Belge, Premier Supplement 1: 302. 1887. [nom. illegit.]
Peziza coccinea Bolton, Hist. fung. Halifax 3: 104. 1790.
贵州（GZ）、云南（YN）、西藏（XZ）、台湾（TW）、广东（GD）、广西（GX）；日本、韩国、奥地利、比利时、丹麦、爱沙尼亚、芬兰、法国、德国、匈牙利、意大利、挪威、罗马尼亚、俄罗斯、斯洛文尼亚、西班牙、瑞典、瑞士、英国、马达加斯加、南非、加拿大、墨西哥、美国、阿根廷、澳大利亚、新西兰。
邓叔群 1963；戴芳澜 1979；Wang & Zhuang 1996；吴声华等 1996；庄文颖 2004。

梭孢肉杯菌

Sarcoscypha fusispora Sawada, Special Publication College of Agriculture, Taiwan University 8: 49. 1959. **Type:** China (Taiwan).
台湾（TW）。
王也珍等 1999。

汉氏肉杯菌

Sarcoscypha humberiana F.A. Harr., Harvard Pap. Bot. 10: 56. 1997. **Type:** China (Taiwan). C.P. Hsiao WAN 010, TNM F2108.
台湾（TW）。
Wang 2001a；庄文颖 2004。

爪哇肉杯菌

Sarcoscypha javensis Hohn., Sber. Akad. Wiss. Wien, Math.-Naturw. Kl., Abt. 1 118: 305. 1909. **Type:** Indonesia.
吉林（JL）；印度尼西亚。
Harrington & Potter 1997。

尼氏肉杯菌

Sarcoscypha knixoniana F.A. Harr., Harvard Pap. Bot. 10: 58. 1997. **Type:** Japan.
台湾（TW）；日本。
Zhuang 2003a。

柯夫肉杯菌

Sarcoscypha korfiana F.A. Harr., Harvard Pap. Bot. 10: 60. 1997. **Type:** China (Jilin). W.Y. Zhuang & Z.M. Sun 790, HMAS 61202.
Sarcoscypha occidentalis f. *citrina* W.Y. Zhuang, Mycosystema 5: 65. 1992.
吉林（JL）、湖北（HB）。
Zhuang 1993；庄文颖 2004。

平盘肉杯菌

Sarcoscypha mesocyatha F.A. Harr., Harvard Pap. Bot. 10: 62. 1997. **Type:** USA.
四川（SC）、贵州（GZ）、云南（YN）；美国。
Zhuang 2000c；庄文颖 2004。

小红肉杯菌

Sarcoscypha occidentalis (Schwein.) Sacc., Syll. Fung. 8: 154. 1889. **Type:** USA.
Peziza occidentalis Schwein., Trans. Am. Phil. Soc., Ser. 2 4: 171. 1832.
Geopyxis occidentalis (Schwein.) Morgan, J. Mycol. 8: 188. 1902.
Plectania occidentalis (Schwein.) Seaver, North American Cup-Fungi (Operculates) p 193. 1928.
Molliardiomyces occidentalis Paden, Can. J. Bot. 62: 213. 1984.
吉林（JL）、陕西（SN）、甘肃（GS）、江西（JX）、云南（YN）、台湾（TW）、广东（GD）、海南（HI）；日本、加拿大、哥斯达黎加、美国。
邓叔群 1963；Liou & Chen 1977a；戴芳澜 1979；Zhuang 1993；Wang & Zhuang 1996；Zhuang & Wang 1998a；庄文颖 2004。

神农架肉杯菌

Sarcoscypha shennongjiana W.Y. Zhuang, Mycotaxon 76: 3. 2000. **Type:** China (Hubei). J.X. Tian 188, HMAS 53675.
湖南（HN）、湖北（HB）、贵州（GZ）、广西（GX）。
Zhuang 2000c；庄文颖 2004。

谢里夫肉杯菌

Sarcoscypha sherriffii Balf.-Browne, Bull. Brit. Mus. Nat. Hist. Bat. 1: 212. 1955. **Type:** China (Tibet). (模式标本保存在大英博物馆).
西藏（XZ）。
王云章和臧穆 1983；庄文颖 2004。

条孢肉杯菌

Sarcoscypha striatispora W.Y. Zhuang, Mycotaxon 40: 45. 1991. **Type:** China (Guizhou). Y. Li, J.Z. Ying & Y.C. Zong 659, HMAS 58766.
Nanoscypha striatispora (W.Y. Zhuang) F.A. Harr., Mycologia 90: 239. 1998.
贵州（GZ）。
Zhuang 1991，1993；Wang & Zhuang 1996；庄文颖 2004。

白色肉杯菌

Sarcoscypha vassiljevae Raitv., Izv. Akad. Nauk Estonsk. S. S. R. 13: 29. 1964. **Type:** U. S. S. R.

黑龙江（HL）、吉林（JL）、北京（BJ）；日本、苏联。

Zhuang 1993；庄文颖 2004。

丛耳属

Wynnea Berk. & M.A. Curtis, J. Linn. Soc., Bot. 9: 424. 1867 [1866].

丛耳

Wynnea gigantea Berk. & M.A. Curtis, J. Linn. Soc., Bot. 9: 424. 1867 [1866]. **Type:** Mexico.

Midotis gigantea (Berk. & M.A. Curtis) Sacc., Syll. Fung. 8: 547. 1889.

Wynnea gigantea var. *nana* Pat., Bull. Soc. Mycol. Fr. 11: 198. 1895.

Wynnea sinensis B. Liu, M.H. Liu & J.Z. Cao, in Liu, Cao & Liu, Mycotaxon 30: 467. 1987.

山西（SX）、陕西（SN）、安徽（AH）、浙江（ZJ）、江西（JX）、湖北（HB）、四川（SC）、贵州（GZ）、云南（YN）、西藏（XZ）、台湾（TW）；日本、墨西哥、巴西、秘鲁。

Teng 1934，1939；邓叔群 1963；戴芳澜 1979；Liu et al. 1987；上海农业科学院食用菌研究所 1991；吴声华等 1996；Zhuang & Wang 1998b；Zhuang 2003e；庄文颖 2004。

大孢丛耳

Wynnea macrospora B. Liu M.H. Liu & J.Z. Cao, in Liu, Cao & Liu, Mycotaxon 30: 465. 1987. **Type:** China (Guizhou). M.H. Liu, MHSU 570, HMAS 71898.

吉林（JL）、辽宁（LN）、陕西（SN）、四川（SC）、贵州（GZ）、？江西（JX）；日本。

Liu et al. 1987；Zhuang 2003e；庄文颖 2004。

绒被丛耳

Wynnea macrotis (Berk.) Berk., J. Linn. Soc., Bot. 23: 424. 1886. **Type:** India.

Peziza macrotis Berk., Hooker's J. Bot. Kew Gard. Misc. 3: 203. 1851.

Midotis macrotis (Berk.) Sacc., Syll. Fung. 8: 547. 1889.

Wynnea intermedia Waraitch, Trans. Br. Mycol. Soc. 67: 536. 1976.

四川（SC）；印度、墨西哥。

Zhuang 2003e；庄文颖 2004。

肉盘菌科 Sarcosomataceae Kobayasi

唐氏杯菌属

Donadinia Bellem. & Mel.-Howell, Cryptog. Mycol. 11: 218. 1990.

唐氏杯菌（参照）

Donadinia cf. **helvelloides** (Donadini, Berthet & Astier) Bellem. & Mel.-Howell, in Bellemère, Malherbe, Chacun & Meléndez-Howell, Cryptog. Mycol. 11: 218. 1990.

Urnula helvelloides Donadini, Berthet & Astier, Bull. Mens. Soc. linn. Lyon 42: 20. 1973.

Plectania helvelloides (Donadini, Berthet & Astier) Donadini, Mycol. Helv. 2: 228. 1987.

Neournula helvelloides (Donadini, Berthet & Astier) W.Y. Zhuang, in Zhuang & Wang, Mycotaxon 67: 357. 1998.

西藏（XZ）。

Zhuang & Wang 1998d；徐阿生 2000a；庄文颖 2004。

盖尔盘菌属

Galiella Nannf. & Korf, in Korf, Mycologia 49: 107. 1957.

黑龙江盖尔盘菌

Galiella amurensis (Lar.N. Vassiljeva) Raitv., Eesti NSV Tead. Akad. Toim., Biol. Seer 14: 531. 1965. **Type:** U. S. S. R.

Sarcosoma amurense Lj.N. Vassiljeva, Notul. Syst. Sect. Cryptog. Inst. Bot. Acad. Sci. U. S. S. R. 6: 188. 1950.

黑龙江（HL）、吉林（JL）、甘肃（GS）、西藏（XZ）；苏联。

邓叔群 1963；戴芳澜 1979；Cao et al. 1992；Zhuang & Wang 1998d；庄文颖 2004。

小孢盖尔盘菌

Galiella celebica (Henn.) Nannf., Mycologia 49: 108. 1957. **Type:** Indonesia.

Bulgaria celebica Henn., in Warburg, Monsunia 1: 30. 1899.

Sarcosoma celebicum (Henn.) Sacc. & P. Syd., Syll. Fung. 16: 771. 1902.

Sarcosoma globosum var. *celebicum* (Henn.) Kobayasi, J. Jap. Bot. 13: 518. 1937.

Galiella sinensis J.Z. Cao, Mycologia 84: 262. 1992.

云南（YN）、福建（FJ）；印度、印度尼西亚、日本、韩国、马达加斯加；欧洲。

Cao et al. 1992；Zhuang & Wang 1998d；庄文颖 2004。

爪哇盖尔盘菌

Galiella javanica (Rehm) Nannf. & Korf, Mycologia 49: 108. 1957. **Type:** Indonesia.

Sarcosoma javanicum Rehm, Hedwigia 32: 226. 1893.

Trichaleurina javanica (Rehm) M. Carbone, Agnello & P. Alvarado, Ascomycete. Org p 6. 2013.

陕西（SN）、甘肃（GS）、安徽（AH）、贵州（GZ）、云南（YN）、台湾（TW）、广东（GD）、广西（GX）、海南（HI）；印度尼西亚、马达加斯加；欧洲。

邓叔群 1963；戴芳澜 1979；Korf & Zhuang 1985；吴声华等 1996；Zhuang & Wang 1998a，1998d；庄文颖

2004。

苏维盖尔盘菌

Galiella thwaitesii (Berk. & Broome) Nannf., Mycologia 49: 108. 1957. **Type:** Sri Lanka.
Rhizina thwaitesii Berk. & Broome, J. Linn. Soc., Bot. 14: 102. 1873.
Sarcosoma thwaitesii (Berk. & Broome) Petch, Ann. R. Bot. Gdns Peradeniya 4: 420. 1910.
Bulgaria thwaitesii (Berk. & Broome) Seaver & Waterston, Mycologia 38: 182. 1946.
福建（FJ）；斯里兰卡。
邓叔群 1963；戴芳澜 1979。

暗盘菌属

Plectania Fuckel, Jb. Nassau. Ver. Naturk. 23-24: 323. 1870.

弯孢暗盘菌

Plectania campylospora (Berk.) Nannf., in Korf, Mycologia 49: 110. 1957. **Type:** New Zealand.
Peziza campylospora Berk., in Hooker, Bot. Antarct. Voy. Erebus Terror 1839-1843, II, Fl. Nov.-Zeal. p 200. 1855.
Macropodia campylospora (Berk.) Sacc., Syll. Fung. 8: 159. 1889.
Urnula campylospora (Berk.) Cooke, Handb. Austral. Fungi p 268. 1892.
Sarcosoma campylospora (Berk.) Rick, Annls Mycol. 4: 310. 1906.
云南（YN）、台湾（TW）、广东（GD）、广西（GX）、海南（HI）；不丹、斯里兰卡、牙买加、巴西、澳大利亚、新西兰。
Teng 1935，1939；邓叔群 1963；戴芳澜 1979；吴声华等 1996；Zhuang & Wang 1998a，1998d；庄文颖 2004。

暗盘菌

Plectania melastoma (Sowerby) Fuckel, Jb. Nassau. Ver. Naturk. 23-24: 323. 1870. **Type:** UK.
Peziza melastoma Sowerby, Col. Fig. Engl. Fung. Mushr. 2: pl. 149. 1798.
Calycina melastoma (Sowerby) Gray, Nat. Arr. Brit. Pl. 1: 670. 1821.
Sarcoscypha melastoma (Sowerby) Cooke, Mycogr. Vol. 1. Discom. p 59, fig. 103. 1879.
Scypharia melastoma (Sowerby) Quél., Enchir. Fung. p 283. 1886.
Sarcoscypha melastoma (Sowerby) Cooke, Handb. Austral. Fungi p 259. 1892.
Urnula melastoma (Sowerby) Boud., Hist. Class. Discom. Eur. p 55. 1907.
Bulgaria melastoma (Sowerby) Seaver, North American Cup-Fungi (Operculates) p 197. 1928.
云南（YN）、西藏（XZ）、广东（GD）、海南（HI）；比利时、法国、德国、意大利、挪威、俄罗斯、西班牙、瑞典、英国、加拿大、哥斯达黎加、美国、澳大利亚、新西兰。
Teng 1934，1939；邓叔群 1963；戴芳澜 1979；Zhuang & Wang 1998a，1998d；徐阿生 2000a；庄文颖 2004。

南费暗盘菌

Plectania nannfeldtii Korf, Mycologia 49: 109. 1957. **Type:** USA.
Paxina nigrella Seaver, North American Cup-Fungi (Operculates) p 208. 1928.
Macropodia nigrella (Seaver) Teng, Fungi of China p 762. 1963.
Helvella nigrella (Seaver) F.L. Tai, Syll. Fung. Sinicorum p 157. 1979.
Macroscyphus nigrellus (Seaver) Z.S. Bi, in Bi, Zheng & Li, Macrofungus Flora of the Mountainous District of North Guangdong p 26. 1990.
四川（SC）、西藏（XZ）；加拿大、美国；欧洲。
徐阿生 2000a；庄文颖 2004。

普拉塔暗盘菌

Plectania platensis (Speg.) Rifai, Verh. K. Ned. Akad. Wet., Tweede Sect. 57: 29. 1968. **Type:** Argentina.
Urnula platensis Speg., Anal. Mus. Nac. Hist. Nat. B. Aires 6: 310. 1898 [1899].
Plectania rhytidia f. *platensis* (Speg.) Donadini, Boll. Gruppo Micol. 'G. Bresadola' 28 (1-2): 24. 1985.
湖北（HB）；日本、法国、葡萄牙、摩洛哥、南非、阿根廷、澳大利亚。
庄文颖 1989，2004；Zhuang & Wang 1998d。

皱暗盘菌

Plectania rhytidia (Berk.) Nannf. & Korf, Mycologia 49: 110. 1957. **Type:** New Zealand.
Peziza rhytidia Berk., in Hooker, Bot. Antarct. Voy. Erebus Terror 1839-1843, II, Fl. Nov.-Zeal. p 200. 1855.
Urnula rhytidia (Berk.) Cooke, Syll. Fung. 8: 548. 1889.
Sarcosoma rhytidium (Berk.) Le Gal, Les Discomycetes de Madagascar p 224. 1953.
西藏（XZ）；马来西亚、马达加斯加、新西兰。
徐阿生 2000a；庄文颖 2004。

云南暗盘菌

Plectania yunnanensis W.Y. Zhuang, in Zhuang & Wang, Mycotaxon 67: 359. 1998. **Type:** China (Yunnan). Z.L. Yang 1678, HKAS 24423.
云南（YN）。
Zhuang & Wang 1998d；庄文颖 2004。

假黑盘菌属

Pseudoplectania Fuckel, Jb. Nassau. Ver. Naturk. 23-24: 324. 1870.

假黑盘菌

Pseudoplectania nigrella (Pers.) Fuckel, Jb. Nassau. Ver. Naturk. 23-24: 324. 1870. **Type:** ? Sweden.

Peziza nigrella Pers., Syn. Meth. Fung. 2: 648. 1801.

Plectania nigrella (Pers.) P. Karst., Acta Soc. Fauna Flora Fenn. 2 (6): 119. 1885.

Sphaerospora nigrella (Pers.) Massee, Brit. Fung.-Fl. 4: 296. 1895.

Pseudoplectania nigrella var. *episphagnum* J. Favre, Beitr. Kryptfl. Schweiz 10: 212. 1948.

湖北（HB）、四川（SC）、西藏（XZ）；印度、日本、芬兰、挪威、波兰、斯洛文尼亚、西班牙、瑞典、瑞士、英国、马达加斯加、加拿大、牙买加、墨西哥、美国、新西兰、加勒比地区。

邓叔群 1963；戴芳澜 1979；Zhuang & Wang 1998d；徐阿生 2000a；庄文颖 2004。

卷边假黑盘菌

Pseudoplectania vogesiaca Seaver, North American Cup-Fungi (Operculates) p 48. 1928. **Type:** Europe.

四川（SC）、台湾（TW）；日本、韩国、奥地利、法国、德国、英国、加拿大、美国；欧洲其他地区。

戴芳澜 1979；吴声华等 1996。

脚瓶盘菌属

Urnula Fr., Summa Veg. Scand., Section Post. p 364. 1849.

浅脚瓶盘菌

Urnula craterium (Schwein.) Fr., Nova Acta R. Soc. Scient. Upsal., Ser. 3 1: 122. 1851. **Type:** USA.

Peziza craterium Schwein., Schr. Naturf. Ges. Leipzig 1: 117. 1822.

Cenangium craterium (Schwein.) Fr., Syst. Mycol. 2: 21. 1828.

Geopyxis craterium (Schwein.) Rehm, in Winter, Rabenh. Krypt.-Fl., Edn 2 1.3 (lief. 42): 974. 1894.

Sarcoscypha craterium (Schwein.) Bánhegyi, Index Horti Bot. Univ. Bp. 3: 166. 1938.

黑龙江（HL）、甘肃（GS）、云南（YN）；日本、匈牙利、美国。

Teng 1934，1939；邓叔群 1963；戴芳澜 1979；Zhuang & Wang 1998d。

沃尔夫盘菌属

Wolfina Seaver ex Eckblad, Nytt Mag. Bot. 15: 126. 1968.

长孢沃尔夫盘菌

Wolfina oblongispora (J.Z. Cao) W.Y. Zhuang & Zheng Wang, Mycotaxon 67: 361. 1998. **Type:** China (Fujian). S.C. Teng, HMAS 29565.

Galiella oblongispora J.Z. Cao, Mycologia 84: 261. 1992.

云南（YN）、福建（FJ）。

Cao et al. 1992；Zhuang & Wang 1998d，1998c。

块菌科 Tuberaceae Dumort.

猪块菌属

Choiromyces Vittad., Monogr. Tuberac. p 50. 1831.

蜂窝孢猪块菌

Choiromyces alveolatus (Harkn.) Trappe, Mycotaxon 2: 114. 1975. **Type:** USA.

Piersonia alveolata Harkn., Proc. Calif. Acad. Sci., Ser. 3 Bot. 1: 275. 1899.

山西（SX）；美国。

Liu et al. 1990；张斌成 1990。

块菌属

Tuber P. Micheli ex F.H. Wigg., Prim. Fl. Holsat. (Kiliae) p 1-112. 1780.

夏块菌

Tuber aestivum (Wulfen) Spreng., Syst. Veg., Edn 16 4: 416. 1827. **Type:** Italy.

Lycoperdon aestivum Wulfen, in Jacquin, Collnea Bot. 1: 344. 1787.

Tuber aestivum (Wulfen) Spreng., Syst. Veg., Edn 16 4: 416. 1827.

Hymenangium aestivum (Wulfen) Rabenh., Deutschl. Krypt.-Fl. 1: 250. 1844.

四川（SC）；韩国、土耳其、奥地利、法国、德国、匈牙利、爱尔兰、意大利、荷兰、挪威、葡萄牙、俄罗斯、西班牙、瑞典、英国、阿尔及利亚。

Song et al. 2005。

波密块菌［新拟］

Tuber bomiense K.M. Su & W.P. Xiong, in Su, Xiong, Wang, Li, Xie & Baima, Mycotaxon 126: 129. 2014. **Type:** China (Tibet). Su KM YAAS SKM101.

西藏（XZ）。

Su et al. 2013。

勃氏块菌原变种

Tuber borchii Vittad., Monogr. Tuberac. p 44. 1831. var. **borchii**. **Type:** Italy.

辽宁（LN）、湖北（HB）、四川（SC）；日本、丹麦、芬兰、法国、匈牙利、意大利、斯洛文尼亚、西班牙、英国、摩洛哥。

张斌成 1990；任德军 2003。

勃氏块菌球孢变种

Tuber borchii var. **sphaerosperma** Malençon, Persoonia **7**: 271. 1973. **Type:** Mauritania.

Tuber sphaerospermum (Malençon) P. Roux, Guy García & M.C. Roux, in Roux, Mille et Un Champignons p 13. 2006.

云南（YN）；毛里塔尼亚。

Chen et al. 2008。

加州块菌

Tuber californicum Harkn., Proc. Calif. Acad. Sci., Ser. 3 Bot. 1: 274. 1899. **Type:** USA.

辽宁（LN）、河北（HEB）、四川（SC）；美国、新西兰。

张斌成 1990；Zhuang 1997。

喜栎块菌

Tuber dryophilum Tul. & C. Tul., G. Bot. Ital. p 62. 1845. **Type:** France.

辽宁（LN）；法国、爱尔兰、挪威、俄罗斯、斯洛文尼亚、西班牙、英国、摩洛哥、美国、新西兰。

Wang 1988；陈应龙和弓明钦 2000。

凹陷块菌

Tuber excavatum Vittad., Monogr. Tuberac. p 49. 1831. **Type:** Italy.

四川（SC）；丹麦、法国、德国、匈牙利、意大利、西班牙、英国、捷克斯洛伐克。

Chen et al. 2008。

臭块菌

Tuber foetidum Vittad., Monogr. Tuberac. p 41. 1831. **Type:** Italy.

四川（SC）；丹麦、意大利、西班牙、英国、新西兰。

张斌成 1990。

台湾块菌

Tuber formosanum H.T. Hu & Y. Wang, Mycotaxon 123: 296. 2013. **Type:** China (Taiwan). H.D. Hu, KUN-HKAS 62628.

Tuber formosanum H.T. Hu, Quart. J. Exp. Forest Taiwan Univ. 6: 79-86. 1992. [nom. inval., holotype not designated]

台湾（TW）。

Qiao et al. 2013。

粉状块菌

Tuber furfuraceum H.T. Hu & Y. Wang, Mycotaxon 93: 155. 2005. **Type:** China (Taiwan). H.T. Hu 0201.

台湾（TW）。

Hu & Wang 2005。

巨孢块菌

Tuber gigantosporum Y. Wang & Z.P. Li, Acta Mycol. Sin. 10: 263. 1991. **Type:** China (Sichuan). Z.P. Li & Y. Wang 89921.

Paradoxa gigantospora (Y. Wang & Z.P. Li) Y. Wang, in Wang & Hu, Mycotaxon 106: 200. 2008.

四川（SC）、云南（YN）。

王云和李子平 1991；Wang & Hu 2008。

光巨孢块菌

Tuber glabrum L. Fan & S. Feng, in Fan, Feng & Cao, Mycol. Prog. 13: 244. 2014. **Type:** China (Yunnan). J.Z. Cao 711, BJTC FAN228.

云南（YN）。

Fan et al. 2014。

喜马拉雅块菌

Tuber himalayense B.C. Zhang & Minter, Trans. Br. Mycol. Soc. 91: 595. 1988. **Type:** India.

中国；印度。

Zhang & Minter 1988。

会东块菌

Tuber huidongense Y. Wang, in Wang & He, Mycotaxon 83: 191. 2002. **Type:** China (Sichuan). Y. Wang 89923.

四川（SC）、云南（YN）、台湾（TW）。

Wang & He 2002；Deng et al. 2009。

会泽块菌

Tuber huizeanum L. Fan & Yu Li, in Fan Hou & Li, Mycotaxon 122: 166. 2013. **Type:** China (Yunnan). J.Z. Cao 513, BJTC FAN186.

云南（YN）。

Fan et al. 2012d。

印度块菌

Tuber indicum Cooke & Massee, Grevillea 20: 67. 1892. **Type:** India.

Tuber sinense X.L. Mao, Hypogeous Fungi in China p 1. 2000.

北京（BJ）、甘肃（GS）、四川（SC）、云南（YN）；印度、日本、韩国、西班牙。

陶恺等 1989；张斌成 1990；王云 1990。

阔孢块菌

Tuber latisporum Juan Chen & P.G. Liu, Mycologia 99: 476. 2007. **Type:** China (Yunnan). J. Chen 144, HKAS 44315.

云南（YN）。

Chen & Liu 2007。

辽东块菌

Tuber liaotongense Y. Wang, Atti del Secondo Congresso Internazionale sul Tartufo, Spoleto, 24-27 November 1988 p 46. 1990. **Type:** China (Liaoning). Y. Wang 87062.

辽宁（LN）。

Wang 1988。

丽江块菌

Tuber lijiangense L. Fan & J.Z. Cao, in Fan, Cao, Liu & Li, Mycotaxon 116: 350. 2011. **Type:** China (Yunnan). J. Chen 404, HKAS52005.

云南（YN）。

Fan et al. 2011a。

刘氏块菌

Tuber liui A.S. Xu, Mycosystema 18: 361. 1999. **Type:** China

(Tibet). A.S. Xu 96207.
西藏（XZ）。
徐阿生 1999。

李氏块菌

Tuber liyuanum L. Fan & J.Z. Cao, Mycotaxon 121: 301. 2012. **Type:** China (Yunnan). S.P. Li 001, BJTC FAN162.
云南（YN）。
Fan & Cao 2012。

莱氏块菌

Tuber lyonii Butters, Bot. Gaz. 35: 431. 1903. **Type:** USA.
Tuber texense Heimsch, Mycologia 50: 657. 1959 [1958].
河北（HEB）、四川（SC）；加拿大、墨西哥、美国。
张斌成 1990；任德军 2003。

斑点块菌

Tuber maculatum Vittad., Monogr. Tuberac. p 45. 1831. **Type:** Italy.
台湾（TW）；丹麦、法国、德国、意大利、波兰、俄罗斯、西班牙、英国、阿根廷、新西兰。
Trappe & Cázares 2000。

小孢块菌

Tuber microspermum L. Fan & J.Z. Cao, in Fan, Cao, Zheng & Li, Mycotaxon 119: 392. 2012. **Type:** China (Yunnan). J.Z. Cao 112, BJTC FAN149.
云南（YN）。
Fan et al. 2012a。

小球孢块菌

Tuber microsphaerosporum L. Fan & Yu Li, Mycotaxon 120: 471. 2012. **Type:** China (Yunnan). J.Z. Cao 115, BJTC FAN152.
云南（YN）。
Fan et al. 2012b。

密网孢块菌

Tuber microspiculatum L. Fan & Yu Li, in Fan, Cao, Zheng & Li, Mycotaxon 119: 392. 2012. **Type:** China (Yunnan). J.Z. Cao 101, BJTC FAN138.
云南（YN）。
Fan et al. 2012a。

细疣块菌

Tuber microverrucosum L. Fan & C.L. Hou, in Fan Hou & Li, Mycotaxon 122: 165. 2012. **Type:** China (Yunnan). J.Z. Cao 105, BJTC FAN142.
云南（YN）。
Fan et al. 2012d。

网孢凹陷块菌

Tuber neoexcavatum L. Fan & Yu Li, in Fan, Cao & Li, Mycotaxon 124: 159. 2013. **Type:** China (Yunnan). J.Z. Cao 511, BJTC FAN184.
云南（YN）。
Fan et al. 2013c。

光果块菌

Tuber nitidum Vittad, Monogr. Tuberac. p 48. 1831. **Type:** Italy.
Oogaster nitidus (Vittad.) Corda, Icon. Fung. 6: 71. 1854.
Tuber rufum f. *nitidum* (Vittad.) Montecchi & Lazzari, Atlante Fotografico di Funghi Ipogei p 197. 1993.
四川（SC）；奥地利、丹麦、德国、意大利、挪威、俄罗斯、西班牙、瑞士、英国、美国。
张斌成 1990。

少孢块菌

Tuber oligospermum (Tul. & C. Tul.) Trappe, Mycotaxon 9: 336. 1979. **Type:** France.
Terfezia oligosperma Tul. & C. Tul., Fungi Hypog. p 176. 1851.
Delastreopsis oligosperma (Tul. & C. Tul.) Mattir., Bolm Soc. Broteriana, Coimbra, Sér. 1 21: 10. 1905.
Lespiaultinia oligosperma (Tul. & C. Tul.) Gilkey, N. Amer. Fl., Ser. 2 1: 25. 1954.
Tuber asa Tul. & C. Tul., Fungi Hypog. p 149, tab. 5, fig. 2. 1851.
辽宁（LN）、西藏（XZ）；法国、葡萄牙、西班牙、摩洛哥、加拿大。
Wang 1988；徐阿生 1999；陈应龙和弓明钦 2000。

攀枝花块菌

Tuber panzhihuanense X.J. Deng & Y. Wang, in Deng, Liu, Liu & Wang, Mycol. Progr. 12: 558. 2013. **Type:** China (Sichuan). X.J. Deng 267, HKAS72015.
四川（SC）。
Deng et al. 2013。

多孢块菌

Tuber polyspermum L. Fan & C.L. Hou, in Fan, Hou & Cao, Mycotaxon 118: 406. 2011. **Type:** China (Yunnan). J.Z. Cao 2002112001, BJTC FAN131.
云南（YN）。
Fan et al. 2011b。

拟白块菌

Tuber pseudomagnatum L. Fan, in Fan & Cao, Mycotaxon 121: 300. 2012. **Type:** China (Yunnan). S.P. Li 002, BJTC FAN163.
云南（YN）。
Fan & Cao 2012。

假球孢块菌［新拟］

Tuber pseudosphaerosporum L. Fan, in Fan & Yue, Mycotaxon 125: 286. 2013. **Type:** China (Yunnan). Feng S 017, BJTC FAN250.

云南（YN）。

Fan & Yue 2013。

绒毛块菌

Tuber puberulum Berk. & Broome, Ann. Mag. Nat. Hist., Ser. 1 18: 81. 1846. **Type:** UK.

辽宁（LN）、湖北（HB）；奥地利、匈牙利、爱尔兰、俄罗斯、西班牙、瑞典、英国、摩洛哥。

张斌成 1990。

棕红块菌

Tuber rufum Picco, Meleth. Bot. p 80. 1788. **Type:** ? Italy.

Oogaster rufus (Picco) Corda, Icon. Fung. 6: 71. 1854.

河北（HEB）；丹麦、爱沙尼亚、法国、德国、意大利、斯洛文尼亚、西班牙、瑞士、英国、摩洛哥、加拿大、美国、新西兰。

宋曼殳 2005。

中华夏块菌

Tuber sinoaestivum J.P. Zhang & P.G. Liu, in Zhang, Liu & Chen, Mycotaxon 122: 75. 2012. **Type:** China (Sichuan). D.F. Liu, BJTC FAN105.

四川（SC）。

Zhang et al. 2013。

中华白块菌

Tuber sinoalbidum L. Fan & J.Z. Cao, in Fan, Hou & Cao, Mycotaxon 118: 408. 2011. **Type:** China (Sichuan). D.F. Liu, BJTC FAN105.

四川（SC）、云南（YN）。

Fan et al. 2011b。

中华凹陷块菌

Tuber sinoexcavatum L. Fan & Yu Li, in Fan, Cao, Liu & Li, Mycotaxon 116: 352. 2011. **Type:** China (Sichuan). D.F. Liu, BJTC FAN130.

四川（SC）、云南（YN）。

Fan et al. 2011a，2013c。

中华巨孢块菌

Tuber sinomonosporum J.Z. Cao & L. Fan, in Fan, Feng & Cao, Mycol. Prog. 13: 245. 2014. **Type:** China (Yunnan). J.Z. Cao 113, BJTC FAN150.

Paradoxa sinensis L. Fan & J.Z. Cao, Mycotaxon 120: 473. 2012.

云南（YN）。

Fan et al. 2012b，2014。

中华毛被块菌

Tuber sinopuberulum L. Fan & J.Z. Cao, in Fan, Cao & Yu, Mycotaxon 121: 259. 2012. **Type:** China (Yunnan). J.Z. Cao 120, BJTC FAN157.

云南（YN）。

Fan et al. 2012c。

中华球孢块菌

Tuber sinosphaerosporum L. Fan, J.Z. Cao & Y. Li, Mycotaxon 122: 350. 2012. **Type:** China (Yunnan). D.F. Liu, BJTC FAN135.

云南（YN）。

Fan et al. 2013a。

亚球孢块菌

Tuber subglobosum L. Fan & C.L. Hou, in Fan, Cao & Hou, Mycotaxon 123: 98. 2013. **Type:** China (Sichuan). J.Z. Cao 116, BJTC FAN153.

四川（SC）、云南（YN）。

Fan et al. 2013b。

太原块菌

Tuber taiyuanense B. Liu, Acta Mycol. Sin. 4: 84. 1985. **Type:** China (Shanxi). M.C. Chang & W.D. Xu, HBSU 2319.

北京（BJ）、山西（SX）、四川（SC）。

Liu 1985；上海农业科学院食用菌研究所 1991。

德州块菌

Tuber texense Heimsch, Mycologia 50: 657. 1959. **Type:** USA.

河北（HEB）；美国。

张斌成 1990。

拟凹陷块菌

Tuber pseudoexcavatum Y. Wang, G. Moreno, L.J. Riousset, Manjon & G. Riousset, in Wang, Moreno, Riousset, Manjón, Riousset, Fourré, Di Massimo, García-Montero & Díez, Cryptog. Mycol. 19: 115. 1998. **Type:** China (Yunnan). 01140395.

四川（SC）、云南（YN）。

Wang et al. 1998。

假喜马拉雅块菌

Tuber pseudohimalayense G. Moreno, Manjón, J. Díez & García-Mont., in Moreno, Manjón, Díez, García-Montero & Di Massimo, Mycotaxon 63: 218. 1997. **Type:** ? China. AH 18383.

四川（SC）、云南（YN）。

Moreno et al. 1997；Fan et al. 2013c。

脐状块菌

Tuber umbilicatum J. Chen & P.G. Liu, in Chen, Liu & Wang, Mycotaxon 94: 2. 2006 [2005]. **Type:** China (Yunnan). J. Chen 145, HKAS44316.

云南（YN）。

Chen et al. 2005。

囊被块菌

Tuber vesicoperidium L. Fan, Mycotaxon 121: 260. 2012. **Type:** China (Yunnan). J.Z. Cao 118, BJTC FAN155.

云南（YN）。

Fan et al. 2012c。

汶川块菌

Tuber wenchuanense L. Fan & J.Z. Cao, in Fan, Cao & Hou, Mycotaxon 123: 99. 2013. **Type:** China (Sichuan). B.C. Zhang 618, HMAS 60239.

四川（SC）。

Fan et al. 2013b。

西藏块菌

Tuber xizangense A.S. Xu, Mycosystema 18: 362. 1999. **Type:** China (Tibet). A.S. Xu 97193.

西藏（XZ）。

徐阿生 1999。

中甸块菌

Tuber zhongdianense X.Y. He, Hai M. Li & Y. Wang, Mycotaxon 90: 213. 2004. **Type:** China (Yunnan). Y. Wang 0299, IFS.

云南（YN）。

He et al. 2004。

参 考 文 献

毕志树, 郑国扬, 李泰辉, 王又昭. 1990. 粤北山区大型真菌志. 广州: 广东科技出版社: 1-450.
曹恒生, 侯成林, 黄力群, 叶要清. 1996. 南方铁杉上斑痣盘菌科一新种——铁杉小双梭孢盘菌. 真菌学报, 15: 1-3.
曹晋忠. 1988. 中国的马鞍菌兼论及其系统发生. 太原: 山西大学硕士学位论文: 1-142.
曹晋忠, 范黎, 刘波. 1990a. 中国鹿花菌属志略. 真菌学报, 9: 100-108.
曹晋忠, 范黎, 刘波. 1990b. 马鞍菌属新种和新记录Ⅱ. 真菌学报, 9: 184-190.
曹晋忠, 朱玫. 1992. 鹿花菌及其识别问题. 中国食用菌, 11 (3): 30-31.
曹晋忠, 朱玫, 施安融. 1991. 一种新的野生食用菌——类丛耳. 中国食用菌, 1: 27.
曹支敏, 田呈明, 杨俊秀. 1990. 陕西松树散斑壳分类初探. 西北林学院学报, 5 (2): 27-31.
曹支敏, 杨俊秀, 田呈明. 1994. 斑痣盘菌科一新种. 真菌学报, 13: 246-248.
陈今朝, 图力古尔. 2009. 无丝盘菌属——中国无丝盘菌纲一新记录属. 菌物学报, 28: 857-859.
陈莉, 林英任, 顾婷婷, 高小明, 韩加军. 2009. 斑痣盘菌目一中国新记录科——异盘菌科. 菌物学报, 28: 328-331.
陈应龙, 弓明钦. 2000. 块菌资源多样性及其地理分布. 中国食用菌, 19 (5): 6-7.
戴芳澜. 1979. 中国真菌总汇. 北京: 科学出版社: 1-1527.
戴贤才, 李泰辉. 1994. 四川省甘孜州菌类志. 成都: 四川科学技术出版社: 1-330.
戴雨生. 1992. 盘菌一新种. 真菌学报, 11: 207-209.
戴雨生, 王学道, 林其瑞. 1992. 侧柏叶枯病病原菌研究. 南京林业大学学报, 16: 59-65.
邓叔群. 1963. 中国的真菌. 北京: 科学出版社: 1-808.
杜秀英, 唐建军. 2006. 中国地图集. 北京: 中国地图出版社: 1-325.
何秉章, 邓兴林, 杨殿清, 刘桂琴, 岳玉萍, 刘成玉. 1985. 樟子松落针病的病原菌和防治的研究. 东北林学院学报, 13 (2): 75-81.
何秉章, 黄永青, 单峰. 1992. 小散斑壳菌属(*Lophodermella* Höhnel)在中国的新记录. 植物研究, 12 (2): 155-156.
何秉章, 杨殿请, 齐兴武. 1986. 红松上的散斑壳. 真菌学报, 5: 71-74.
何绍昌. 1988. 我国水生盘菌一新记录属和种. 真菌学报, 7: 120-121.
侯成林. 1995. 三角枫漆斑病病原菌的研究. 浙江林学院学报, 12: 268-270.
侯成林. 2000. 茶树上斑痣盘菌科一新种. 菌物系统, 19: 7-9.
侯成林, 曹恒生, 林英任. 1996. 黄山松上的散斑壳. 林业科学研究, 9: 64-67.
侯成林, 曹恒生, 吴旺杰, 王静茹, 王昭成. 1997. 南方铁杉上小鞋孢盘菌属一新种. 菌物系统, 16: 14-16.
侯成林, 刘世骐. 1992. 散斑壳属一新种. 真菌学报, 11: 195-197.
侯成林, 刘世骐. 1993. 我国盘菌新记录属——舟皮盘菌属及其一新种. 真菌学报, 12 (2): 99-102.
侯成林, 王有智. 1995. 针叶树斑痣盘菌科真菌病原调查. 林业科学研究, 8: 426-428.
胡炳福. 1983. 马尾松赤落叶病初步研究. 植物病理学报, 13 (3): 20, 44.
景学福, 杨竹轩, 张愈学, 李学章. 1982. 山楂花腐病的研究Ⅰ. 山楂花腐病的病原菌. 植物病理学报, 12: 33-36.
李静丽, 陈庆涛. 1987. 伊贝母葡萄孢盘(新种)的分类学研究. 真菌学报, 6 (1): 15-19.
梁师文, 王静茹, 唐欣昀, 林英任. 2000. 一个具两型子囊的齿裂菌属新种. 菌物系统, 19 (1): 3-6.
林英任. 1991. 长江以南地区赤松落叶病病原菌研究. 森林病虫通讯, 10 (4): 4-6.
林英任. 2012. 中国真菌志　第四十卷　斑痣盘菌目. 北京: 科学出版社: 1-261.
林英任, 侯成林. 1994. 杉木球果及针叶上舟皮盘菌属一新组合. 真菌学报, 13: 178-180.
林英任, 侯成林. 1995. 杉木上舟皮盘菌属一新种. 真菌学报, 14: 175-178.
林英任, 侯成林, 承河元, 刘云和. 1995b. 中国北部地区松生斑痣盘菌分类研究. 真菌学报, 14: 92-100.
林英任, 侯成林, 许早时, 李珂. 2002. 盘菌纲斑痣盘菌目二新种//安徽省植物病理学会, 等. 有害生物综合治理策略与展望. 北京: 中国农业科技出版社: 1-311.
林英任, 黎志, 梁师文, 余盛明. 1995a. 中国北部山区一些针叶树生斑痣盘菌. 真菌学报, 14: 179-183.
林英任, 李增智, 陈芸, 黎志, 吴旺杰. 1999a. 斑痣盘菌目一新种——隐齿裂菌. 安徽农业大学学报, 26: 37-39.
林英任, 李增智, 黄成林, 向存悌. 2000b. 中国齿裂菌属研究Ⅱ. 菌物系统, 19: 297-301.
林英任, 李增智, 刘和云, 向存悌. 2000a. 中国齿裂菌属研究Ⅰ. 菌物系统, 19: 157-160.
林英任, 李增智, 向存悌, 梁师文, 余盛明. 1999b. 盘菌纲一新属——新齿裂菌属. 菌物系统, 18: 357-360.
林英任, 李增智, 谢云胜, 梁师文. 2000c. 中国齿裂菌属研究Ⅲ. 菌物系统, 19: 449-453.
林英任, 李增智, 许早时, 王静茹, 余盛明. 2001a. 中国齿裂菌属研究Ⅳ. 菌物系统, 20: 1-7.
林英任, 刘和云, 黎志, 梁师文, 余盛明, 王莉彬. 1995c. 黄山松上小鞋孢盘菌属一新种. 林业科学研究, 8: 422-425.

林英任, 刘和云, 唐燕平. 1992. 中国南部地区松树上的散斑壳菌Ⅰ. 真菌学报, 11: 279-284.
林英任, 刘和云, 唐燕平. 1993b. 中国南部地区松树上的散斑壳菌Ⅱ. 真菌学报, 12: 5-11.
林英任, 刘和云, 唐燕平, 胡炳福. 1994. 裂齿菌属的两个新种. 真菌学报, 13: 8-12.
林英任, 任玮. 1992. 斑痣盘菌科一新种——松生小鞋孢盘菌. 真菌学报, 11: 210-212.
林英任, 唐燕平. 1988. 松树上的七种散斑壳. 真菌学报, 7: 129-137.
林英任, 唐燕平. 1991. 我国斑痣盘菌科的新记录属和种. 真菌学报, 10: 252-253.
林英任, 唐燕平, 刘和云. 1993a. 我国南部地区一些针叶树上的斑痣盘菌. 真菌学报, 12: 93-98.
林英任, 王士娟, 何宇峰, 叶光斌. 2004a. 皮下盘菌属的两个新分类单元. 菌物学报, 23: 11-13.
林英任, 王士娟, 侯成林. 2004b. 斑痣盘菌科一新种及一新组合. 菌物学报, 23: 169-172.
林英任, 许早时, 李珂. 2001b. 黄山产散斑壳属二新种. 菌物系统, 20 (4): 457-460.
林英任, 许早时, 叶光斌, 王士娟. 2004c. 中国散斑壳属补遗Ⅰ. 菌物学报, 23: 14-17.
林英任, 余盛明, 何宇峰, 王士娟. 2005. 散斑壳属一新种及两个中国新记录种. 菌物学报, 24: 1-5.
刘斌, 刘杏忠, 庄文颖, 黄常福. 2007b. 圆盘菌属中国新记录种. 菌物学报, 26: 575-581.
刘斌, 刘杏忠, 庄文颖, 覃培升. 2007a. 晶圆盘菌属中国新记录种. 菌物学报, 26: 582-587.
刘波. 1991. 山西大型食用真菌. 太原: 山西高校联合出版社: 1-132.
刘波, 曹晋忠. 1987. 中国盘菌目新属和新种及其系统地位. 山西大学学报(自然科学版), 10 (4): 70-73.
刘波, 曹晋忠. 1988. 马鞍菌属新种和新记录(一). 真菌学报, 7: 198-204.
刘波, 曹晋忠. 1990. 索氏盘菌属一新变种. 山西大学学报(自然科学版), 15: 69-71.
刘波, 曹晋忠, 刘茵华. 1987. 一种新的平菇污染杂菌. 食用菌, 6: 34.
刘波, 曹晋忠, 张树溪. 1988. 我国未报道过的一种新毒菌. 山西大学学报(自然科学版), 11 (3): 72-73.
刘波, 杜复, 曹晋忠. 1985. 马鞍菌属新种和新组合. 真菌学报, 4: 208-217.
刘波, 陶恺. 1988. 中国地下真菌新种和新记录Ⅱ. 真菌学报, 7: 72-76.
刘和云, 陈芸, 林英任, 项存悌. 1999. 齿裂菌属一新种. 安徽农业大学学报, 26: 135-137.
刘和云, 林英任, 黎志, 梁师文, 吴旺杰. 1995. 斑痣盘菌目一新种——芒萁散斑壳. 安徽农业大学学报, 22: 230-232.
刘美华. 1990a [1989]. 一种国内未见报道的无囊盖盘菌: 白头新小地锤菌. 山西大学学报(自然科学版), 12 (4): 470-471.
刘美华. 1990b. 贵州盘菌的分类鉴定//中国植物学会真菌学会. 第三届全国真菌地衣学术讨论会论文及论文摘要汇编. 北京: 第三届全国真菌地衣学术讨论会: 119-120.
刘美华. 1991. 我国垫盘菌属两新种. 真菌学报, 10: 185-189.
刘美华, 彭红卫. 1996. 盾盘菌属一个新的球孢种——中国盾盘菌. 真菌学报, 15: 98-100.
刘锡琎, 郭英兰. 1987 [1986]. 对"胶霉"学名的订正. 真菌学报, 增刊 1: 97-101.
刘应高, 潘欣, 杨静, 骆军, 叶华智. 2009. 华山松上散斑壳属一新种. 菌物学报, 28: 473-475.
刘应高, 邱德勋. 1995. 云南松上散斑壳属一新种. 真菌学报, 14: 101-103.
刘振坤, 张新平, 岳朝阳, 燕美玉, 王波, 李新华. 1992. 中国寄生云杉的顶裂盘菌及其无性阶段. 真菌学报, 11: 198-206.
卯晓岚. 2000. 中国大型真菌. 郑州: 河南科学技术出版社: 1-719.
卯晓岚, 蒋长坪, 欧珠次旺. 1993. 西藏大型经济真菌. 北京: 北京科技出版社: 1-651.
牟川静. 1987. 羊肚菌属两种新疆新记录及一新变种. 真菌学报, 6: 122-123.
戚佩坤, 白金铠, 朱桂香. 1966. 吉林省栽培植物真菌病害志. 北京: 科学出版社: 1-477.
任德军. 2003. 中国块菌属(*Tuber*)系统学研究. 福州: 福建农林大学硕士学位论文: 1-70.
师光开, 罗建堂, 侯成林. 2010. 华山松上的斑痣盘菌. 菌物学报, 29: 159-163.
宋刚. 1993. 中国地下真菌一新记录——古氏地孔菌球孢变型. 云南植物研究, 15: 105-106.
宋曼殳. 2005. 中国块菌属形态分类与分子系统学研究. 北京: 中国科学院微生物研究所博士学位论文: 1-100.
宋瑞清, 项存悌, 朱天博, 于桂华, 闻宝莲. 1997. 芽孢盘菌属一新种. 植物研究, 17: 144-145.
孙宝贵, 解华石, 王景义, 韩少敏, 祝祥盛, 何振清. 1983. 红松流脂病的初步研究. 森林病虫通讯, 2: 4-6.
陶恺, 刘波, 张大成. 1989. 块菌属一新种. 山西大学学报(自然科学版), 12: 215-218.
王崇仁, 陈长法, 陈捷, 傅俊范. 1995. 核盘菌科一新种——人参核盘菌. 真菌学报, 14: 187-188.
王崇仁, 汪国森, 吴友三. 1992. 核盘菌侵染循环类型的研究. 植物病理学报, 22: 293-299.
王崇仁, 吴友三. 1983. 核盘菌科一新种——细辛核盘菌. 植物病理学报, 13: 9-14.
王士娟, 何宇峰, 叶光斌, 林英任. 2006. 斑痣盘菌科一新种及一中国新记录种. 菌物学报, 25: 1-5.
王士娟, 刘和云, 陈莉, 刘艳冰, 林英任. 2007. 斑痣盘菌科两新种. 菌物学报, 26: 161-164.
王也珍, 吴声华, 周文能, 张东柱, 陈桂玉, 陈淑芬, 陈城箖, 曾显雄, 刘锦惠, 谢文瑞, 谢焕儒, 钟兆玄, 简秋源. 1999. 台湾真菌名录. 台北: "行政院"农业委员会: 1-289.
王云. 1990. 块菌的分类、生态、资源及其栽培利用//中国植物学会真菌学会. 第三届全国真菌地衣学术讨论会论文及论文摘要汇编. 北京: 第三届全国真菌地衣学术讨论会: 30-33.
王云, 李子平. 1991. 中国块菌属一新种. 真菌学报, 10: 263-265.
王云章, 臧穆. 1983. 西藏真菌. 北京: 科学出版社: 1-226.
王征. 1997. 中国肉杯菌科的系统分类. 北京: 中国科学院微生物研究所硕士学位论文: 1-76.

上海农业科学院食用菌研究所. 1991. 中国食用菌志. 北京: 中国林业出版社: 1-298.
吴声华, 王也珍, 周文能. 1996. 自然科学博物馆真菌标本及菌种名录. 台中: 台湾自然科学博物馆: 1-140.
吴铁航, 陆家云. 1991. 葡萄孢盘菌属一新种——蚕豆葡萄孢的有性阶段. 真菌学报, 10: 27-30.
项存悌, 宋瑞清. 1988. 中国东北地区芽孢盘菌属的研究. 植物研究杂志, 8 (1): 147-152.
徐阿生. 1999. 西藏块菌属的分类研究. 菌物系统, 18: 361-365.
徐阿生. 2000a. 西藏暗盘菌记述. 菌物系统, 19: 200-204.
徐阿生. 2000b. 西藏的两种腔块菌. 菌物系统, 19: 568-569.
徐阿生. 2002. 西藏马鞍菌属小志. 菌物系统, 21: 188-191.
徐阿生, 罗建. 2007. 中国盘菌属(*Peziza*)一新记录种. 菌物系统, 26: 148-149.
许早时, 李珂, 林英任, 谢云胜. 2001. 黄山杜鹃上的两个散斑壳属新种. 安徽农业大学学报, 28: 358-361.
应建浙, 宗毓臣. 1989. 神农架大型真菌的研究. 北京: 世界图书出版公司: 233-256.
臧穆. 1979. 我国西藏高等真菌数新种. 云南植物研究, 1 (2): 101-105.
臧穆. 1987. 东喜马拉雅引人注目的高等真菌和新种. 云南植物研究, 9 (1): 1-3.
臧穆. 1996. 横断山区真菌. 北京: 科学出版社: 1-598.
张斌成. 1990. 块菌在盘菌目中的系统地位及其中国种的研究. 北京: 中国科学院微生物研究所博士学位论文: 1-130.
张斌成, 余永年. 1992. 中国地孔菌属(盘菌目)分类研究. 真菌学报, 11: 8-14.
张传飞, 戚佩坤. 1994. 广东省人心果病原真菌研究. 华南农业大学学报, 15 (4): 31-36.
张树庭, 卯晓岚. 1995. 香港蕈菌. 香港: 香港中文大学出版社: 1-470.
赵震宇, 卯晓岚. 1986. 新疆大型真菌图鉴. 乌鲁木齐: 新疆八一农学院: 1-93.
郑儒永, 魏春江, 胡鸿钧, 等. 1990. 孢子植物名词及名称. 北京: 科学出版社: 1-961.
中国科学院微生物研究所. 1976. 真菌名词及名称. 北京: 科学出版社: 1-467.
中国植物学会真菌学会. 1987. 真菌、地衣汉语学名命名法规. 真菌学报, 6 (1): 61-64.
庄文颖. 1989. 神农架的常见盘菌//中国科学院神农架真菌地衣考察队. 神农架真菌与地衣. 北京: 世界图书出版公司: 98-106.
庄文颖. 1994. 中国核盘菌科分类研究概况. 真菌学报, 13: 13-23.
庄文颖. 1997. 秦岭地区的盘菌//卯晓岚, 庄剑云. 秦岭真菌. 北京: 中国农业科技出版社: 1-13.
庄文颖. 1998. 中国真菌志　第八卷　核盘菌科　地舌菌科. 北京: 科学出版社: 1-135.
庄文颖. 2004. 中国真菌志　第二十一卷　晶杯菌科, 肉杯菌科, 肉盘菌科. 北京: 科学出版社: 1-192.
庄文颖. 2014. 中国真菌志　第四十八卷　火丝菌科. 北京: 科学出版社: 1-233.
Cao JZ, Fan L, Liu B. 1990a. Notes on the genus *Smardaea* in China. Acta Mycologica Sinica, 9: 282-285.
Cao JZ, Fan L, Liu B. 1990b. Some species of *Otidea* from China. Mycologia, 82: 734-741.
Cao JZ, Fan L, Liu B. 1992. Notes on the genus *Galiella* in China. Mycologia, 84: 261-263.
Cao JZ, Liu B. 1990. A new species of *Helvella* from China. Mycologia, 82: 642-643.
Cao JZ, Moravec J. 1988. *Scutellinia fujianensis* sp. nov., a new species from China, with notes on related species. Mycologica Helvetica, 3: 183-190.
Chen J, Liu PG. 2007. *Tuber latisporum* sp. nov. and related taxa, based on morphology and DNA sequence data. Mycologia, 99: 475-481.
Chen J, Liu PG, Wang Y. 2005. *Tuber umbilicatum*, a new species from China, with a key to the spinose-reticulate spored *Tuber* species. Mycotaxon, 94: 1-6.
Chen J, Wang Y, Liu PG. 2008. Two new records of *Tuber* (Pezizomycetes, Pezizales) from China. Mycotaxon, 104: 65-72.
Chen JL, Lin YR, Hou CL, Wang SJ. 2011. Species of Rhytismataceae on *Camellia* spp. from the Chinese mainland. Mycotaxon, 118: 219-230.
Chen JY, Liu PG. 2005. A new species of *Morchella* (Pezizales, Ascomycota) from southwestern China. Mycotaxon, 93: 89-93.
Deng XJ, Chen J, Yu FQ, Liu PG. 2009. Notes on *Tuber huidongense* (Tuberaceae, Ascomycota), an endemic species from China. Mycotaxon, 109: 189-199.
Deng XJ, Liu PG, Liu CY, Wang Y. 2013. A new white truffle species, *Tuber panzhihuanense* from China. Mycological Progress, 12: 557-561.
Dennis RWG. 1978. British Ascomycetes. 2nd ed. Lehre: J. Cramer: 1-585.
Fan L, Cao JZ. 2012. Two new species of white truffle from China. Mycotaxon, 121: 297-304.
Fan L, Cao JZ, Hou CL. 2013b. *Tuber subglobosum* and *T. wenchuanense* — two new species with spino-reticulate ascospores. Mycotaxon, 123: 95-101.
Fan L, Cao JZ, Li Y. 2012b. *Tuber microsphaerosporum* and *Paradoxa sinensis* spp. nov. Mycotaxon, 120: 471-475.
Fan L, Cao JZ, Li Y. 2013a. *Tuber sinosphaerosporum* sp. nov. from China. Mycotaxon, 122: 347-353.
Fan L, Cao JZ, Li Y. 2013c. A reassessment of excavated *Tuber* species from China based on morphology and ITS rDNA sequence data. Mycotaxon, 124: 155-163.
Fan L, Cao JZ, Liu YY, Li Y. 2011a. Two new species of *Tuber* from China. Mycotaxon, 116: 349-354.
Fan L, Cao JZ, Yu J. 2012c. *Tuber* in China: *T. sinopuberulum* and *T. vesicoperidium* spp. nov. Mycotaxon, 121: 255-263.
Fan L, Cao JZ, Zheng ZH, Li Y. 2012a. *Tuber* in China: *T. microspermum* and *T. microspiculatum* spp. nov. Mycotaxon, 119: 391-395.
Fan L, Feng S, Cao JZ. 2014. The phylogenetic position of *Tuber glabrum* sp. nov. and *T. sinomonosporum* nom. nov., two Paradoxa-like truffle species from China. Mycological Progress, 13: 241-246.
Fan L, Hou CL, Cao JZ. 2011b. *Tuber sinoalbidum* and *T. polyspermum* — new species from China. Mycotaxon, 118: 403-410.
Fan L, Hou CL, Li Y. 2012d. *Tuber microverrucosum* and *T. huizeanum* two new species from China with reticulate ascospores. Mycotaxon, 122: 161-169.
Fan L, Yue SF. 2013. Phylogenetic divergence of three morphologically similar truffles: *Tuber sphaerosporum*, *T. sinosphaerosporum*, and *T. pseudosphaerosporum* sp. nov. Mycotaxon, 125: 283-288.
Fröhlich J. 1997. Biodiversity of Microfungi Associated With Palms in the Tropics. Hong Kong: Ph.D. Thesis of The University of Hong Kong.
Fröhlich J, Hyde KD. 2000. Palm Microfungi. Hong Kong: Fungal Diversity Press: 1-364.
Gao J, Hou CL. 2006. A new species of *Neococcomyces* (Rhytismatales, Ascomycota) from China. Nova Hedwigia, 82: 123-126.

Gao XM, Lin YR, Huang HY, Hou CL. 2013. A new species of *Lophodermium* associated with the needle cast of Cathay silver fir. Mycological Progress, 12: 141-149.

Gao XM, Zheng CT, Lin YR. 2012. *Terriera* simplex, a new species of Rhytismatales from China. Mycotaxon, 120: 209-213.

Guo JW, Yu ZF, Zhang KQ. 2007. A new Chinese record of *Hyalorbilia*. Mycosystema, 26: 588-590.

Haines JH, Dumont KP. 1984. Studies in the Hyaloscyphaceae III: the long-spored, lignicolous species of *Lachnum*. Mycotaxon, 19: 1-39.

Harrington FA, Potter D. 1997. Phylogenetic relationships within *Sarcoscypha* based upon nucleotide sequences of the internal transcribed spacer of nuclear ribosomal DNA. Mycologia, 89: 258-267.

He XY, Li HM, Wang Y. 2004. *Tuber zhongdianensis* sp. nov. from China. Mycotaxon, 90: 213-216.

Hou CL, Gao J, Piepenbring M. 2006b. Four rhytismataceous Ascomycetes on needles of pine from China. Nova Hedwigia, 83: 511-522.

Hou CL, Kirschner R, Chen CJ. 2006a. A new species and new recofds of Rhytismatales from Taiwan. Mycotaxon, 95: 71-79.

Hou CL, Lin YR, Piepenbring M. 2005. Species of Rhytismataceae on needles of *Juniperus* spp. from China. Canadial Journal of Bototany, 83: 37-46.

Hou CL, Liu L, Piepenbring M. 2007. A new species of *Hypoderma* and description of *H. rubi* (Ascomycota) from China. Nova Hedwigia, 84: 487-493.

Hou CL, Piepenbring M. 2005a. Two new species of *Colpoma* on trees from China. Forest Pathology, 35: 359-364.

Hou CL, Piepenbring M. 2005b. Known and two new species of *Rhytisma* (Rhytismatales, Ascomata) from China. Mycopathologia, 159: 299-306.

Hou CL, Piepenbring M. 2006a. Five new species of *Hypoderma* (Rhytismatales, Ascomycota) with a key to *Hypoderma* species known from China. Nova Hedwigia, 82: 91-104.

Hou CL, Piepenbring M. 2007. Two new species of Rhytismataceae on twigs of conifers from Yunnan Province, China. Mycotaxon, 102: 165-170.

Hou CL, Piepenbring M. 2009. Two New Rhytismatales on *Rhododendron* from China. Mycologia, 101: 383-389.

Hou CL, Piepenbring M, Oberwinkler F. 2004. *Nematococcomyces rhododendri*, a new species in a new Genus of the Rhytismatales from China. Mycologia, 96: 1380-1385.

Hu HT. 1992. *Tuber formosanum* sp. nov. and its mycorrhizal associations. Journal of Experimental Forest of Taiwan University, 6: 79-86.

Hu HT, Wang Y. 2005. *Tuber furfuraceum* sp. nov. from Taiwan. Mycotaxon, 93: 155-157.

Kirk PM, Cannon PF, Minter DW, Stalpers JA. 2008. Ainsworth & Bisby's Dictionary of the Fungi. 10th ed. Wallingford: CABI Publishing: 1-771.

Kohn LM. 1979. A monographic revision of the genus *Sclerotinia*. Mycotaxon, 9: 365-444.

Korf RP. 1973. Discomycetes and *Tuberales*. *In*: Ainsworth GC, Sparrow FK, Sussman AS. The Fungi: An Advanced Treatise. Vol. IVA. New York: Academic Press: 249-319.

Korf RP, Carpenter SE. 1974. *Bisporella*, a generic name for *Helotium citrinum* and its allies, and the generic names *Calycella* and *Calycina*. Mycotaxon, 1: 51-62.

Korf RP, Zhuang WY. 1984. The ellipsoid-spored species of *Pulvinula* (Pezizales). Mycotaxon, 20: 607-616.

Korf RP, Zhuang WY. 1985. Some new species and new records of Discomycetes in China. Mycotaxon, 22: 483-514.

Korf RP, Zhuang WY. 1987. *Geneospermα* Rifai (Pezizales, Scutellinioideae) and its folliculate ascospores. Acta Mycologica Sinica, Suppl. 1: 90-96.

Korf RP, Zhuang WY. 1991. A preliminary discomycete flora of *Macaronesia*: Part 15, Terfeziaceae, and Otideaceae, Otideoideae. Mycotaxon, 40: 413-433.

Leather RI, Hor MN. 1969. A preliminary list of plant diseases in Hong Kong. Agric. Bull. No. 2. Hong Kong: Government Press: 1-64.

Liang YM, Tian CM, Cao ZM, Yang JX, Kakishima M. 2005. *Hypoderma qinlingense* sp. nov on Sabina squamata from China. Mycotaxon, 93: 309-313.

Lin YR. 1995 [1994]. A new species of *Bifusella* (Rhytismatales, Ascomycota). Mycosystema, 7: 19-21.

Liou SC, Chen ZC. 1977a. Notes on Taiwan Discomycetes I. (Pezizales and Helotiales). Taiwania, 22: 29-43.

Liou SC, Chen ZC. 1977b. Preliminary studies on coprophilous Discomycetes in Taiwan. Taiwania, 22: 44-58.

Liu B. 1985. New species and new records of hypogeous fungi from China (I). Acta Mycologica Sinica, 4: 84-89.

Liu B, Cao JZ, Liu YH. 1987. Two new species of the genus *Wynnea* from China with a key to known species. Mycotaxon, 30: 465-471.

Liu B, Liu XZ, Zhuang WY. 2005a. A new species of *Hyalorbilia* and its anamorph from China. Nova Hedwigia, 81: 145-155.

Liu B, Liu XZ, Zhuang WY. 2005b. *Orbilia querci* sp. nov. and its knob-forming nematophagous anamorph. FEMS Microbiology Letters, 245: 99-105.

Liu B, Liu XZ, Zhuang WY, Baral HO. 2006. *Orbiliaceous* fungi from Tibet, China. Fungal Diversity, 22: 107-120.

Liu B, Tao K, Chang MC. 1990. New species and new records of hypogeous fungi from China III. Acta Mycologica Sinica, 9: 25-30.

Liu CY, Zhuang WY. 2006. Relationships among some members of the genus *Otidea* (Pezizales, Pyronemataceae). Fungal Diversity, 23: 181-192.

Liu MH. 1998. A new species and a new record of *Peziza* from China. Mycosystema, 17: 218-222.

Lizon P, Korf RP. 1995. Taxonomy and nomenclature of *Bisporella claroflava* (Leotiaceae). Mycotaxon, 54: 471-478.

Lundell S, Nannfeldt JA, Holm L. 1985. Fungi Exsiccati Suecici, Praesertim Upsalienses. no. 3262. Publs. Herbarium University of Uppsala, 18: 5.

Luo JT, Lin YR, Shi GK, Hou CL. 2010. *Lophodermium* on needles of conifers from Yunnan Province, China. Mycological Progress, 9: 235-244.

McNeill J, Barrie FR, Burdet HM, Demoulin V, Greuter W, Hawksworth DL, Herendeen PS, Knapp S, Marhold K, Prado J, Prud'homme van Reine WF, Smith GF, Wiersema JH, Turland NJ. 2012. International Code of Nomenclature for algae, fungi and plants (Melbourne Code). Ruggell: A.R.G. Gantner Verlag: 1-208.

Moreno G, Manjon JL, Diez J, Garcia-Montero LG, Di Massimo G. 1997. *Tuber pseudohimalayense* sp. nov. an Asiatic species commercialized in Spain, similar to the "Perigord" truffle. Mycotaxon, 63: 217-224.

Ou SH. 1936. Additional fungi from China IV. Sinensia, 7: 668-685.

Qiao P, Liu PG, Hu HT, Wang Y. 2013. Typification of *Tuber formosanum* (Tuberaceae, Pezizales, Ascomycota) from Taiwan, China. Mycotaxon, 123: 293-299.

Patouillard N. 1886. Quelgues champignons de la Chine recolte par M. l'abbe Delavay dans la proivnce du Yunnan. Revue de Mycologie, 8: 179-182.

Patouillard N. 1890. Quelques champignons de la Chine recolte par M. l'abbe Delavay. Revue de Mycologie, 12: 133-136.

Ren F, Zhuang WY. 2014a. A new species of the genus *Chlorencoelia* (Helotiales) from China. Mycoscience, 55: 227-230.

Ren F, Zhuang WY. 2014b. The genus *Chlorociboria* in China. Mycosystema, 33: 916-924.

Saccardo PA. 1889. Sylloge Fungorum. Vol. 8. Padova: 1-1143.

Seaver FJ. 1928. The North American Cup-fungi (Operculates). New York: Seaver: 1-284.

Seaver FJ. 1951. The North American Cup-fungi (Inoperculates). New York: Seaver: 1-428.

Song JF, Liu L, Li YY, Hou CL. 2012. Two new species of *Terriera* from Yunnan Province, China. Mycotaxon, 119: 329-335.

Song MS, Cao JZ, Yao YJ. 2005. Occurrence of *Tuber aestivum* in China. Mycotaxon, 91: 75-80.
Su HY, Zhang Y, Baral HO, Yang XY, Mo MH, Cao YH, Chen MH, Yu ZF. 2011. Four new species of Orbiliaceae from Yunnan, China. Mycological Progress, 10: 373-381.
Su KM, Xiong WP, Wang Y, Li SH, Xie R, Baima D. 2013. *Tuber bomiense*, a new truffle species from Tibet, China. Mycotaxon, 126: 127-132.
Teng SC. 1934. Notes on Discomycetes from China. Sinensia, 5: 431-465.
Teng SC. 1935. Supplementary notes on Ascomycetes from China. Sinensia, 6: 185-218.
Teng SC. 1939. High Fungi of China. Nat. Inst. Zool. Bot. Yangso: Academia Sinica: 1-614.
Teng SC. 1996. Fungi of China. Ithaca, New York: Mycotaxon Ltd.: 1-586.
Trappe JM, Cázares E. 2000. *Tuber maculatum* around the world. Bulletin Semestriel de la Fédération Associations Mycologiques Méditerranéennes Associations N.S., 18: 107-122.
Tsui KM, Hyde KD, Hodgkiss IJ. 2000. Biodiversity of fungi submerged wood in Hong Kong streams. Aquatic Microbial Ecology, 21: 289-298.
Wang MM, Jin LT, Jiang CX, Hou CL. 2009. *Rhytisma huangshanense* sp. nov. described from morphological and molecular data. Mycotaxon, 108: 73-82.
Wang SJ, Xu YF, Tang YP, Li Q, Lin YR. 2014. *Lophodermium urniforme*, a new species of Rhytismataceae from China. Mycosystema, 33: 768-772.
Wang Y. 1988. First report of study on *Tuber* species from China. Spoleto: Atti del IICongresso Internazionale sul Tartufo, 24-27: 45-50.
Wang Y, He XY. 2002. *Tuber huidongense* sp. nov. from China. Mycotaxon, 83: 191-194.
Wang Y, Hu HT. 2008. *Paradoxa gigantospora* comb. nov. from China. Mycotaxon, 106: 199-202.
Wang Y, Moreno G, Riousset LJ, Manjon JL, Riousset G, Fourre G, Di Massimo G, Garcia- Montero LG, Diez J. 1998. *Tuber pseudoexcavatum* sp. nov. A new species from China commercialized in Spain, France and Italy with additional comments on Chinese truffles. Cryptogamie Mycologie, 19: 113-120.
Wang YZ. 1993. Notes on coprophilous Discomycetes from Taiwan. I. Bulletin Museum of Natural Science, 4: 113-123.
Wang YZ. 1994. Two new coprophilous Discomycetes (Pezizales) from Taiwan. Mycotaxon, 52: 83-89.
Wang YZ. 1995. Notes on coprophilous Discomycetes from Taiwan. II. Bulletin Museum of Natural Science, 5: 147-152.
Wang YZ. 1996a. Notes on coprophilous Discomycetes from Taiwan. III. Bulletin Museum of Natural Science, 7: 131-136.
Wang YZ. 1996b. Seven species of *Peziza* in Taiwan. Bulletin Museum of Natural Science, 8: 57-64.
Wang YZ. 1998. The genera *Scutellinia* and *Geneosperma* (Discomycetes, Pezizales) in Taiwan. Bulletin Museum of Natural Science, 11: 119-128.
Wang YZ. 1999. The coprophilous Discomycetes of Taiwan. Bulletin Museum of Natural Science, 12: 49-74.
Wang YZ. 2000. Studies of coprophilous Ascomycetes in Taiwan. Fungal Science, 15: 43-46.
Wang YZ. 2001a. Discomycetes of the Sarcoscyphaceae in Taiwan. Mycotaxon, 79: 329-336.
Wang YZ. 2001b. A new species of *Sphaerosporella* from Taiwan. Mycotaxon, 80: 197-199.
Wang YZ. 2001c. Some pyrophilous Discomycetes (Pezizales) in Taiwan. Bulletin Museum of Natural Science, 14: 105-111.
Wang YZ. 2002a. Two species of *Crocicreas* new to Taiwan. Fungal Science, 17: 83-86.
Wang YZ. 2002b. Investigations of Ascomycetes at Lanyu. Collection and Research 15: 81-85.
Wang YZ. 2003. A new species and a new record of *Lachnum* from Taiwan. Mycotaxon, 87: 137-140.
Wang YZ. 2004. A new species of *Microstoma* from Taiwan. Mycotaxon, 89: 119-122.
Wang YZ. 2006. Notes on coprophilous Discomycetes from Taiwan. IV. Collection and Research 19: 23-25.
Wang YZ. 2009. A new species of *Arachnopeziza* from Taiwan. Mycotaxon, 108: 485-489.
Wang YZ, Brummelen J van. 1997. A new species of *Ascobolus* from Taiwan. Mycotaxon, 65: 443-446.
Wang YZ, Chen CM. 2002. The Genus *Helvella* in Taiwan. Fungal Science, 17: 11-17.
Wang YZ, Haines JH. 1999. A new species of *Perrotia* from Taiwan. Mycotaxon, 72: 461-464.
Wang YZ, Kimbrough JW. 1993. A new species of *Thecotheus* (Pezizales) from Taiwan. Mycologia, 85: 1020-1022.
Wang YZ, Sagara N. 1997. *Peziza urinophila*, a new ammonophilic discomycete. Mycotaxon, 65: 447-452.
Wang Z. 1997. Taxonomy of *Cookeina* in China. Mycotaxon, 62: 289-298.
Wang Z, Binder M, Hibbett DS. 2002. A new species of *Cudonia* based on morphological and molecular data. Mycologia, 94: 641-650.
Wang Z, Pei KQ. 2001. Notes on Discomycetes in Dongling Mountains (Beijing). Mycotaxon, 79: 307-314.
Wang Z, Pfister DH. 2001. Wenyingia, a new genus in Pezizales (Otideaceae). Mycotaxon, 79: 397-399.
Wang Z, Wang YZ. 2000. Notes on coprophilous Discomycetes from southwestern China. Fungal Science, 15: 125-134.
Wang Z, Zhuang WY. 1996. Taxonomic studies of the genus *Sarcoscypha* in China. Mycosystema, 8-9: 39-52.
Whitton SR. 1999. Microfungi on the Pandanaceae. Hong Kong: Ph. D. Thesis of The University of Hong Kong: 1-625.
Whitton SR, Hyde KD, McKenzie EHC. 1999. Microfungi on the Pandanaceae, a new species of Stictis. Fungal Diversity, 2: 169-174.
Wong MKM. 2000. Diversity, Host Perference, and Vertical Distribution of Saprobic Fungi on Grasses and Sedges in Hong Kong. Hong Kong: Ph.D. Thesis of The University of Hong Kong: 1-268.
Wu ML. 1998a. Two inoperculate Discomycetes with white hairs from Taiwan. Fungal Science, 13: 93-99.
Wu ML. 1998b. Some *Orbilia* species new to Taiwan. Fungal Science, 13: 17-22.
Wu ML. 2001. Two Pezizales from Taiwan. Taiwania, 46: 238-245.
Wu ML. 2003. A new species of *Albotricha* from Taiwan. Mycotaxon, 88: 387-392.
Wu ML, Haines JH. 1999. A new foliicolous *Lachnum* from Taiwan. Mycotaxon, 73: 45-49.
Wu ML, Haines JH, Wang YZ. 1998. New species and records of *Lachnum* from Taiwan. Mycotaxon, 67: 341-354.
Wu ML, Su YC, Baral HO, Liang SH. 2007. Two new species of *Hyalorbilia* from Taiwan. Fungal Diversity, 25: 233-244.
Wu ML, Wang YZ. 2000. Mycological resources of saprophytic Ascomycetes in Fushan Forest. Fungal Science, 15: 1-14.
Yang MS, Lin YR, Zhang L, Wang XY. 2013 [2012]. *Coccomyces hubeiensis*, a new fungus of Rhytismatales from China. Mycotaxon, 122: 249-253.
Yang ZZ, Lin YR, Hou CL. 2011. A new species of *Terriera* (Rhytismatales, Ascomycota) from China. Mycotaxon, 117: 367-371.
Yao YJ, Spooner BM. 1996. Delimitation of *Boubovia* and *Pulvinula*. Mycological Research, 100: 193-194.
Ye M, Zhuang WY. 2002. New records of *Lachnum* from temperate China. Mycosystema, 21: 122-124.
Ye M, Zhuang WY. 2003. New taxa of *Lachnum* (Helotiales, Hyaloscyphaceae) from temperate China. Nova Hedwigia, 76: 443-450.
Yu ZF, Qiao M, Zhang Y, Baral HO, Zhang KQ. 2007. *Orbilia vermiformis* sp. nov. and its anamorph. Mycotaxon, 99: 271-278.

Yu ZH, Zhuang WY. 2002. New taxa and new records of *Lachnum* and *Arachnopeziza* (Helotiales, Hyaloscyphaceae) from tropical China. Nova Hedwigia, 74 (3-4): 415-428.
Yu ZH, Zhuang WY, Chen SL, Decock C. 2000. Preliminary survey of Discomycetes from the Changbai Mountains, China. Mycotaxon, 75: 395-408.
Zhang BC. 1991. Taxonomic status of *Genabea*, with two new species of *Genea* (Pezizales). Mycological Research, 95: 986-994.
Zhang BC, Minter DW. 1988. *Tuber himalayense* sp. nov. with notes on Himalayan truffles. Transactions of British Mycological. Society, 91: 593-597.
Zhang JP, Liu PG, Chen J. 2013. *Tuber sinoaestivum* sp. nov., an edible truffle from southwestern China. Mycotaxon, 122: 73-82.
Zhang Y, Yu ZF, Baral HO, Qiao M, Zhang KQ. 2007. *Pseudorbilia* gen. nov. (Orbiliaceae) from Yunnan, China. Fungal Diversity, 26: 305-312.
Zhang YH, Zhuang WY. 2002. Re-examinations of *Hymenoscyphus* (Helotiales, Helotiaceae) on deposit in HMAS. Mycotaxon, 81: 35-43.
Zhang YH, Zhuang WY. 2004. Phylogenetic relationships of some members in the genus *Hymenoscyphus* (Ascomycetes, Helotiales). Nova Hedwigia, 78: 475-484.
Zheng HD, Zhuang WY. 2011. Notes on the genus *Hymenoscyphus* from tropical China. Journal of Fungal Research, 9: 212-215.
Zheng HD, Zhuang WY. 2013a. Four new species of the genus *Hymenoscyphus* (fungi) based on morphology and molecular data. Science China Life Science, 56: 90-100.
Zheng HD, Zhuang WY. 2013b. Four species of *Hymenoscyphus* (Helotiaceae) new to China. Mycosystema, 32 (Suppl.): 152-159.
Zheng HD, Zhuang WY. 2013c. Three new species of *Hymenoscyphus* from tropical China. Mycotaxon, 123: 19-29.
Zheng HD, Zhuang WY. 2013d. A new species of *Roseodiscus* (Ascomycota, Fungi) from tropical China. Phytotaxa, 105: 51-57.
Zheng HD, Zhuang WY. 2014. The *Hymenoscyphus albidus* group from China, a view from morphological and molecular data. Mycological Progress, 13: 625-638.
Zheng Q, Lin YR, Yu SM, Chen L. 2011. Species of Rhytismataceae on *Lithocarpus* spp. from Mt Huangshan, China. Mycotaxon, 118: 311-323.
Zhou F, Wang XY, Zhang L, Lin YR. 2013. Terriera angularis sp. nov. on Illicium simonsii from China. Mycotaxon, 122: 355-359.
Zhuang WY. 1988a. Studies on some discomycete genera with an ionomidotic reaction: *Ionomidotis*, *Poloniodiscus*, *Cordierites*, *Phyllomyces*, and *Ameghiniella*. Mycotaxon, 31: 261-298.
Zhuang WY. 1988b. A monograph of the genus *Unguiculariopsis* (Leotiales, Encoelioideae). Mycotaxon, 32: 1-83.
Zhuang WY. 1990a. *Calycellinopsis xishuangbanna* gen. et sp. nov (Dermateaceae), a petiole-inhabiting fungus from China. Mycotaxon, 38: 121-124.
Zhuang WY. 1990b. *Lambertella* (Sclerotiniaceae) in Xishuangbanna, Yunnan, China. Mycotaxon, 39: 477-488.
Zhuang WY. 1991. Some new species and new records of Discomycetes in China. IV. Mycotaxon, 40: 45-52.
Zhuang WY. 1993. The genus *Sarcoscypha* in Jiaohe, Jilin Province, with notes on surface morphology of ascospores. Mycosystema, 5: 65-72.
Zhuang WY. 1994 [1993]. Current understanding of the genus *Scutellinia* (Pezizales, Otideaceae) in China. Mycosystema, 6: 13-24.
Zhuang WY. 1995a. Some new species and new records of Discomycetes in China. V. Mycotaxon, 56: 31-40.
Zhuang WY. 1995b. A new species of *Lambertella* with peculiar ascospores. Mycotaxon, 56: 41-43.
Zhuang WY. 1995c. A few petiole-inhabiting Discomycetes in China. Mycosystema, 7: 13-18.
Zhuang WY. 1996a. Some new species and new records of Discomycetes in China. VI. Mycotaxon, 59: 337-342.
Zhuang WY. 1996b. The genera *Lambertella* and *Lanzia* (Sclerotiniaceae) in China. Mycosystema, 8-9: 15-38.
Zhuang WY. 1997. Fungal flora of the Daba Mountains: Discomycetes. Mycotaxon, 61: 3-12.
Zhuang WY. 1998a. Discomycetes of tropical China. III. Hyaloscyphaceous fungi from tropical Guangxi. Mycotaxon, 69: 359-376.
Zhuang WY. 1998b. Notes on Discomycetes from Qinghai Province, China. Mycotaxon, 66: 439-444.
Zhuang WY. 1998c. A list of Discomycetes in China. Mycotaxon, 67: 365-390.
Zhuang WY. 1999a. Fungal Flora of Tropical Guangxi, China: Discomycetes of tropical China. IV. More fungi from Guangxi. Mycotaxon, 72: 325-337.
Zhuang WY. 1999b. Discomycetes of tropical China. VI. Additional species of Guangxi. Fungal Diversity, 3: 187-196.
Zhuang WY. 2000a. Two new species of *Unguiculariopsis* (Helotiaceae, Encoelioideae) from China. Mycological Research, 104: 507-509.
Zhuang WY. 2000b. Hyaloscyphaceous Discomycetes from Ningxia Province, China. Mycologia, 92: 593-597.
Zhuang WY. 2000c. Additional notes on *Sarcoscypha* in China. Mycotaxon, 76: 1-7.
Zhuang WY. 2001a. Higher Fungi of Tropical China. Ithaca, New York: Mycotaxon Ltd.: 1-485.
Zhuang WY. 2001b. A list of Discomycetes in China. Supplement II. Mycotaxon, 79: 375-381.
Zhuang WY. 2002. Some new species and new records of Discomycetes in China. X. Mycosystema, 21: 475-479.
Zhuang WY. 2003a. Some new species and new records of Discomycetes in China. XI. Mycotaxon, 87: 467-473.
Zhuang WY. 2003b. A new species of *Lachnum* on leaves of *Livistona* and a key to the Chinese species of the genus. Mycotaxon, 86: 375-382.
Zhuang WY. 2003c. A list of Discomycetes in China. Supplement II. Mycotaxon, 85: 153-157.
Zhuang WY. 2003d. Re-dispositions of *Phillipsia* (Pezizales) collections from China. Mycotaxon, 86: 291-301.
Zhuang WY. 2003e. Notes on *Wynnea* (Pezizales) from Asia. Mycotaxon, 87: 131-136.
Zhuang WY. 2004a. Notes on *Humarina xylariicola*. Mycosystema, 23: 434-436.
Zhuang WY. 2004b. New taxa of *Lachnum* (Ascomycetes, Helotiales) on bamboo and a key to the bambusicolous species of the genus. Nova Hedwigia, 78: 425-433.
Zhuang WY. 2004c. Preliminary survey of the *Helvellaceae* from Xinjiang, China. Mycotaxon, 90: 35-42.
Zhuang WY. 2005a. Re-dispositions of specimens filed under *Lachnea* on deposit in HMAS. Fungal Diversity, 18: 211-224.
Zhuang WY. 2005b. Some new species and new records of Discomycetes from China. XII. Mycotaxon, 93: 99-104.
Zhuang WY. 2005c. Fungi of Northwestern China. Ithaca, New York: Mycotaxon Ltd.: 1-430.
Zhuang WY. 2006 [2005]. Notes on *Otidea* from Xinjiang, China. Mycotaxon, 94: 365-370.
Zhuang WY. 2009. The genus *Sowerbyella* (Pezizales) in China. Mycotaxon, 109: 233-237.
Zhuang WY. 2010. Taxonomic assessment of some pyronemataceous fungi from China. Mycotaxon, 112: 31-46.
Zhuang WY. 2013. The genus *Scutellinia* (Pyronemataceae) in China with a key to the known species of the country. Mycosystema, 32: 429-447.
Zhuang WY, Bau T. 2008. A new inoperculate discomycete with compound fruitbodies. Mycotaxon, 104: 391-398.
Zhuang WY, Hyde KD. 2001a. Discomycetes of tropical China. V. Species new to Hong Kong. Fungal Diversity, 6: 181-188.
Zhuang WY, Hyde KD. 2001b. New species of *Lachnum* and *Perrotia* from Hong Kong, China. Mycologia, 93: 606-611.

Zhuang WY, Korf RP. 1986. A monograph of the genus *Aleurina* Massee (= *Jafneadelphus* Rifai). Mycotaxon, 26: 361-400.
Zhuang WY, Korf RP. 1987. Some new species and new records of Discomycetes in China. II. Mycotaxon, 29: 309-314.
Zhuang WY, Korf RP. 1989. Some new species and new records of Discomycetes in China. III. Mycotaxon, 35: 297-312.
Zhuang WY, Liu CY. 2006. A new species of *Geopyxis* (Pezizales, Pyronemataceae) with ornamented ascospores from China. Nova Hedwigia, 83: 177-186.
Zhuang WY, Liu CY. 2007. Taxonomic reassessment of two taxa of helotialean fungi. Mycotaxon, 99: 123-131.
Zhuang WY, Luo J, Zhao P. 2011. Two new species (Pezizales) with a key to species of the genus. Mycologia, 103: 400-406.
Zhuang WY, Wang Z. 1997a. Some new species and new records of Discomycetes in China. VII. Mycotaxon, 63: 307-321.
Zhuang WY, Wang Z. 1997b. Two new species of *Ciborinia* (Leotiales, Sclerotiniaceae) from the Jinggang Mountains, Jiangxi, China. Mycosystema, 16: 161-165.
Zhuang WY, Wang Z. 1998a. Some new species and new records of Discomycetes in China. VIII. Mycotaxon, 66: 429-438.
Zhuang WY, Wang Z. 1998b. Discomycetes of tropical China. II. Collections from Yunnan. Mycotaxon, 69: 339-358.
Zhuang WY, Wang Z. 1998c. Discomycetes of tropical China. I. Collections from Hainan Island. Mycotaxon, 67: 21-31.
Zhuang WY, Wang Z. 1998d. Sarcosomataceous Discomycetes in China. Mycotaxon, 67: 355-364.
Zhuang WY, Yang ZL. 2008. Some pezizalean fungi from alpine areas of southwestern China. Mycologia Montenegrina, 10: 235-249.
Zhuang WY, Yu ZH. 2001. Two new species of *Perrotia* (Helotiales, Hyaloscyphaceae) from tropical China and a key to the known species of the genus. Nova Hedwigia, 73: 261-267.
Zhuang WY, Yu ZH, Zhang YH, Ye M. 2002. New species and new records of Discomycetes from China. IX. Mycotaxon, 81: 27-34.
Zhuang WY, Zhang YH. 2002. Designation of an epitype for *Helotium yunnanense* and its transfer to the genus *Lambertella*. Taxon, 51: 769-770.

汉语学名索引

D

E

F

G

H

N

P

Q

R

S

T

Y

Z

拉丁学名索引

D

M

N

O

P

R

S

T

U

V

W

X